"아픈車 진단하다 막힐 때, 사이다 치료 백신의 댓글들!"

자동차 정비정보 공유카페 섀시편

(사)한국자동차기술인협회 감수 / 김광수·박근수 편저 / 김진걸 기술교정

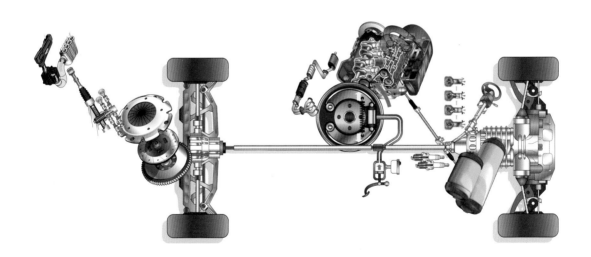

GoldenBell
www.gbbook.co.kr

추천의 말씀

"자동차정비정보공유카페(cafe.naver.com/autowave21)"

'회원수 21만여명, 하루 접속자수 4,000여건, 단골 회원수 3,000여명, 5년 연속 naver대표 카페!'

이 중심에 기능장이자 정비공장 대표인 '박근수' 카페지기가 자리하고 있습니다. 그는 "카페가 문을 연 건 2004년인데 낮에는 정비 현장에서, 밤에는 모니터 앞에서 새벽까지 눈을 비비며 일궈 놓은 결과물이 오늘의 정비인들의 텃밭입니다."

자동차 고장의 세계는 동종의 차종, 같은 계통이라도 고장의 증상은 미묘하게 다르게 나타나 정비사로서 어려움을 겪는 게 다반사입니다. 그 때마다 작업중에 어려움을 토로한 곳도 바로 여기랍니다. 장점인 것은 고장 원인을 한 사람이 물으면, 답하는 사람은 다수의 기술인들이 댓글을 줄줄이 올려 문제를 해결하고 공유한다는 것이 자동차정비정보공유 카페의 매력입니다.

자동차정비정보공유 카페에 수많은 정비사례들을 목차로 뽑고, 단답형의 정비 결과물을 모아 모아 이해를 돕는 배경(관계지식 및 점검&정비 방법, 스팩, 일러스트, 사진 등)까지 김광수 교수의 손길이 무려 수개월에 걸쳐 가닥을 잡았다는 것입니다. 그래도 행여 오류가 있나 싶어 자동차정비만큼 문무를 겸비한 김진걸 자문위원이 교열에 참여하였더군요. 시중에 '정비사례'라는 명제를 단 책들은 더러 있습니다. 하지만 대개가 월간지 등에 기고한 내용을 집대성한 개인의 사례집들입니다.

이 책에 소개한 '고장사례'는 자동차정비정보공유 카페 상에서 주고받은 생생한 정비 사례로서, 정비샵이나 오너 드라이버에게까지 일과성이 아닌 영구 보존판임을 강추합니다. 즉, 자동차 제조사 정비 치침서보다 종합 정비 박물관으로서 '지존의 정비 바이블이'라고 해도 전혀 손색이 없을 것 같습니다.

네티즌 중 "이런 곳이 있다는 것은 정비사와 오너드라이버들에겐 더없는 오아시스와도 같은 곳입니다." 오래도록 여운이 남는 말이었습니다. 수고하셨습니다.

2021. 사월에....
(사)한국자동차기술인협회
회장 **윤 병 우**

안녕 하세요~?

드디어 정비사들과 오너 운전자를 위한 생생한 정비 사례집(자동차정비정보공유 카페(cafe.naver.com/autowave21)"을 출간하게 되었습니다. 2017년 관련자들과 착수 회의를 시작한 후 무려 3년 만에 완성하였답니다.

이 책은 단지 집필자의 일방향 전달 지식이 아니라 정비를 담당한 정비사와 현직에 근무하고 있는 자동차 관련 업종의 기술인들 그리고 카페 독자들이 함께 참여하여 만들어진 전무후무한 정보서입니다.

자동차 고장은 다종다양하게 나타나므로 어느 누구도 똑 부러지게 쉬이 알려주지 않습니다. 그러다 보니 운전자들은 정비사에게 고장내용, 부품 교환 내용, 수리 내용을 듣지만 사이다를 마신 것 같이 후련한 대답을 얻기가 힘듭니다.

이 책은 현장 기술인들이나 오너 드라이버들을 위해 자동차 고장의 돌출구가 보이는 명쾌한 팁들의 보고입니다. 지금은 메이커에서도 발행하지 않는 '정비지침서'를 능가하는 매뉴얼로서, 국내 차량은 물론 수입차 정비 사례까지 총망라하여 시리즈로 발행할 계획을 가지고 있습니다.

① 자동차 시스템 별로 만들어서 찾아보기 쉽게 총정리하였습니다.

② 정비현장의 정비샵 운영자나 기술자가 하나의 고장 원인을 올리면, 카페 회원들이 각자 답하는 형식으로서 그것을 다시 일목요연하게 재정리한 것입니다.

③ 정비 현장 사진으로 실제 고장 현상을 눈으로 볼 수 있으며, 관계지식을 통해 더욱 확실한 진단, 정비 방법을 제시하고 있습니다.

④ 고장 사례는 꼭 해당 차량에만 해당되는 것이 아니기에 다른 차량의 제원과 관계지식도 함께 올려서 폭넓은 정비 가이드북으로 구성하였습니다.

⑤ 책이라는 딱딱한 글숲에서 현장인들끼리 주고받은 생활속 대화를 그대로 실었습니다.

끝으로 이 책이 완성되기까지 지식과 기술지원을 주신 박근수 카페 매니저님, 김길현 사장님, 이상호 간사님, 김진걸 자문위원님, 우병춘 본부장님 그리고 ㈜골든벨의 모든 가족들에게 진심으로 감사 인사를 드립니다.

2021년 4월
편저자

Contents

추천의 말씀 ………………………………………………………… 2
머리말 …………………………………………………………………… 3

01 클러치   7

02 수동 변속기   37

03 자동 변속기   67

04 구동축 및 추진축   109

05 종감속 기어장치 및 차동 기어장치   133

06 휠과 타이어   153

07 현가장치   191

08 조향장치 & 전차륜 정렬   255

09 제동장치   311

섀시

PART

1. 클러치(Clutch)
2. 수동 변속기(Manual Transmission)
3. 자동 변속기(Automatic Transmission)
4. 구동축 및 추진축(Drive Shaft & Propeller Shaft)
5. 종감속 기어장치 및 차동 기어장치(Final Reduction Gear & Differential Gear)
6. 휠과 타이어(Wheel & Tire)
7. 현가장치(Suspension System)
8. 조향장치(Steering System) & 전차륜 정렬(Wheel Alignment)
9. 제동장치(Brake System)

자동차 정비정보 공유카페
Auto Wave

1. 클러치
Clutch

01. 프론티어 신형 기어가 잘안들어감…

02. 클러치 페달을 밟아도 끊기지가 않아요.

03. 포터 클러치 삼발이가 박살났네요.

04. 클러치 릴리스 실린더 오일 누출로 기어가 안들어 갑니다.

05. 황당한 오진-차가 안 나갑니다.

차 종	프런티어 신형	연 식	
주행거리		탑재일	2009.02.04
글쓴이	향유고래(topg****) 감사멤버	매 장	
관련사이트	네이버 자동차 정비공유 카페 https://cafe.naver.com/autowave21/93464		

1. 고장내용

프론티어 차량이 입고되었습니다. 기어가 잘 안 들어간다고 하시네요.

2. 점검방법 및 조치 사항

저희 가게에서 쭉 정비를 해왔던 차라 변속기는 내린 적이 없었습니다. 일단 클러치 마스터 실린더, 오페라실린더 누유 확인하니 누유가 없고 클러치 디스크에 문제가 있을 것으로 차주 분께 말씀 드리고 미션을 내려 보기로 했습니다. 클러치 페달 유격도 확인 했어요.

요즘은 반 클러치를 쓰지 않더라도 클러치 삼발이 디스크 마모 보다 디스크 댐퍼 스프링이 튀어 나오거나 절단되어서 기어가 안 들어가는 증상이 많네여~

❄ 댐퍼 스프링 파손의 구품

❄ 깔끔한 모습의 신품

❊ 헐겁게 움직이는 댐퍼 스프링   ❊ 신품과 구품의 비교

회원님들의 댓글 | 등록순 ▼ | 조회수 | 좋아요 ▼

● 라이타돌, chofamaily, 병덕, yongnam4336, 소주사랑, 눈보, kingca0915, 생명카, 첫눈
잘 보고 갑니다.

● 김가이버
수고 하셨습니다.^^

● 2347783
요즘 들어 1톤 화물차량에 1.5톤은 기본이고 최고 2톤 2.5톤 까지 실는다고 합니다 뒤 판스프링은 활처럼 휘고 그것을 방지하
기위해 스프링을 보강하고 그것도 모자라 르망 코일 스프링을 후레임과 판스프링 사이에 끼워 놓고 다닙니다 아마도 디스크 스
프링이 조기에 깨지는데 과적이 지대한 영향을 미치리라 봅니다.

● lbc4865
우리 동네 가을에 양파 실을때 1톤차에 1포에 20Kg, 150포 실어요. 3톤이죠. / 뒤 바퀴 에어는 80넣어 달래요.

● 후니아빠, 고매
정보 감사합니다.

● 으찌라고
디스크보다 스프링 절단에 한표~ 공감합니다!!

	등록

☺ 스티커   📷 사진

(1) 클러치의 구성

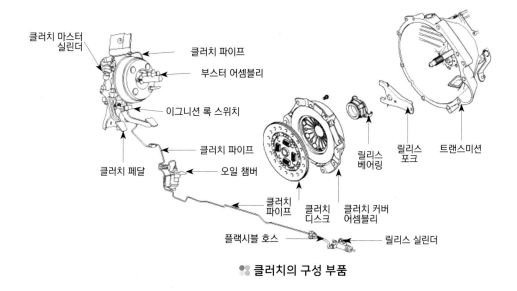

클러치 마스터
실린더

클러치 파이프

부스터 어셈블리

이그니션 록 스위치

클러치 파이프

클러치 페달

오일 챔버

릴리스
베어링

릴리스
포크

트랜스미션

클러치
파이프

클러치
디스크

클러치 커버
어셈블리

플랙시블 호스

릴리스 실린더

❄ 클러치의 구성 부품

(2) 고장 진단

현 상	가능한 원인	정비
• 클러치가 미끄러진다. • 가속 중 차량의 속도가 엔진 속도와 일치하지 않는다. • 차의 가속이 되지 않는다. • 언덕 주행 중에 출력부족	• 페달의 자유유격이 부족함 • 클러치 디스크 페이싱의 마모가 과도함 • 클러치 디스크 페이싱에 오일이나 그리스가 묻음 • 압력판 혹은 플라이휠이 손상됨 • 압력 스프링이 약화 혹은 손실됨 • 유압장치의 불량	• 조정 • 수리 혹은 필요시 부품교환 • 교환 • 교환 • 교환 • 수리 혹은 교환
• 클러치가 미끄러진다.	• 클러치 디스크가 마모 혹은 손상됨 • 압력판이 불량함 • 디스크 페이싱에 오일이나 그리스가 묻음 • 유압장치의 불량	• 교환 • 클러치 커버 교환 • 교환 • 수리 혹은 교환
• 클러치가 덜거덕 거린다.	• 클러치 디스크 라이닝의 마모 혹은 오일이 묻음 • 압력판의 결함 • 클러치 다이어프램 스프링의 굽음 • 토션 스프링의 마모 혹은 파손 • 엔진 장착이 느슨함	• 교환 • 교환 • 교환 • 디스크 교환 • 교환

현상		가능한 원인	정비
• 클러치에서 소음이 발생한다.		• 클러치 페달 부싱의 손상 • 내부 하우징의 느슨함 • 릴리스 베어링의 마모 혹은 오염 • 릴리스 포크 또는 링케이지가 걸림	• 교환 • 수리 • 교환 • 수리
• 기어 변속이 어렵다.(기어 변속기 기어에서 소음이 난다.)		• 페달의 자유유격이 과도함 • 유압 계통에 오일이 누설, 공기가 유입, 혹은 막힘 • 클러치 디스크가 심하게 떨림 • 클러치 디스크 스플라인이 심하게 마모, 부식됨	• 조정 • 수리 혹은 필요시 부품교환 • 교환 • 교환
• 페달이 잘 작동되지 않는다.		• 클러치 페달의 윤활이 불량함 • 클러치 디스크 스플라인의 윤활이 불충분함 • 클러치 릴리스 레버 시프트의 윤활이 불충분함 • 프런트 베어링 리테이너의 윤활이 불충분함	• 수리 • 수리 • 수리 • 수리
클러치 소음	• 클러치를 사용치 않을 때	• 클러치 페달의 자유유격이 부족함 • 클러치 디스크 페이싱의 마모가 과도함	• 조정 • 교환
	• 클러치가 분리된 후 소음이 들린다.	• 릴리스 베어링이 마모 혹은 손상됨	• 교환
	• 클러치가 분리될 때 소음이 난다.	• 베어링의 섭동부에 그리스가 부족함 • 클러치 어셈블리 혹은 베어링의 장착이 불량함	• 수리 • 수리
	• 클러치를 부분적으로 밟아 차량이 갑자기 주춤거릴 때 소음이 난다.	• 파일럿 부싱이 손상됨	• 교환
• 변속이 되지 않거나 변속하기가 힘들다.		• 클러치 페달의 자유유격이 과도함 • 디스크의 마모, 런아웃이 과도하고 라이닝이 파손됨 • 입력축의 스플라인 혹은 클러치 디스크가 오염되었거나 깎임 • 클러치 압력판 수리	• 페달의 자유유격을 조정 • 릴리스 실린더 수리 • 수리 혹은 필요 부품 교환 • 필요한 부위를 수리 • 클러치 커버 교환

(3) 클러치 페달의 유격 및 높이 점검

유격(자유간극)이란 릴리스 베어링이 릴리스 레버(또는 다이어프램 스프링의 핑거)에 닿을 때까지 페달이 움직인 거리이며, 클러치의 미끄러짐을 방지하기 위해 둔다. 유격이 틀려지는 원인은 유압계통의 공기유입, 클러치 라이닝의 마모, 마스터 실린더 및 릴리스 실린더 등의 불량이다.

1) 유격이 크거나 작을 때 영향

① 유격이 너무 작을 때 : 클러치가 미끄러지며, 압력판, 플라이 휠 및 클러치 판의 마모 초래, 릴리스 베어링의 마모를 촉진한다.

② 유격이 너무 클 때 : 클러치 페달을 밟았을 때 동력 차단이 잘 안되어 기어 변속시 소음이 나고 원활한 기어 변속이 어렵다.

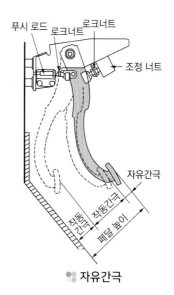

❈ 자유간극

2) 조정 방법

① 케이블식 : 케이블식은 유격이 20~30mm정도이며, 엔진룸 쪽에서 케이블 조정 너트를 돌려 조정한다. 이때 조정너트를 조이면 유격이 작아지고, 풀면 유격이 커진다. 또 페달의 높이 조정은 아래 그림의 페달높이 조정나사의 로크너트를 풀고 조정한다.

② 유압식 : 유압식은 유격이 6~13mm정도이며, 릴리스 실린더의 푸시로드 길이를 가감하여 조정한다. 이때 푸시로드 길이를 길게 하면 유격이 작아지고, 짧게 하면 커진다. 또 페달 높이 조정은 페달과 연결된 푸시로드의 반대쪽의 조정너트로 조정한다.

❈ 케이블식 유격조정-1   ❈ 케이블식 유격조정-2   ❈ 푸시로드 길이로 유격 조정

■ 클러치 페달 자유 간극 차종별 규정값(mm)

차종		생산년도(모델)	페달 높이	자유간극	작동간극	여유간극
모닝 SA	G 1.0 SOHC	2004~2011(e 엔진)	180.3	15~20	145	15.3~20.3
	L 1.0 SOHC	2009~2011(e 엔진)			145	
로체 MG	L 2.0 DOHC	2006~2010(a-Ⅱ 엔진)	193	6~13	145	31~42
	G 1.8 DOHC	2006~2008(a-Ⅱ 엔진)				
	G 2.0 DOHC	2006~2009(β 엔진)				
	D 2.0 TCI-D	2006~2008(U-엔진)				
	G 2.0 DOHC	2008(θⅡ-엔진)				
	G 2.4 DOHC	2008(θⅡ-엔진)				
쎄라토	G 1.5 DOHC	2004~2011(a-Ⅱ 엔진)	166.9	6~13	145	50(?)
	G 1.6 DOHC	2005~2008(a-Ⅱ 엔진)				
	G 2.0 DOHC	2004~2008(β 엔진)				
	D 1.5 TCI-U	2005~2006(U-엔진)				
	D 1.6 TCI-U	2006~2008(U-엔진)	188	6~13	145±3	50(?)
뉴카렌스 UN	L 2.0 DOHC	2006~2013(θ-엔진)	193	6~13	145	–
	D 2.0 TCI-D	2006~2009(D-엔진	155	6~13	145	–
	G 2.0 DOHC	2010~2013(θ- 엔진)	193	6~13	145	–
쏘렌토BL	G 3.5 DOHC	2002~2004	–	–	–	–
	D 2.5 TCI-A(WGT)	2002~2006	–	–	–	–
	D 2.5 TCI-A(WGT)	2005~2009	–	–	–	–
그랜드 카니발 VQ	D 2.9 WGT	2005~2008(J-엔진)	171	6~13	150	–
	D 2.9 VGT	2005~2008(J-엔진)	171	6~13	150	–
	L 2.7 DOHC	2008~2011(뮤 엔진)	171	6~13	150	–
	D 2.2 TCI-R	2010~2014(R-엔진)	216	6~13	152±3	–
	G 3.5 DOHC	2011~2014(람다-엔진)	–	–	–	–
봉고 3 코치 (PU21)	D 2.9 CRDI	2004~2007(J3 엔진)	180.6	6~13	155	54
봉고 3 트럭 (PU)	D 2.9 C/R-J	2004~2012(J3 엔진)	175~180	6~13	145~150	55
	D 2.5 TCI-A	2004~2007(J3 엔진)	175~180	6~13	145~150	55
	L 2.4 DOHC	2009~2020(θ- 엔진)	175~180	6~13	145~150	55
	D 2.9 WGT(CPF+)	2009~2011(4D56)	175~180	6~13	145~150	55
	D 2.5 TCI-A2(WGT)	2012~2020(A2 엔진)	–	6~13	150±3	–
스포티지 KM	G 2.0 DOHC	2002~2010(β-엔진)	189.5	6~13	150	15.5
	D 2.0 TCI-D(WGT)	2004~2009(D-엔진)				
	D 2.0 TCI-D(VGT)	2006~2010(D-엔진)				

차종		생산년도(모델)	페달 높이	자유간극	작동간극	여유간극
오피러스 GH	G 2.7 DOHC	2002~2012(δ 엔진)	–	–	–	–
	G 3.0 DOHC	2002~2006(σ 엔진)	–	–	–	–
	G 3.5 DOHC	2002~2005(σ 엔진)	–	–	–	–
	L 2.7 DOHC	2003~2012(δ 엔진)	–	–	–	–
	G 3.8 DOHC	2005~2012(λ 엔진)	–	–	–	–
	G 3.3 DOHC	2007~2012(λ 엔진)	–	–	–	–
옵티마/ 리갈 (MS)	L 2.0 SOHC	2000~2001(시라우스 엔진)				
	G 2.0 DOHC	2000~2005				
	G 2.5 DOHC	2000~2005	180.5±0.3	6~13	150	90
	G 1.8 DOHC	2000~2004				
	L 2.0 DOHC	2001~2005				
	G 1.8 DOHC	2002(β-엔진)				
포르테 쿱 TD	G 1.6 DOHC	2009~2010(γ-엔진)	182.8	6~13	145±3	–
	G 2.0 DOHC	2009~2013(θII-엔진)				
	D 1.6 TCI-U2	2008~2011(U- 엔진)	–	–	–	–
	G 1.6 GDI	2010~2014(γ-엔진)				–
	L 1.6 LPI	2011~2014(γ-엔진)	182.8	6~13	145±3	–
프라이드 JB	G 1.6 DOHC	2005~2010(α-엔진)	185	7~10	140±3	–
	G 1.4 DOHC	2005~2010(α-엔진	163.9 ~ 164.8	6~12	145	–
	D 1.5 TCI-U	2005~2011(U- 엔진)	163.9	6~13	145	–

(4) 클러치 디스크의 점검

1) 리벳의 깊이 & 디스크 두께 측정

① 클러치 디스크 표면에서 리벳 헤드까지 깊이를 측정하여 한계값 이하까지 마모되었으면 디스크를 교환한다.

② 클러치 디스크 표면이 오염되었거나 리벳의 풀림이 있는 경우 디스크를 교환한다.

③ 클러치 디스크의 두께를 버니어 캘리퍼스로 측정하여 한계값 이하인 경우에 디스크를 교환한다.

2) 클러치 디스크 런아웃 점검

클러치 디스크의 런 아웃이 한계값(0.5mm) 이상일 경우 디스크를 교환한다.

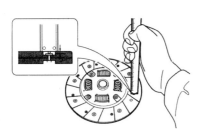

❋ 리벳 헤드 깊이 점검

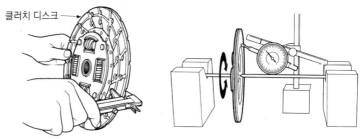

❋ 클러치 디스크의 두께 측정 & 런 아웃 점검

(5) 클러치 디스크의 구조

클러치판은 플라이휠과 압력판 사이에 끼워져 있으며, 엔진의 동력을 변속기 입력축을 통하여 변속기로 전달하는 마찰판이다. 구조는 원형 강철판의 가장자리에 마찰물질로 된 라이닝(또는 페이싱)이 리벳으로 설치되어 있고, 중심부분에는 허브(hub)가 있으며 그 내부에 변속기 입력축을 끼우기 위한 스플라인(spline)이 파져 있다. 또 허브와 클러치 강철판에는 비틀림 코일 스프링(damper spring or torsion spring)이 설치되어 있다. 클러치 강철판은 파도 모양의 스프링으로 되어 있으므로 클러치를 급속히 접속시켰을 때 이 스프링이 변형되어 동력전달을 원활히 하는 쿠션스프링(cushion spring)이 있다.

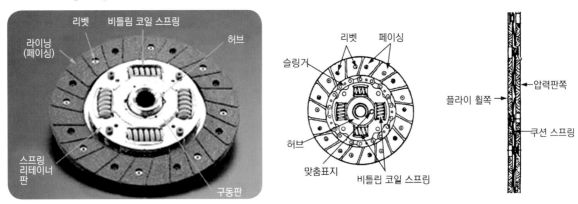

❋ 클러치 디스크의 구조

① 비틀림 코일 스프링(Torsion Spring, Damper Spring) : 클러치판이 플라이휠에 접속될 때 회전 충격을 흡수하는 일을 한다.

② 쿠션 스프링(Cushion Spring) : 클러치판의 편마멸, 변형, 파손 등의 방지를 위해 둔다.

③ 마찰계수(Friction Factor) : 클러치 라이닝은 마찰계수가 알맞아야 하고 내마멸성, 내열성이 크며 온도변화에 따른 마찰계수 변화가 없어야 한다. 예전에는 석면을 주재료로 한 것을 사용하였으나 최근에는 금속제 라이닝을 사용하기도 한다. 라이닝의 마찰계수는.3~0.5 정도이다.

02

클러치 페달을 밟아도 끊기지가 않아요.

차 종	라노스1.5 DOHC	연 식	-
주행거리	-	탑재일	2009.04.07.
글쓴이	호야(crac****)	매 장	
관련사이트	네이버 자동차 정비 공유 카페 : https://cafe.naver.com/autowave21/98785		

1. 고장내용

클러치를 밟아도 동력이 끊기지 않는 경우의 차량입니다.

2. 점검방법 및 조치 사항

클러치에 문제입니다. 클러치 디스크, 압력판, 릴리스 베어링,포크를 교체한다.

❖ 분해된 압력판과 디스크

● lkb0720200

스프링이 고장난건가요?

● 으라차챠

좋은 정보 감사합니다.

● 산마니, dyk3273, 푸른정비

수고했습니다. 고생하셨네요.

● 저녁노을

미리미리 교환하면 연비도 향상되고 갑자기 고장날 일도 없는데 말이죠~

● 꼴통준, jsceng, 정 맨, 두꺼비, melody101501, a6312212

잘보고 갑니다.~

● 김경호

그냥 잘 봤습니다. 아직은 봐도 어디가 문제인지 모르지만⋯ ㅎㅎㅎ(설명이 없어서)

● 성능

디스크 판이 다되었군요 알뜰하게 타셨네요.ㅋㅋ 장거리 갔다가 큰일 납니다.

● 흥성이네

안타까워요. 고생하셨네요.

● 난 찍사

클러치 디스크 스프링이 저정도 될려면 발목에 무리가 왔을텐데요.ㅎㅎ

● chlrhkdgns2

잘보고 갑니다. 결국 원인은 클러치 디스크가 수명이 다돼서 인가요??

● kyw3967

스프링이 튀어나왔네요. 수고하셨습니다.

● 안튼튼맨

잘보고 갑니다. 저도 얼마전 클러치 커버 갈았습니다. 어떤 분들은 폐차할 때까지도 안 갈고 타시는 분들도 있다고 하지만⋯ 소
모성이라 어쩔 수 없는 것 같네요.~ 전 15만 6천키로 타니까⋯ 슬슬 차에서 증상이 나오더군요.

	등록

☻ 스티커 📷 사진

3. 관계지식

(1) 클러치의 구성

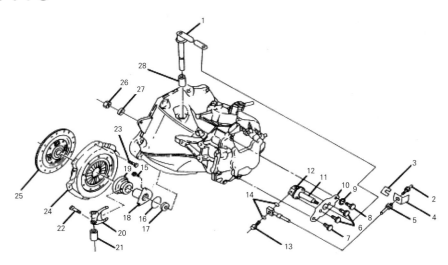

❖ 클러치의 구성-1

번호	부품 명칭	번호	부품 명칭
1	릴리스 레버(Release Lever)	15	볼트(Bolt)
2	파이프(Pipe)	16	O-링(O-Ring)
3	클립(Clip)	17	입력 샤프트 시일(Input Shaft Seal)
4	클램프(Clamp)	18	베어링 가이드 슬리브(Bearing Guid Slive)
5	호스(Hose)	19	스러스트 베어링(Thrust Bearing)
6	볼트(Bolt)	20	포크(Fork)
7	볼트(Bolt)	21	부싱(Bushing)
8	볼트(Bolt)	22	볼트(Bolt)
9	스프링 와셔(Spring Wash)	23	볼트(Bolt)
10	릴리스 실린더 브래킷(Release Cylinder Bracket)	24	클러치 압력판(Clutch Pressure Plat)
11	릴리스 실린더(Release Cylinder)	25	클러치 디스크(Clutch Disc)
12	에어 브리더(Air Bleeder)	26	너트(Nut)
13	볼트(Bolt)	27	와셔(Wash)
14	와셔(Wash)	28	부싱(Bushing)

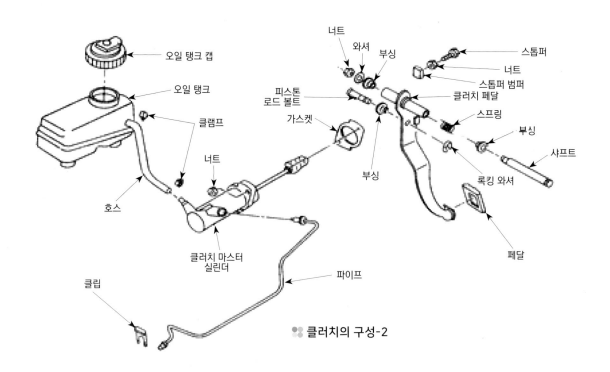

오일 탱크 캡

오일 탱크

클램프

너트

피스톤
로드 볼트

가스켓

부싱

호스

클러치 마스터
실린더

클립

파이프

너트

와셔

부싱

스톱퍼

너트

스톱퍼 범퍼

클러치 페달

스프링

부싱

샤프트

록킹 와셔

페달

🔹🔸 **클러치의 구성-2**

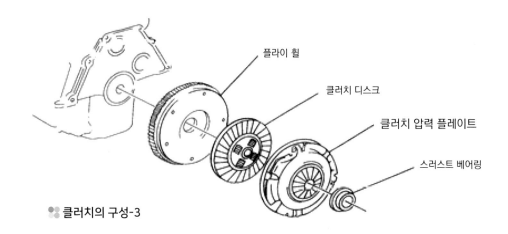

플라이 휠

클러치 디스크

클러치 압력 플레이트

스러스트 베어링

🔹🔸 **클러치의 구성-3**

(2) 클러치의 고장진단

1) 클러치 해제 불가

번호	점검사항	조치사항
1	링키지 헐거움	링키지 수리 또는 교환
2	클러치 디스크 손상	클러치 디스크 교환
3	릴리스 레버 장착 불량	릴리스 레버 재 장착, 포크 접촉부 그리스 도포
4	입력축 스플라인에 클러치 디스크 허브가 걸림	클러치 디스크 허브 수리 또는 교환
5	클러치 디스크 휨 또는 구부러짐	클러치 디스크 교환

2) 클러치 밀림

번호	점검사항	조치사항
1	운전자의 클러치 작동 상태	정확한 작동 방법 숙지
2	오일 흡수된 클러치 디스크	누유부위 점검 및 수리, 클러치 디스크 교환
3	클러치 디스크 마모	클러치 디스크 교환
4	클러치 플레이트 또는 플라이 휠 휘어짐	손상된 클러치 플레이트 & 플라이 휘일 교환
5	다이어프램 스프링 장력 약함	클러치 플레이트 교환
6	피동 플레이트 안착 불량	엔진 시동을 30~40번 한다.(과열 주의)
7	피동 플레이트 과열	냉각 시킴

3) 그래빙(채터링)

번호	점검사항	조치사항
1	클러치 디스크의 오일 흡착 및 열변형	누유부위 점검 및 수리, 클러치 디스크 교환
2	입력축상의 스플라인 마모	입력축 교환
3	클러치 플레이트 또는 플라이 휠 휘어짐	손상된 클러치 플레이트 & 플라이 휠 교환
4	클러치 플레이트 & 플라이 휠 열변형, 소손	겉표면 손상시 사포로 제거함, 손상부품 교환

4) 래틀링(변속기 클릭음)

번호	점검사항	조치사항
1	리트랙트 스프링 장력 약함	클러치 플레이트 교환
2	릴리스 레버 헐거움	탈거 후 적절하게 재장착
3	피동 플레이트 댐퍼의 오일 흡착	누유부위 점검 및 수리, 피동 플레이트 교환
4	피동 플레이트 댐퍼 스프링 손상	피동 플레이트 교환

5) 클러치 완전 접속시 릴리스 베어링 노이즈 발생

번호	점검사항	조치사항
1	운전자의 클러치 작동 상태	정확한 작동 방법 숙지
2	릴리스 베어링 구속	세척 및 재윤활하고 흠집이나 표면 검사
3	릴리스 베어링 안착 불량	탈거후 적절하게 재장착
4	링키지 리턴 스프링 장력 약함	링키지 리턴 스프링 교환

6) 소음

번호	점검사항	조치사항
1	릴리스 베어링 손상	릴리스 베어링 교환
2	릴리스 레버 안착 불량	포크축 재장착, 포크 핑거에 그리스 도포

7) 클러치 페달이 올라오지 않음

번호	점검사항	조치사항
1	링키지 또는 릴리스 베어링 구속	윤활유 도포 및 링키지 구속 해제
2	클러치 플레이트 스프링 장력 약함	클러치 플레이트 교환

8) 페달 조작력 과다

번호	점검사항	조치사항
1	링키지 구속	윤활유 도포 및 링키지 구속 해제
2	피동 플레이트 손상	피동 플레이트 교환

(3) 정기점검 주기표

(1) 일반점검 항목

○ : 점검하여 조정, 수리 또는 필요시 교환
● : 교환

NO	점검내용	일일점검	최초 1,000km	매 5,000km	매 10,000km	매 20,000km	매 40,000km	매 60,000km	매 80,000km	매 100,000km
파워라인										
1	클러치 페달 유격 점검 및 조정	○		○						
2	프로펠러 샤프트 볼트 재조임			○						
3	자동변속기 오일 점검 및 교환	○				○				
4	수동변속기 오일 점검					○				●
5	리어액슬 기어오일 점검 및 교환(차동제한장치 포함)	매 10,000km 또는 6개월 점검 / 매 40,000km 교환								
구동장치										
1	전차륜 정렬 점검				○					
2	타이어 공기압 점검, 마모상태	○								
3	앞, 뒤 타이어 휠 너트 조임			○						
4	타이어 위치교환			○						
5	앞, 뒤 휠 베어링 마모 및 파손점검				○					
조향장치(수동)										
1	조향 장치 점검			○						
2	조향 기어 박스 오일 수준 점검					○				
3	스티어링 링케이지 점검			○		○				
조향장치(자동)										
1	조향 장치 점검			○						
2	스티어링 링케이지 점검		○		○					
3	파워 스티어링 오일 점검 및 교환		○	○					●	

(2) 가혹조건

○ : 점검하여 조정, 수리 또는 필요시 교환
● : 교환

점검내용	점검방법		정검방법	운행조건
엔진오일 및 필터	●	2.5 4D56 TCI	매 4,000km	1, 2, 3, 7, 8
		2.5 CRDi TCI	매 5,000km 또는 6개월	
에어클리너 필터	○		매 5,000km	2
타이밍 벨트(2.5 4D56 TCI)	●		매 40,000km	2, 4
앞 브레이크 패드 및 디스크	○		상태에 따라 수시점검	2
뒷 브레이크 라이닝	○		상태에 따라 수시점검	2
수동변속기 오일	●		매 100,000km	1, 4, 5, 6, 7, 8
자동변속기 오일	●		매 40,000km	1, 4, 5, 6, 7
에이컨 필터	●		상태에 따라 수시점검	2

※ 다음과 같은 가혹 조건하에서 차량을 사용했을 경우에는 정기 점검주기를 좀더 앞당겨 자주 점검, 교환하십시오.
  1. 짧은 거리를 반복해서 주행했을 때
  2. 모래, 먼지가 많은 지역을 주행했을 때
  3. 공회전을 과다하게 계속 시켰을 때
  4. 32℃ 이상의 온도에서 교통체증이 심한 곳을 50%이상 주행했을 때
  5. 험한길(모래자갈길, 눈길, 비포장길) 등의 주행빈도가 높은 경우
  6. 산길, 오르내리막길 등의 주행빈도가 높은 경우
  7. 경찰차, 택시, 사용차, 견인차 등으로 사용하는 경우
  8. 고속주행(170km 이상)의 빈도가 높은 경우

(4) 클러치 디스크 교환 주기

참으로 애매하며, 클러치 디스크의 교환주기는 정확한 기준은 없다. 어떤 조건에서 어떻게 운전하느냐에 따라서 교환주기가 다르기 때문이다. 반 클러치를 많이 사용할수록, 같은 조건에서 엔진의 출력이 높을수록 빠른 마모를 보이며, 운전중 클러치 페달에 항상 발이 올라가 있는 습관상 반클러치를 많이 사용한다면 고쳐야 한다.

디스크 교환주기가 정확하게 제시하는 지침서는 없지만 일반적으로 승용차에서는 5~8만km정도에서 교환하고 화물차일 경우 보통 30만 km 전후에 많이 갈며, 많이 타시는 분들은 60만 km도 탄다. 교환품으로는 클러치 디스크, 압력판(삼발이), 스러스트 베어링이다.

일반적으로 화물차의 경우 클러치 디스크 교환은 처음 운전하는 경험이 부족한 경우 5만~10km이며, 시가지를 주로 운행하는 경우 15만~20만km, 시내 및 고속도로 병행하는 경우 20만 km~30만 km, 고속도로 장거리 운전을 주로 하는 경우 30만km ~ 36만 km정도이다.

03

포터 클러치 삼발이가 박살났네요.

차 종	현대 포터	연 식	
주행거리		탑재일	2009.03.24.
글쓴이	cart74(cart****) 노력멤버	매 장	
관련사이트	네이버 자동차 정비공유 카페 https://cafe.naver.com/autowave21/97617		

1. 고장내용

포터 클러치 커버가 박살났네요. 고물상에서 사용하는 LPG 개조 차량입니다. 1톤 차량에 얼마나 실었는지 아무도 모릅니다~ 차주도~ ㅋㅋ

2. 점검방법 및 조치 사항

클러치 압력판이 깨졌습니다. 원인으로는 압력판의 마모, 과열과 냉각으로 인한 헤어 클랙(hair crack) 상태에서 과적, 급출발, 클러치 밟지 않고 급정거 등의 원인이라 볼 수 있습니다.

❀ 압력판의 깨진 모습

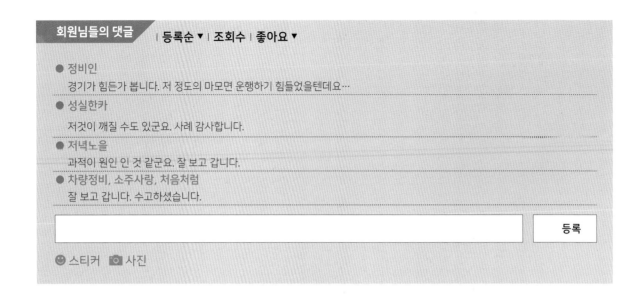

회원님들의 댓글 | 등록순 ▼ | 조회수 | 좋아요 ▼

● 정비인
   경기가 힘든가 봅니다. 저 정도의 마모면 운행하기 힘들었을텐데요…

● 성실한카
   저것이 깨질 수도 있군요. 사례 감사합니다.

● 저녁노을
   과적이 원인 인 것 같군요. 잘 보고 갑니다.

● 차량정비, 소주사랑, 처음처럼
   잘 보고 갑니다. 수고하셨습니다.

[   ] [등록]

☺ 스티커 📷 사진

3. 관계지식

(1) 클러치의 구성

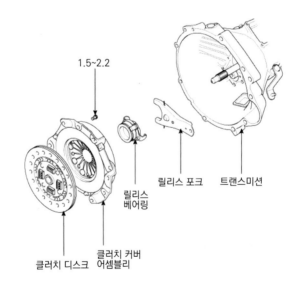

1.5~2.2

릴리스 베어링   릴리스 포크   트랜스미션

클러치 디스크   클러치 커버 어셈블리

(2) 클러치 압력판의 점검

① 다이어프램 스프링 끝 부분의 마멸, 높이가 불균일하지 않은가를 점검한다.

② 마멸이 크거나 높이 차이가 정비 한계값 이상인 경우에는 교환한다. 한계값은 0.5mm이다.

③ 압력판 표면의 마멸, 균열, 변색을 점검한다. 직선자와 시그니스 게이지를 사용하여 비틀림을

점검한다. 이때 압력판은 대각선 방향으로 3곳을 측정한다.

④ 스트랩 판 리벳의 풀림을 검사하여 풀렸으면 클러치 커버 어셈블리를 교환한다.

다이어프램
스프링 핑거

압력판

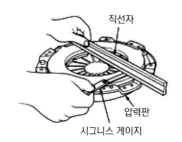
직선자

압력판

시그니스 게이지

❊❊ 다이어프램 핑거 & 압력판의 면상태 점검   ❊❊ 압력판의 변형 점검

주의사항

먼지제거는 진공 브러시 혹은 마른걸레 등을 사용하여 제거해야 하며 압축공기를 사용해서는 안된다.

■ 포터2-트럭

차종 \ 년도	04	05	06	07	08	09	10	11	12	13	14	15	16	17	18	19
D 2.5 TCI	▨	▨	▨	▨	▨	▨	▨									
D 2.5 TCI-A	▨	▨	▨	▨	▨	▨										
D 2.5 TCI-A2									▨	▨	▨	▨	▨		▨	▨
D 2.5 TCI-A2(Euro5)														▨		
D 2.5 TCI-A2(Euro6)														▨		

04 클러치 릴리스 실린더 오일 누출로 기어가 안들어 갑니다.

차 종	이스타나	연 식	
주행거리	-	탑재일	2009.04.03
글쓴이	주복(6315****) 공유멤버	매 장	
관련사이트	네이버 자동차 정비 공유 카페 : https://cafe.naver.com/autowave21/98385		

1. 고장내용

클러치 릴리스 실린더(Releas Cylinder)에서 오일 누출이 있으며, 기어 변속이 불가능합니다.

2. 점검방법 및 조치 사항

클러치 릴리스 실린더를 어셈블리(Assembly)를 교환하여 주고, 공기배기 작업까지 마치고 확인하니 정상입니다.

❖❖ 탈거한 릴리스 실린더

3. 관계지식

(1) 고장진단

현　　상	가능한 원인	정　　비
• 변속이 되지 않거나 변속하기가 힘들다.	• 클러치 페달의 자유유격이 과도함 • 클러치 릴리스 실린더가 불량함 • 디스크의 마모, 런아웃이 과도하고 라이닝이 파손됨 • 입력축의 스플라인 혹은 클러치 디스크가 오염되었거나 깎임 • 클러치 압력판 수리	• 페달의 자유유격을 조정 • 릴리스 실린더 수리 • 수리 혹은 필요 부품교환 • 필요한 부위를 수리 • 클러치 커버 교환

(2) 고장원인

클러치 릴리스 실린더(Releas Cylinder)에서 오일 누출이 있으며, 기어 변속이 불가능하다고 하지만 구체적인 사항이 없어서 필자가 현장에 있을 때 자주 접했던 내용으로 서술합니다. 릴리스 실린더에 피스톤 컵(일부 차량 오일 실(seal))이 불량으로 마스터실린더에서 압축되어 밀려온 오일이 새어 나오며, 아주 작게 새어 나올 때는 클러치 페달을 밟고 기어를 넣으면 들어가고 밟은 상태에서 잠시 후에 서서히 출발되는 경우도 있다.

(3) 클러치의 구성(이스타나)

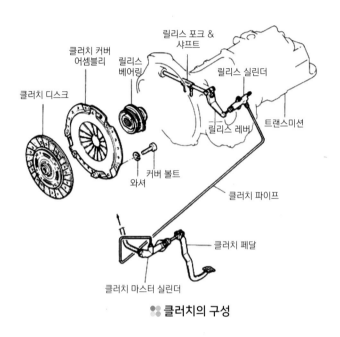

❖ 클러치의 구성

(4) 릴리스 실린더의 구조(이스타나)

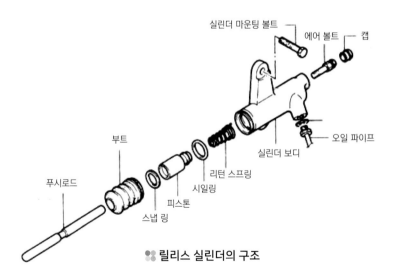

❖ 릴리스 실린더의 구조

(5) 릴리스 실린더의 교환(이스타나)

① 크러치 오일을 배출시키고 오일라인을 탈거한다.

② 릴리스 실린더 장착 볼트를 풀고 탈거한다.

③ 수리 또는 교환한 후 릴리스 실린더를 장착하고(30~40Nm), 마운팅 홀 중심에서 푸시로드 선
  단까지의 거리 "A"가 137mm에 맞춘 다음, 이 위치에서 릴리스레버 고정 볼트를 체결한다.
  릴리스 레버와 푸시로드 접촉면에 그리스를 도포한다.

④ 오일 호스를 장착하고(50~70Nm), 작동행정이 11.9~12.6mm가 되는지 점검한다.

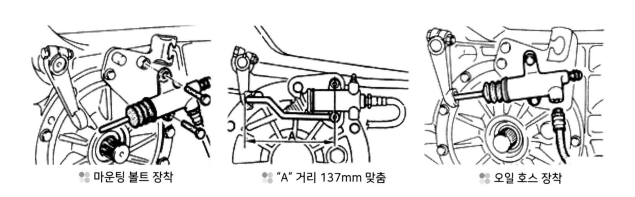

❖ 마운팅 볼트 장착   ❖ "A" 거리 137mm 맞춤   ❖ 오일 호스 장착

차 종	스타렉스		연 식	2000
주행거리	20만km		탑재일	2009.02.21
글쓴이	곰돌이(sung****)		매 장	
관련사이트	네이버 자동차 정비 공유 카페 : https://cafe.naver.com/autowave21/95103			

1. 고장내용

2000년식 스타렉스 20만Km 주행한 차량입니다. 저녁에 퇴근하려고 하니 삐리릭 전화가 오네요. 차가 주행 중인데 갑자기 안 간다고 지금 견인 조치하니깐 기다리랍니다. 견인 중에 생각을 합니다. 고놈 주행 중에 갑자기 안가면 디스크는 이상 없고 분명히 미숀이겠구나~ ㅎㅎㅎ

드디어 렉카에 스타렉스 한대 달려 오네요. 일단 내려서 시동 걸고 클러치 밟아보니 감각 좋으네요, 손님하고 대화를 합니다. 지금 이 상태는 미숀(Transmission-변속기)이 이상이 있는 것 같으니 신품은 비싸니 중고로 어쩌고, 저쩌고 견적을 내고 일을 시작합니다.

2. 점검방법 및 조치 사항

미숀을 내리고 확인을 하니 엉~~~! 그게 아니닝~!! 디스크 센터를 손으로 돌려 보니 그냥 돌아갔삐냉~!! 세상에 이런 일도~!!!~ 클러치 세트만 교환하고 작업 미무리 합니다.

🌸 클러치 허브가 돌아가는 모습

● 프로필 하루살이

부품 불량이군요. 정말 황당하셨겠네요.

● 유경호

아~!!! 그래서 페인트칠을 하셨군요. 눈에 확 들어오네요.

● anjh5861

부속 문제로 인한 허당 작업하는 일이 아주 가끔씩 생기죠.

● 기화기, 스하피

헐… 잘 보았습니다.

● 바른생활

베리굿

● 배선구

이래서 정품을 써야 되는 건가요?

● 김동규

배선구님 정품이 좋은게 아닙니다. 다만 어떤 스펙에 의해 틀린게 아닌가 생각이듭니다. 저는 스타렉스는 발레오꺼 말고 서진꺼 씁니다. 서진꺼가 문제가 덜나더라고요.

● lys876, jic5200, 생명카, changmk, kkwkjh5, 오아시스

좋은 정보 감사합니다.

● 현지아빠

처음 보는 불량이군요.

● 오페라

하여튼 황당하셨겠네요. 부품 불량임에는 틀림이 없네요. 잘 보고 갑니다.

● 벗님

센스 있게 정리하셨네요. 잘 봤습니다.

● 자객, 차량정비, scs950, 만길이, 나정비, 빅토리, 지현아빠, ljh09133

잘 보았습니다. 수고하셨어요.

● 에코넷

스프레이 한 줄로 이렇게 간단명료하게 표시할 수 있다니…   음~! 굿 아이디어 입니다.

● kbs135kbs

이런 일도 있구나~~요

● lbc4865

난 '발레오'것만 쓰는데 다 자신의 경험이죠~

● 김가이버, ir386, 갈매기, 물방울

황당하네요. 잘보고 갑니다…^^

● 소주사랑

이제야 이해가 가네요. 둔한가봐요. 제가~ 수고하셨습니다. 잘 보고갑니다….^^

● 삼형제

부품 불량임에는 틀림이 없네요.

● 곰

와~! 초보라서 무슨 말인지 하나도 모르겠네요. ㅋ~

● 동추

세심하게 보셨네요.

● 꿍시

황당하네요. 순정이 저모양이니~ ㅠㅠ

● 땡글이

헐 -0-ːːːːːːːːːːːːːːːːːːːːːːːːː;대략 난감 하네용.^^;;;ㅎㅎㅎ

● cart74

저두 처음보내여…

● 몽상가

독특한 아이디어네요. 감사합니다.

● 클린핸즈

빛이 반사된게 아니고 스프레이를 뿌리신거군요.저도 한참을 보고서 스프레이가 어디 뿌려졌다는 건지 알았네요. -_-;;

● 내몬사러

우째 이런 일이~ ! 우씨!!! 공임은?

● 곰돌이작성자

컴을 잘 다루지못해 옛날방식으로 락카로 표시를 했답니다 설명하기가 곤란해서요 ㅎㅎㅎㅎ

● 원영신

컴이 그래픽이 않좋은가… 순정마크가 안보이네옴… 부속박스는 저희가 주로 이용하는데꺼 쓰시네옴

● 곰돌이작성자

원영신님 ㅎㅎㅎ컴도 꾸지고 또 잘 다룰 줄을 모른답니다. 그냥 사진 찍어서 겨우 옮기는 정도라서여~ ㅎㅎㅎㅎ

● nj0805

수고 많으셨고 구분 잘 하셨네요

● 곰돌이작성자

근대 차주분이 기름 절약한다고 내리막에선 항상 기어를 빼고 한다는데… 거기에도 연관성이 있는가 보네여 저도 아직 원인을 잘 모르겠네요.

● 제이제이카

ㅎㅎㅎㅎㅎㅎㅎㅎㅎㅎㅎ웃긴다

● 향유고래

사례에 감사드리며 사진 잘 봤습니다. 제품 불량인면도 있겠지만 운전 습관에도 주의를 기울여야 하는건지…

● 넘버원

차가 안나갈만하네요.^^

● pk71080

이해하는데 힘들었네요. 좋은 것 보고 갑니다….

● 재민빠빠

오호라…

● 아이디어

그런 경우도 있군요. 스프링이 팅겨져 없어지는 것은 보았는데. 감사 합니다.

● volvo31

이런 불량 저도 몇 번 있었는데… 반품 처리가 안 되더군요.

● 국이아빠

수고하셨습니다. 급 경사후진하다 목 뿌러진거 여러 번 봤습니다.

[   ] | 등록

😊 스티커 📷 사진

(1) 클러치 디스크의 구조

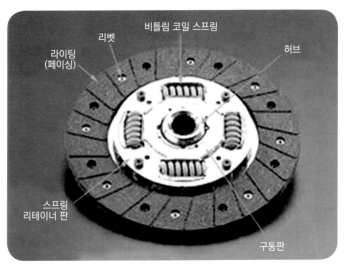

라이팅
(페이싱)

리벳

비틀림 코일 스프링

허브

스프링
리테이너 판

구동판

ͼͼ 디스크의 구조

현 상	가능한 원인	정 비
• 변속이 되지 않거나 변속하기가 힘들다.	• 클러치 페달의 자유유격이 과도함 • 클러치 릴리스 실린더가 불량함 • 디스크의 마모, 런아웃이 과도하고 라이닝이 파손됨 • 입력축의 스플라인 혹은 클러치 디스크가 오염되었거나 깎임 • 클러치 압력판 수리	• 페달의 자유유격을 조정 • 릴리스 실린더 수리 • 수리 혹은 필요 부품교환 • 필요한 부위를 수리 • 클러치 커버 교환

(2) 클러치의 구성(이스타나)

※참조_ 섀시 004_ 클러치 릴리스 실린더 오일 누출로 기어가 안들어 갑니다.

(3) 릴리스 실린더의 구조(이스타나)

※참조_ 섀시 004_ 클러치 릴리스 실린더 오일 누출로 기어가 안들어 갑니다.

(4) 릴리스 실린더의 교환(이스타나)

※참조_ 섀시 004_ 클러치 릴리스 실린더 오일 누출로 기어가 안들어 갑니다.

2. 수동 변속기
Manual Transmission

01. 수동변속기 삼발이 교환전 반드시 확인해야 할 사항

02. 수동변속기에 오일을 과다 주입하면?

03. 봉고3 수동변속기 차량 변속 레버 무거움 정비

04. 수동변속기 오일 교환주기좀 상세히 알려주세요

05. 수동변속기 날씨가 추워지니까 기어가 드르륵 걸려요

차 종	현대		연 식	
주행거리			탑재일	2011.03.05
글쓴이	쌀자전거(su32****)		매 장	
관련사이트	네이버 자동차 정비 공유 카페 : https://cafe.naver.com/autowave21/167258			

1. 고장내용

수동변속기 차량은 8~10만km 주기로 삼발이(클러치 디스크)를 갈아야 하죠. 이번에 제차 삼발이 교환하며 중요한 교훈을 얻었습니다. 그것은 바로 클러치 시스템을 구성하는 삼발이(클러치 디스크), 오페라(오퍼레이팅 실린더), 마스터 실린더 중 이 부품들의 영향에 따라 클러치 시스템에 문제가 생길 수 있다는 것을요. 제차의 증상은 시동을 걸고 30분 정도는 클러치가 정상 작동하다 엔진 웜업이 되면 클러치가 안 붙는 것이었습니다. 저는 이 증상을 정비사에게 설명을 했지만, 정비사는 우선 삼발이 교환해야 한다고 하더군요. 교환비용은 17만원, 아무튼 교환했습니다. 교환 후 탈거해 놓은 클러치 디스크를 봤는데, 아직 쓸 만했습니다. 클러치 표면에 있는 빗금무늬도 여전히 살아 있었구요.

그런데 주행해보니 증상이 동일했습니다. 정비사에게 항의하니, 자신은 모비스 정품을 사용했고, 정비 제대로 했으니 책임 없다라고 하더군요.

그 후 여기저기 정보 수집해보니, 클러치 마스터 실린더가 불량이면 이런 증상이 생길 수 있다고 하더군요. 엔진 웜업과 함께 클러치 유압유 온도가 상승하고, 마스터 실린더가 불량이면 유압유 온도 상승에 의해 마스터 실린더의 피스톤이 리턴이 안 되기 때문에 이런 증상이 생긴다고 하더군요.

그래서 모비스 매장가서 마스터 실린더 23,000원, DOT4 브레이크 오일 5,000원을 사서 직접 교환했습니다. 마스터 실린더 신품 장착하고, 엔진 밑에 들어가서 오퍼레이팅 실린더 공기빼기 하고, 부품비 30,000만원 + 2시간으로 정비완료 했습니다. 아무리 비싸도 공임포함 약 5~6만원 이면 해결할 걸 삼발이(클러치 디스크) 교환한다고 큰돈 쓰고, 하루 동안 차사용 못하고… 아무튼, 수동변속기 오너 분들은 이점만 확인하셔도 큰돈 쓸 것 작은 돈으로 해결 할 수 있습니다.

2. 관계지식

(1) 클러치의 구조

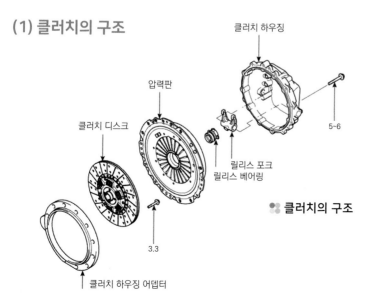

클러치의 구조

(2) 클러치가 끊기고 연결이 안되는 원인

일반적인 고장진단에서도 나오지 않는 고장인 것 같습니다. "시동을 걸고 30분 정도는 클러치가 정상 작동하다. 엔진 웜업이 되면 클러치가 안 붙는 것이었습니다." 정상작동 온도가 되면 클러치 페달만 올라오고(턴 오버 스프링 :Turn over spring) 마스터 실린더의 피스톤은 리턴이 안 되는 것으로 추정하여 설명하고자 합니다.

클러치 페달이 밟힌 상태, 즉 클러치가 차단된 상태로 있다는 이야기인데요. 원인은 연결기구의 간섭으로 릴리스 포크의 리턴불량, 마스터 실린더의 보상구멍 막힘이 원인으로 생각됩니다. 클러치 마스터 실린더와 클러치 액의 교환으로 해결되었다니 후자가 맞는 것 같습니다.

클러치 페달을 밟으면 마스터 실린더에 유압이 발생하여 클러치가 차단됩니다. 뉴파워 트럭에서는 클러치 부스터를 이용하여 클러치 페달 조작을 쉽게 하는 장치가 있습니다. 대부분의 일반 승용차에는 없는 장치이지요.

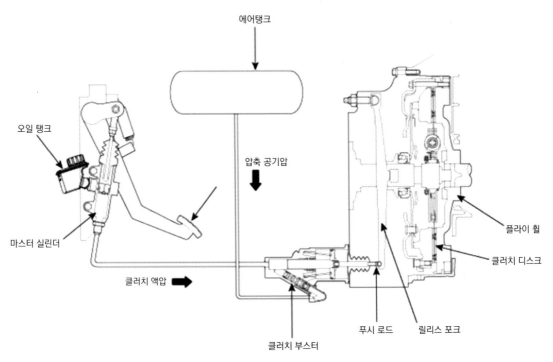

클러치의 구성 부품(뉴파워트럭)

① **클러치 페달을 밟을 때** : 클러치 페달을 밟으면 피스톤이 전진하고 0.6홀을 지나면서부터 유압이 발생하여 클러치 릴리스 실린더로 내려갑니다. 릴리스 실린더 푸시로드가 릴리스 포크를 누르면서 클러치가 차단됩니다. 리저버 탱크에서 실린더로 유입된 오일이 피스톤의 전진에 의하여 피스톤 컵이 0.6홀을 지나면서 압력이 발생하여 클러치 릴리스 실린더로 내려갑니다. 릴

리스 실린더 푸시로드가 릴리스 포크를 누르면서 클러치가 차단됩니다. 이때 첵크 밸브는 닫힙니다.

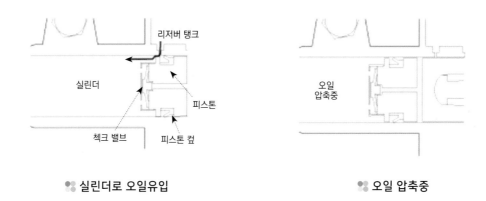

실린더로 오일유입 　　　　　　　　　　　　오일 압축중

② **클러치 페달을 놓을 때** : 리턴 스프링에 의하여 피스톤이 되돌아 가려고하나 실린더 체적이 증가하는 만큼 유입된 오일이 보상구멍을 통하여 피스톤 리턴 홀을 통과하고 이번에는 첵크 밸브의 열림으로 실린더에 유입되면서 피스톤이 리턴 될 수 있다. 피스톤 리턴후 오일은 0.6홀을 통하여 리저버 탱크로 유입된다.

③ **결론** : 보상구멍이 이물질로 인하여 막히기 직전의 상태에서 웜업이 되면서 보디의 팽창과 오염된 오일의 알갱이가 보상구멍을 막는 것으로 사료 됩니다. 자동차 정비는 나와 가족의 생명과 재산을 지키며, 타인의 생명과 재산의 훼손을 방지합니다. 일반상식 이상의 기술을 요하는 것은 전문 업체에 맡기는 것이 안전함을 참고하시기 바랍니다.

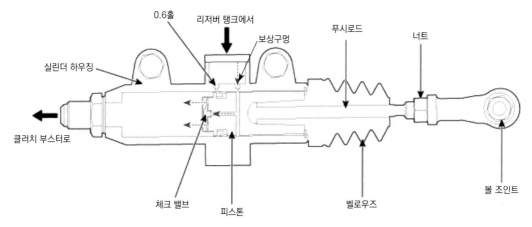

클러치 페달을 놓았을 때 오일의 흐름

(3) 클러치가 부스터의 기능과 작동

1) 기능

클러치 부스터는 압축공기와 클러치 마스터 실린더에서 발생한 유압을 이용하여 클러치 조작을 쉽게하는 장치입니다.

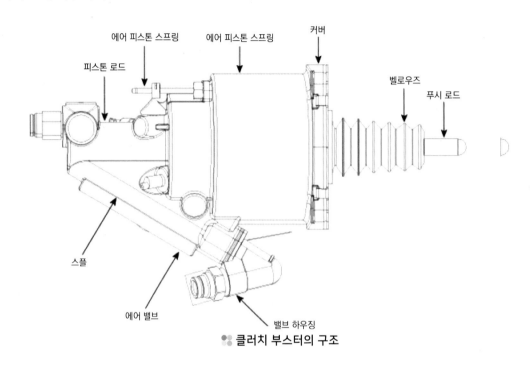

🔅 클러치 부스터의 구조

2) 작동 원리

① 클러치를 밟으면, 클러치내 유압이 형성되고 스풀이 화살표 방향으로 리어 클러치 부스터 뒤쪽에 있는 배기구 통로가 닫히게 됩니다.

② 스풀을 좀더 움직이면 에어 밸브와 하부 시트가 개방되고, 압축공기가 밸브와 스풀사이의 틈을 통해 클러치 부스터 하우징 내부로 도달합니다. 이렇게 되면 에어 피스톤이 피스돈 로드와 같이 화살표 방향으로 이동하게 되어 부스터를 작동하게 됩니다.

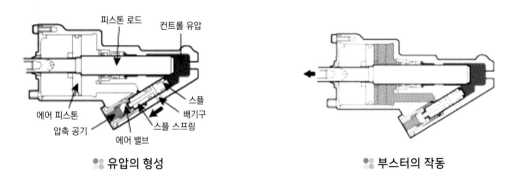

🔅 유압의 형성　　　　　　　　　　　　**🔅 부스터의 작동**

③ 클러치 페달을 멈추면 유압이 안정되고 에어 밸브를 원위치시키어 에어공급이 중단된다. 이로 인해 부스터 내의 압력이 안정되고 에어 피스톤과 스풀은 페달 위치가 변하기 전까지 적당한 위치를 유지한다.

④ 스풀 중심에 난 구멍은 배기구와 통하는 입구를 열게되고 이곳을 통해 압축공기가 클러치 부스터 뒤쪽에 있는 배기구로 빠져 나가게 된다. 이로 인해 에어 피스톤이 원 위치로 이동한다.

(4) 클러치 디스크 마모 지시기(VWI : Visual Wear Indicator)

클러치 디스크 마모 지시기의 기본 원리는 클러치 디스크가 마모됨에 따라 클러치 커버의 다이어프램 스프링, 릴리스 베어링, 릴리스 포크와 클러치 부스터의 푸스로드가 화살표 방향으로 움직이게 된다. 이때 푸시로드와 연결되어 있는 에어 피스톤과 마모 지시기도 함께 움직이게 된다. 클러치 디스크 마모시 푸시로드 길이의 변경을 수시로 점검하는 기존의 방식과 손쉽게 클러치 디스크 교환 시점을 알수 있는 장치이다.

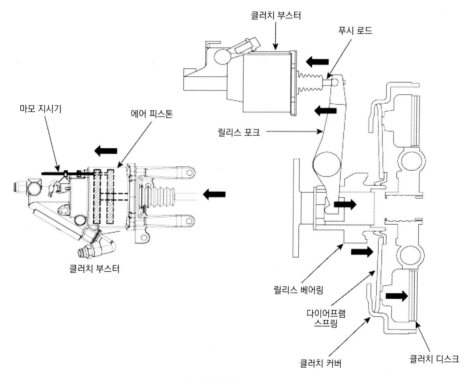

클러치 마모 지시기

(5) 공기빼기 작업

클러치 페달을 밟아도 공기만 압축될뿐 동력전달이 이루어지지 않아 기어 변속이 불량할 때는 클러치 장치에서 공기빼기 작업을 실시하여야 한다. 공기가 클러치 파이프내에 발생할수 있는 원인으로는 오일 파이프를 탈거하거나 리저버 탱크를 비웠을 때 또는 관련 부품을 교환했을 때 발생 할 수 있습니다.

※주의사항

① 클러치 마스터 실린더 리저버 탱크의 클러치 액을 MAX 레벨까지 보충합니다.
　리저버 탱크에서 클러치액이 비어 있거나 모자랄 때에는 절대 작업을 실시하지 않습니다.

② 클러치 부스터에서 에어 블리더 캡을 탈거하고 대신 투명한 비닐 파이프를 장착한다. 다른쪽 끝단부를 클러치 액이 들어 있는 투명한 용기내에 위치하도록 합니다.

③ 공기빼기 작업은 두 사람이 실시합니다. 한 사람은 클러치 페달을 여러 번 밟았다 논 후 클러치 액에 압력이 주어지도록 페달을 밟은 상태에서 에어 블리더 스크루 느슨하게 플면 클러치 액과 공기가 함께 분출합니다. 그후에 에어 블리더 스크루를 조이고 클러치 페달을 놓는다. 작업도중 클러치 리저버 탱크를 확인하여 클러치 액이 부족하지 않도록 합니다.

④ 푸시로드의 행정이 18~21mm(차종별 상이)가 될 때까지 ③번 작업을 반복합니다. 마지막으로 에어 블리더 스크루를 단단히 조이고 비닐 파이프를 제거한 다음 보호캡을 장착합니다.

⑤ 클러치 리저버 탱크의 클러치 액을 점검하고 "MAX"레벨까지 보충합니다.

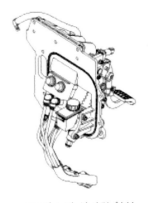

✿ 마스터 실린더 위치

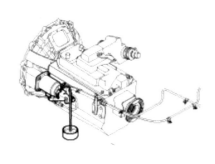

✿ 비닐 파이프 설치

차 종		연 식	
주행거리		탑재일	2010.04.03
글쓴이	정석(alon****)	매 장	
관련사이트	네이버 자동차 정비 공유 카페 : https://cafe.naver.com/autowave21/129301		

1. 고장내용

제가 근무하는 곳에 좋은 기어오일 주입기가 없어서 변속기, 차축 등에 오일을 주입할 때 거의 항상 흘러 넘칠 때까지 주입합니다. 과다 주입으로 인한 고장이 일어날 수 있을까요? 그리고 기어오일 누유가 있다면 그건 리테이너나 가스켓의 문제인가요? 아니면 과다 주입으로 인해 누유가 일어날 수도 있나요?

회원님들의 댓글 | 등록순 ▼ | 조회수 | 좋아요 ▼

● **페리어트(redp****)**
수동은 과다 주입으로 고장 같은 것 안 납니다. 단 넘친 오일로 지저분해 지겠죠,

● **어쩌다가(ohko****)**
주입하는 곳이 오일이 있어야 하는 최대점 입니다. 원래는 조금 아래입니다. 그래도 주입구로 오일을 넣다보면 넘쳐 나오기 시작하죠. 그때 조금만 여유를 가지고 기다리면 안 나와요. 그 위치까지 오일의 높이가 올라왔고 많은 양은 넘쳐 나오니까요. 그 다음에 볼트로 잠그면 되는데요. 많은게 좋은거라고 많이 넣으면 등속조인트가 연결된 부분의 리데나로 오일이 밀려 나올 수가 있습니다. 그러면 정비 잘못했다고 오해 받을 수 있겠죠?~

● **파란꽃(cgso****)**
뭐 저도 들은 말이긴 한데요. 엔진오일의 적정량은 오일 주입구에서 약간 아래쪽 약 2mm정도 넣는 것이 제일 좋은 오일 주유량이라고 합니다. 오일은 과다하게 주입하여 오일 주입구를 넘어 버리면 크랭크 축이 움직일 때 원활하게 움직여야 하는데 엔진오일이 많아서 잡고 있는 셈이지요. 우리가 물에서 걸어다니기 힘든 것 처럼 그만큼 연료도 많이 들어가야 합니다. 그리고 차도 좀 가속이 느리고 무겁게 느껴지지요. 뭐든 적당량이 제일 입니다.

● **예스맨(yesu****)**
수동오일이나 디퍼렌셜 오일의 경우 과다주입이 어렵습니다. 더 이상 넣기가 어렵습니다. 더 넣었더라도 조금 기다렸다가 나사 조이면 적정선이 저절로 맞춰 지는 구조입니다. 나사 구멍 높이가 적정 오일량 선이기 때문입니다.

	등록

😊 스티커 📷 사진

(1) 오일량 점검 방법

① 차량을 평탄한 곳에 주차 후 시동을 끈다.

② 주유 플러그 주변에 먼지를 제거하고 플러그를 반시계 방향으로 돌려서 탈거한다.

③ ㄱ자형 철사를 오일 주입구에 넣어 바로 아래 부분까지 오일이 있는지 확인한다. 이때 오일의 변질 및 점도를 점검한다.

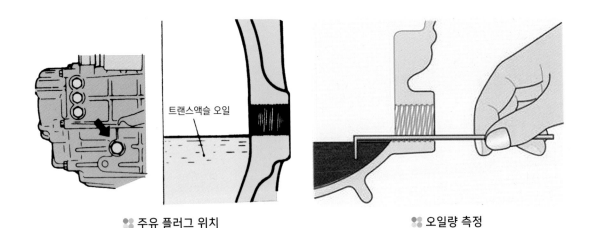

트랜스액슬 오일

❖ 주유 플러그 위치   ❖ 오일량 측정

(2) 오일의 색깔과 오염

① 검은색이면서 매우 끈끈함 : 교환주기가 넘었다. 오일을 교환한다.

② 반짝거리는 가루가 보임 : 윤활부족 등으로 베어링이나 기어의 마모로 가루가 섞여있다. 오일을 교환한다.

③ 우유빛이 있음 : 물이 함유되어 있다. 오일을 교환한다.

(3) 오일 교환방법

① 케이스 아래에 있는 배출 플러그를 풀어 오일을 배출시킨다.

② 점검 플러그를 빼고 오일 주입기로 플러그 구멍 높이까지 주입한다.(또는 스피드 미터 드리븐 기어 빼고 호스로도 주입한다.)

❖ 오일 배출구 위치

❖ 주유 플러그 위치

(4) 차종별 오일량

■ 수동변속기 오일 주입량(현대)

차종		생산년도(모델)	오일 용량	규정 윤활유
아반떼 HD	G 1.6 DOHC	2006~2010(M5CF1)	1.9L	• SAE 75W/85, API GL-4 • TGO-7(MS 517-14) • ZIC G-F TOP 75W/85 • HD GEAR OIL XLS 75W/85
	G 2.0 DOHC	2006~2010(M5CF2)	2.0L	
	D 1.6 TCI-U	2006~2010(M5CF3)	2.0L	
아반떼 MD	G 1.6 GDI L 1.6 LPI G 1.6 GDI L 1.6 LPI	2011~2016(M6CF1) 2011~2016(M6CF1) 2011~2016(M6CF1) 2011~2016(M6CF1)	1.8L	• SAE 75W/85, API GL-4
			1.8~1.9L (2014~2016)	• SAE 70W, API GL-4 • SHELL : SPIREX S6 GHME 70W • SK : HK MTF 70W • GS CALTEX : GS MTF HD 70W
	D 1.6 TCI-U2	2014~2016(M6CF3-1)	1.9~2.0L	• SAE 70W, API GL-4 • SHELL : SPIREX S6 GHME 70W • SK : HK MTF 70W • GS CALTEX : GS MTF HD 70W
아반떼 AD	G 1.6 GDI	2016~2018(M6CF1)	1.6~1.7L	• SAE 70W, API GL-4 • SHELL : SPIREX S6 GHME 70W • SK : HK MTF 70W • GS CALTEX : GS MTF HD 70W
	G 1.6 MPI	2019(M6CF1)	1.6~1.7L	
	D 1.6 TCI-U2	2014~2016(M6CF3-1)	1.6~1.7L	
	L 1.6 LPI	수동없음	–	–
	G 2.0 MPI			
싼타페 CM	D 2.2 TCI-D	2006~2009(M6HF2)	1.9L	• SAE 75W/85, API GL-4
	D 2.2 TCI-R	2010~2012(M6LF1)	1.6~1.7L	• SAE 75W/85, API GL-4
	G 2.4 MPI	2010~2012(M6GF2)	1.8L	• SAE 75W/85, API GL-4
	D 2.0 TCI-R	수동 없음	–	–
	L 2.7 MPI			

차종		생산년도(모델)	오일 용량	규정 윤활유
싼타페 DM	D 2.2 TCI-R	2013~2015(M6LF1)	1.8~1.9L	• SAE 75W/85, API GL-4, TGO-7
	D 2.2 TCI-R	수동없음	-	-
	D 2.0 TCI-R			
	G 2.0T-GDI			
싼타페 SM	L 2.7 DOHC	언급없음	-	• SAE 75W/85, API GL-4 • 트랜스퍼 케이스(SHELL SPIRAX SAE 80W/90, API GL-5)
	D 2.0 TCI-D			
	G 2.0 DOHC			
	G 2.7 DOHC			
싼타페 TM	D 2.0 TCI-R	2019(수동없음)	-	-
	D 2.2 TCI-R	2019(수동없음)	-	-
	G 2.0T-GDI	2019(수동없음)	-	-

■ 수동변속기 오일 주입량(기아)

차종		생산년도(모델)	오일 용량	규정 윤활유
봉고3 트럭 PU11	D 2.5 TCI-A	2004~2007(M5TR1)	2.2L	• SAE 75W/90, API GL-4 • SAE 75W/85W API GL-4
	D 2.9 C/R-J	2004~2012(M5TR1)	2.2L	
	L 2.4 DOHC	2009~2019(M5TR1)	1.95L	
	D 2.9 WGT(CPF+)	2010~2011(M5TR1)	1.95l	
	D 2.9 WGT(CPF+)	2009	수동없음	-
	D 2.5 TCI-A2 (WGT0	2012~2019(M6AR1) PTO장착	2.6~2.7	• SAE 75W/85, API GL-4, TGO-7
	D 2.5 TCI-A2 (WGT0	2012~2019(M6AR1) PTO미장착	2.2~2.3	
카니발 II GQ	L 2.5 DOHC	2002~2004	2.3L	• SAE 75W/90
	D 2.9 TCI-J3	2002, 2004	2.3L	• SAE 75W/90
	D 2.9 CRDI	2002~2003	2.3L	• SAE 75W/90
카니발 YP	D 2.2 TCI-R	2015~2019	수동없음	
	G 3.3 람다 II	2015~2019		
K5 TF	G 2.0 DOHC	2011~2012(M6GF2)	1.8L	• SAE 75W/85, API GL-4
	L 2.0 DOHC	2011~2012(M5GF2)	1.8L	• SAE 75W/85, API GL-4
	G 2.0 MPI-NU	2013~2015(M6CF4)	1.9L	• SAE 75W/85, API GL-4, TGO-8(MS517-14) • SAE 75W/85, API GL-4, TGO-8(MS517-14)
	L 2.0 LPI-NU	2013~2015(M6CF4)	1.9L	
	G 2.0T-GDI	2012~2015	수동없음	-
	G 2.4 GDI	2011	수동없음	-

차종		생산년도(모델)	오일 용량	규정 윤활유
K5 JF	L 2.0 LPI-NU	2016~2019(M6CF4)	1.7~1.8L	• SAE 70W, API GL-4 • SHELL : SPIREX S6 GHME 70W • SK : HK MTF 70W • GS CALTEX : GS MTF HD 70W
	G 2.0 MPI-NU	2016~2019	수동없음	-
	G 2.0 GDI 세타	2016~2019		
	G 1.6 GDI 감마	2016~2019	더블클러치	-
소렌토 BL	G 3.5 DOHC	2002~2004	-	-
	D 2.5 TCI-A(WGT)	2002~2006	-	-
	D 2.5 TCI-A(WGT)	2005~2009	수동없음	-
쏘렌토 UM	D 2.2 TCI-R	2015~2019	수동없음	-
	D 2.0 TCI-R	2015~2019		
	G 2.0T GDI세타 II	2017~2019		
쏘렌토 R	D 2.2 TCI-R	2009~2014	수동없음	-
	D 2.0 TCI-R	2009~2014		
	G 2.4 DOHC	2009~2012		
	L 2.7 DOHC	2009~2012		
모닝 SA	G 1.0 SOHC	2004~2011(M5EF2)	1.9L	• SAE 75W/85, 75W/90
	L 1.0 SOHC	2009~2011(M5EF2)	1.9L	
모닝 TA	G 1.0 DOHC	2012~2014(M5EF2)	1.9L	• SAE 75W/85, API GL-4
	B 1.0 DOHC	2012~2014(M5EF2)	1.9L	
	G 1.0T MPI 카파	2015~2017(무단)	무단	-
	G 1.0 MPI 카파	2015~2017	1.9~2.0L	• SAE 70W, API GL-4
	B 1.0 LPG 카파	2015~2017	1.9~2.0L	

차 종	봉고3		연 식	
주행거리			탑재일	2010.11.27
글쓴이	쿤타(them****)		매 장	
관련사이트	네이버 자동차 정비 공유 카페 : https://cafe.naver.com/autowave21/155006			

1. 고장내용

예전 자료입니다. 봉고3 화물1톤 차량인데 기어가 중립으로 안온다고 하더군요.

변속시 가운데로 와야 다음 변속을 할텐데 오른쪽으로 두면 오른쪽에 왼쪽에 두면 왼쪽에 그냥 처박혀 돌아 올 줄을 모른다나요…ㅎㅎ

케이블 문제인가 싶어 미션측 케이블 빼놓고 점검하니 이상무~ 미션에서 직접 움직여봤더니 아무래도 이쪽인거 같습니다. 일단 작업 전 미션 집에 연락해서 물어보니 체인지 레버 하우징에서 문제가 많이 발생한다고 합니다.

디스크 작업도 해야 하니 겸사겸사 작업해달라고 하시기에 부품 주문하고 일단 미션을 내렸습니다. 내려놓고 보니 원인은 다른 곳에 있었습니다. 변속 레버였습니다.

❖ 고장 지목을 했던 컨트롤 하우징

❖ 변속 레버의 고장

2. 점검방법 및 조치 사항

　변속 레버가 샤프트와 몸체사이에 먼지와 이물질의 부착으로 뻑뻑해져서 움직임이 어려웠습니다. 분해하여 오버홀하고 조립해서 마무리 지었습니다. 아래는 혹시 몰라 주문했다가 반품한 부품 사진 올려봅니다. 가끔 이 부품 문제도 있다하는데 아직 접해보진 못했습니다. 참고만 하세요.^^

❊❊ 분해한 변속 레버 샤프트

❊❊ 변속 레버 설치부

❊❊ 컨트롤 하우징

3. 관계지식

(1) 수동 변속 케이블의 설치위치(M5TR1)

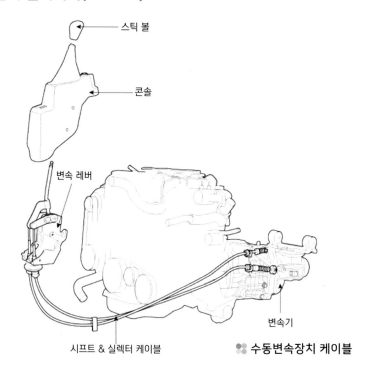

수동변속장치 케이블

(2) 수동변속기 구성부품 및 부품 위치(M5TR1)

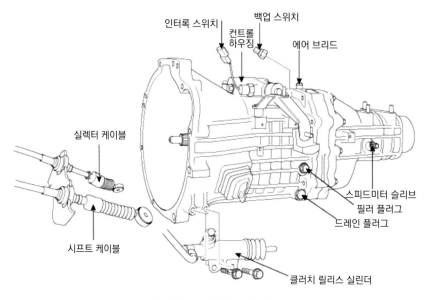

수동변속기 구성부품

(3) 수동변속기 탈·부착(M5TR1)

① 트랜스 액슬 드레인 플러그를 탈거하고 오일을 배출한다.

② 프로펠러 샤프트(A)를 분리한다.(볼트/ 너트 4개)

③ 프로펠러 샤프트를 트랜스 액슬에서 분리한다.

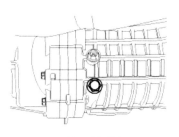

오일 배출

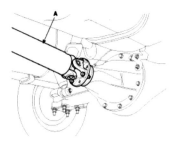

종감속 기어에서 축분리

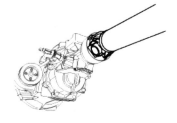

변속기에서 축분리

④ 크랭크 앵글 센서 & 중립 스위치 커넥터를 분리한다.

⑤ 접지 단자를 분리한다.

⑥ 스타터 모터 B단자 케이블과 ST 단자 커넥터를 분리한다.

CAS 커넥터 탈거

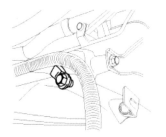

접지 단자 탈거

배터리 케이블 탈거

⑦ 차속 센서 커넥터와 와이어링 밴드 클립을 제거한다.

⑧ 백업 램프 스위치 커넥터를 분리한다.

⑨ 변속기측 실렉터 케이블(A)과 시프트 케이블(B)의 클레비스 핀(C)과 플레인 와셔(D)를 탈거한
   후 케이블을 탈거한다.

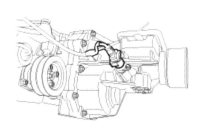

차속 센서 커넥터 탈거

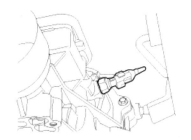

백업 램프 커넥터 분리

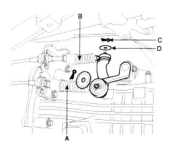

케이블 분리

⑩ 릴리스 실린더를 탈거한다.

⑪ PTO 호스를 분리한다.

⑫ 트랜스 액슬 잭을 이용하여 트랜스 액슬을 지지한다.

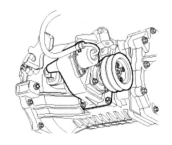
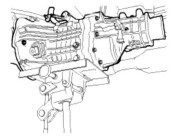

❂ 릴리스 실린더 탈거　　　❂ PTO 호스 분리　　　❂ 트랜스 액슬 지지

⑬ 트랜스 액슬 마운팅 볼트/너트 1개를 분리한다.

⑭ 트랜스 액슬 하우징 볼트를 분리한다.

⑮ 트랜스 액슬 어셈블리를 엔진으로부터 분리한다.

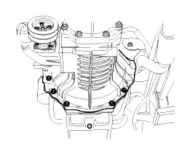

❂ 마운팅 볼트/너트 분리　　　❂ 액슬 하우징 볼트 분리

■ **수동변속기 오일 주입량(기아)**

차종		생산년도(모델)	오일 용량	규정 윤활유
봉고3 트럭 PU11	D 2.5 TCI-A	2004~2007(M5TR1)	2.2L	• SAE 75W/90, API GL-4 • SAE 75W/85W API GL-4
	D 2.9 C/R-J	2004~2012(M5TR1)		
	L 2.4 DOHC	2009~2019(M5TR1)	1.95L	
	D 2.9 WGT(CPF+)	2010~2011(M5TR1)	1.95l	
		2009	수동없음	–
	D 2.5 TCI-A2 (WGT0	2012~2019(M6AR1) PTO장착	2.6~2.7	• SAE 75W/85, API GL-4, TGO-7
		2012~2019(M6AR1) PTO미장착	2.2~2.3	

차 종	카니발	연 식	
주행거리		탑재일	2010.03.07
글쓴이	이쁜꽃(dnej****)	매 장	
관련사이트	네이버 자동차 정비 공유 카페 : https://cafe.naver.com/autowave21/125523		

1. 고장내용

카니발 수동입니다. 오늘 친한 형이랑 카니발에 대해 담소중 변속기 오일 교환했냐고 질문을 하길래 안했다고 저는 답하였고요. 2만 킬로에 한번 씩 교환해야 한다면서 변속기 망가지면 삼백정도 들어간다며 변속기 오일 2만 킬로에 갈아주는 것이 맞나요?

전 폐차 시까지 교체 안하는 줄….

회원님들의 댓글 |등록순 ▼| 조회수| 좋아요 ▼|

● **pyc180808**
수동은 교환 주기가 없어요^^ 밋손에 문제가 있을 때 교환하면 되지 싶네요.
　➤ **해피스톡**
정비사는 아니고, 지나가다 한마디? 정말 개인적인 생각이네요.
　➤ **도깨비**
미션에 문제가 생기면 미션 수리까지 해야겠지요. 그러기 전에 교환해줘야지요.

● **변사또**
중형 차량의 경우 2~3만 km마다 교환해 주시면 좋습니다. 교환 해 주지 않는것 보다는 주기적으로 교환해 주시면 미션 수명 연장및 소음 도 줄어듭니다.

● **볼트**
자동차에 오일교환 주기는 다 있습니다. 사람들이 교환하지 않아도 무관하다는 생각에 교환하지 않는거죠. 브레이크 오일, 파워 핸들 오일. 수동밋손 오일, 엔진오일, 오토 변속기 오일 교환주기가 있는데 다르게 없다는게 말이 안 되는거죠.

● **홀릭**
2~4만km ㅎㅎ

● **wjdlswjdghk**
4~5만km….망구 제 생각입니다.

● **성실하게**
원래 4만km때 바꿔 주기는 하지만 차 오래 타실거면, 기본 2만 되었을 때 바꾸시는게 좋죠.

● **mjssky**
수동을 2만에 한번씩 해주는 것도. 좀 낭비인 듯(개인적 생각). 차사고 2~3만타고 짧게 한번 했다가 클러치 디스크 교환할 때쯤 같이 한번, 수동의 장점이 경제성인데, 오토도 2만에 가시는 분들 드물어요. ^^ 물론 지극히 개인적 생각입니다. 어지간해서는 수동은 문제가 안 생겨요 (현대차 오페라 실린더랑, 플라이휠 빼고~)

● 또치용

제 생각은 조금 틀리네요. 수동 미션 같은 경우는, 자동과 다르게 모두 기기적인 작동이기 때문에 오토 미션 보다 되려 쇳가루 등 이물질이 더 잘 생성이 되는것 같더라구요. 저는 그래서 2만에 한번씩은 무조건 교환해줍니다. 미션 집에서 기술을 익히다보니 그런게 조금 이나마 많은 도움이 되더라구요. 오래오래 타는게 좋잖아요^^

➤ **이쁜꽃 - 작성자**

간사합니다.^^ 지금 당장에라도 갈아야겠네요,, 4만 5천 킬로 뛰었는데~~~ 자량점검/ 정비지침에는 아예 수동변속기 오일교환 목록이 없네요. 카니발인데…

● moterone

카니발은 차체가 무거워서 미션 등에 무리가 많이 갈수 있습니다. 정기적인 오일교환도 중요하지만 더불어서 좋은 오일로 교환해 주는 것도 더욱더 중요 합니다. 참고로 재차 같은 경우에는 모빌오일이나 에소 오일을 사용하고 있습니다. 좋은 오일을 사용할 경우 그렇지 않은 경우에 비해 두배 이상에 수명 연장효과가 있습니다.

● 해피스톡

현재 나오는 베라크루즈, 그랜저 TG, 에쿠스, 오토 미션 오일도 영구적 교환 안하셔도 되는 걸로 아시는데… 최대 십만km 에는 교환을 해주셔야 합니다. 7만된 차 미션 오일 갈려고 보았더니 쇳가루가 장난이 아닙니다. 꼭 손님께 교환하시라고 하셔야 합니다. 그 외 브레이크, 파워오일도 3~4만 km 마다 교환하시고요, 이상 현대A/S 5년밖에 안한 초보가 한마디 합니다.

● 자동차 초짜

4만이 아닐까요? 등속이나 리데나 교환시는 틀리지만… .^^

● alswns7812, 리싸이메디, 산산수수, 나이스가이

저도 궁금했었는데 감사합니다.

● 걸어서동내한바퀴

저는 3~4만에 미션 오일 교환 합니다. 갈기 전에 주입구 쪽에 주사기로 빨아서 상태보고 교환 합니다. 제차는 합성 오토 미션 오일로 넣어줍니다. 잘 달리더군요. 점도가 80이라 수동 미션 오일로 써도 아무탈 없더군요. 고장나면, 폐차장에서 좋은 것 하나 골라 분해조립해서 쓸려구했는데 아직까지 고장 안나네요.^^

● 집오리

대형 트럭의 경우에는 보통 10만 킬로에 또는 1년에 한번정도 교환하더군요.

● 낭만자객

ZF는30만에 교환하는 차량도 있지요.

● ygk27ob

신차 일때는 3~4만정도 이후는 5~6만정도가 괜찮을 듯합니다.

● 온유

브레이크 오일하고 클러치 오일은 50,000km에 교환해야 합니다. 그 이유는 그 이상이 넘어가면 수분 발생으로 인해 실린더 고장 원인이 생긴다고 알고 있습니다. 단골집 카센타 사장님이 알려준 정보입니다.

| | 등록 |

😊 스티커 📷 사진

2. 관계지식

(1) 트랜스 액슬 오일점검 및 교환

　미션 오일 교환은 몇킬로? 일반적으로 하면 좋을 교환주기를 널리 사용하는 방법으로써 순정품 기준으로 주행거리 매 4만킬로 미터마다 교환하는 것으로 되어 있으나 도로 사정에 따라 달라질 수 있다. 자동차 전용도 및 고속도 주행이 많은 차량은 규정범위가 적정하나 도심운행이 많은 차량, 단거리 짧은 운행 차량, 변속기 오일의 온도, 차량의 엔진온도, 주행패턴, 주행지역, 오일의 종류에 따라 달라질 수 있다. 일반적으로 최소 2만에서 최대 폐차까지 다양한 교환주기를 갖고 있다.

　보통은 클러치 디스크 교환시에 점검, 액슬축 & 리데나 교환시에 보충 및 오염되면 교환하여 주는 것이 현장에서 정비하고 있는 현실이다. 브레이크 오일하고 점검 정비 주기표에 의거 다음 방법으로 점검, 정비, 교환한다.

① 차를 평탄한 곳에 세워 주차 브레이크 레버를 작동시키고 키를 "ACC" 또는 "LOCK"으로 한다.

② 엔진 정지한 상태에서 오일 게이지를 뽑아 끝부분을 깨끗이 닦아낸 후 다시 레벨게이지를 꽂는다.

③ 레벨게이지를 뽑아 유량이 규정의 범위에 있는지 점검한다.

④ 오일 교환은 주입구 및 배출구를 열고 기존의 오일을 완전히 빼낸 다음 드래인 플러그를 세척하여 체결한다.

⑤ 주입구 구멍으로 주유일람표의 순정오일을 규정량만큼 주입하고 주입구를 체결한다. 단, 플러그 체결시 와셔는 새것으로 교환한다.

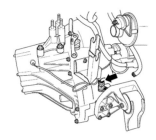
　❉ 오일 레벨 게이지

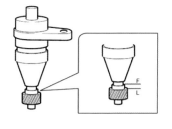
　❉ 레벨 게이지의 F와 L

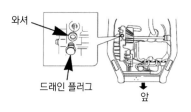
　❉ 드레인 플러그

(2) 항목별 점검주기(카니발)

항목		최초1,000	매10,000	매20,000	매40,000	z	비고
점화시기, 저속 및 공회전 상태 점검 조정		○		○			
실린더 헤드, 매니 홀드, 엔진지지부의 볼트 조임 상태		○		○			필요시 볼트 교환
에어클리너 엘리먼트 점검 1)	가솔린/LPG				●		악조건(비포장)운행시 수시 점검, 교환
	디젤	○	●	(비포장도로 매 5,000km 교환)			악조건(비포장)운행시 수시 점검, 교환
배기가스 상태 및 배기계통 손상여부		○		○			
엔진오일/필터 교환 2)	가솔린/LPG	●	●				악조건 운행시 수시 점검, 교환
	디젤	●	(매 5,000km 교환)				악조건 운행시 수시 점검, 교환
엔진오일 상태 및 누유점검		○	○				상태에 따라 수시 점검, 교환
연료 필터 점검					●		
냉각수 교환						●	필요시 보충
냉각수의 누수 및 냉각장치		○	○		○		
구동 벨트 3)	가솔린/LPG				○	●	상태에 따라 교환
	디젤		○		●		상태에 따라 교환
타이밍 벨트						●	
트랜스 액슬 오일		○	○				
오토 트랜스 액슬 오일		○	○				필요시 보충, 변색시는 수시 교환
핸들 유격 및 이완상태		○		○			
파워핸들 펌프 오일량 점검		○	○				
브레이크의 작동 상태		○	○				
브레이크 액량		○		●			필요시 보충
주차 브레이크의 작동		○	○				
마스터 실린더 및 휠 실린더의 고무부품					●		
브레이크 드럼, 슈 디스크 및 패드				●			필요시 상태에 따라 교환
휠너트 및 허브 너트의 느슨함 여부		○	○				
타이어 위치 교환			○				
조향장치의 작동상태				○			
배터리액 점검							상태에 따라 수시점검, 교환
점화 플러그				○		●	상태에 따라 교환
에어컨의 작동상태							상태에 따라 수시점검
안전벨트의 조작상태 점검		○					상태에 따라 수시점검
차체 각부의 볼트, 너트 조임상태 점검		○	○				
도어 힌지 및 체커				○			필요시 그리스 주입
공기정화 필터		매 12,000km 교환					혼잡한 도심 주행시 자주 교환
베이퍼라이저 타르 빼기(LPG 차량)		매 5,000km 마다 또는 매 1개월에 1회 타르 빼기					
베이퍼 라이저 점검		매 40,000 점검 및 교환					상태에 따라 교환
LPG 및 연결부, HOSE 가스누설 및 손상점검				○			필요시 점검 및 교환
솔레노이드 작동 점검 및 필터 교환		매 40,000 점검 및 교환					필요시 점검 및 교환

○ : 점검, 조정, 보충, 청소　　● : 교환

1) 에어클리너 엘리먼트는 먼지, 모래가 많은 곳에 주행할 때는 교환 주기보다 더욱 자주 교환하십시오.
2) 엔진오일과 필터는 다음과 같은 가혹 조건시 교환 주기보다 더욱 자주 교환하십시오.
 • 먼지 길을 운행할 때
 • 공회전 저속 운행이 많을 때
 • 짧은 거리를 주기적으로 운행할 때
 • 한냉지역에서의 주행이 많을 때
3) 구동벨트는 알터네이터, 냉각팬, 파워핸들 펌프, 에어컨 벨트를 말합니다.

수동변속기 날씨가 추워지니까 기어가 드르륵 걸려요

차 종	라노스	연 식	
주행거리	68,000km	탑재일	2011.03.17
글쓴이	기분좋은남자(plez****)	매 장	
관련사이트	네이버 자동차 정비 공유 카페 : https://cafe.naver.com/autowave21/168957		

1. 고장내용

안녕하세요?

라노스2 1500cc인데요. 68,000km 정도 됐구요. 올해 겨울에 날씨가 너무 추워지니까 1단에서 2단으로 바꿀때 기어가 드르륵 걸립니다. 1단에서 2단 바꿀 때 1초쯤 기다렸다가 바꾸면 괜찮고요. 3단으로 달리다가 2단으로 바꾸면 괜찮고요. 이걸로 봐서는 1단에서는 클러치를 밟아도 2단 기어가 계속 뭔가 도는 것 같은데요. 전반적으로 여름에는 2단 기어가 아무런 마찰 없이 잘 들어갔는데 올 겨울에는 열 좀 받아도 쪼메 빡빡한 느낌이 들고 바로 바꾸면 기어가 걸리고 1초쯤 기다렸다가 바꾸면 되긴하는데 그래도 예전보다는 뻑뻑한 느낌입니다.

〈 문제점: 1단에서 2단으로 바꿀 때 기어가 드르륵 걸립니다. 〉

이거 해결하려면 기어오일만 갈면 되는 건가요? 고수님들 답변 부탁드립니다. 고맙습니다. ^^

회원님들의 댓글　|등록순 ▼| 조회수 | 좋아요 ▼

- 어린왕자(angk****)
  오일에 중요성두 물론있지만 클러치 페달에서 실린더 롯드 조정을 한 번 해보는 것두 좋을듯 합니다.

- 산소(pjc9****)
  ① 클러치 케이블 내부에 그리스가 들어갑니다. 이넘이 온도가 내려가면 굳어지고 클러치가 잘 안 되는 경우가 있습니다. ⇒ 케이블교환 및 점검
  ② 클러치의 유격입니다. 클러치의 유격이 맞지 않을때 발생합니다. ⇒ 클러치 유격조정
  ③ 미션의 싱크로라이저링이 황동으로 되어 있는데 이것이 눈에는 보이지 않지만 표면부식이 일어나면 기어변속시 그러럭 거리는 소리를 내면서 기어가 잘 들어가지 않습니다. ⇒ 오일교환(이때 오일은 규정량보다 3~5밀리(높이)더 넣어면 윤활이 좀더 원활하게됨)

● 산산수수(cjwc****)

오일 점도가 높아져서 생겼던 제 차의 증상을 적어 봅니다. 제 카니발은 99.2 수동인데요, 같은 증상은 아니지만 3단이 들어가지 않는 문제로 미션 샵에서 교체를 했었습니다. (여기서 교체란, 이미 고쳐 놓은 미션을 보유하고 있다가 고장 미션에 교체해 주는 방법입니다. 고장난 미션은 또 고쳐 놓았다가 다음 차에 교체해 주는 것입니다.) 그런데 차를 인수하여 운행을 해 보니 몇 단인가? 기억은 가물거리지만 '쿵~'하고 들어가는 겁니다. 샵에 가서 사장님과 함께 시승을 해 봤는데 사장님은 일부러 그런 것인지 몰라두 잘 못 느끼시더군요. 어느 정도는 인정을 하시는지 한 바퀴 돌고 와서는 다시 교체해 주기로 했습니다. 혹시 원래의 제 것이 있느냐고 여쭈었더니, 표시는 해 놓지 않아서 잘 모르지만 제 것인 개연성이 높은 것이 남아 있었기에 그것으로 교체했습니다. 그 때를 제가 교체 과정을 지켜보고 있었습니다. 그래도 역시 같은 증상이 나타나는 것이었습니다. 역시 사장님은 잘 모르겠다 하시고… 내가 민감한 것을 갖고 괜히 사장님만 괴롭혔나 하고 다소 미안한 생각이 들었습니다. 그런데, 갑자기 떠오른 생각은, 이번 교체 과정을 지켜볼 때 기사분이 주입하던 오일통이 떠올랐습니다. 그것은 기아 순정이 아니었는데, 자세히 보니 75w90인가 하는 점도가 아니었습니다. 지금은 기억나지 않지만 그 점도를 조사해 보니 약간 다른 범위(점도가 더 높았던)였던 것은 기억이 납니다. 그렇다면 그 점도 때문에 기어가 시프트 할 때 빨리 미끄러지지 않고 천천히 작동하는 바람에 한 박자 늦게 투입되어 충격이 올 수 있을 것 같다는 가정을 해 보았습니다.
즉시, 부품점에 달려가서 오일 한 통을 구입하여 카센터로 가서 교체를 해 봤습니다. 그랬더니, '쿵~' 증상은 씻은듯이 없어졌습니다. 그 말씀을 미션샵의 사장님께 드렸더니 고개를 갸우뚱 하시더군요. 기아사업소의 정비사 분께 말씀 드려도 잘 이해는 하지 못하는 듯 했고요. 아무튼 그렇게 교체한 미션이 현재까지 약 10만 킬로를 넘기고 있습니다. 참고로, 카니발 수동미션은 7~10만 이상 쓰면(얼마나 변속을 자주 하느냐 에 따라 다르지만) 고장이 발생합니다. 미션을 수리한 후로 최대한 기어변속을 조심스레 하며 사용했는데, 가끔 출발할 때 실수로 클러치를 덜 밟고 기어를 넣다가 '끄르륵~' 하는 경험을 두어번 시켰더니 요즈음엔 1단 기어가 들어가다가 중간에 걸리는 경우가 자주 발생하고 있습니다. 아마도 조만간 고장이 날 것 같습니다.

● 하얀날개(kds4****)

수동차량만 타고 있는데요. 다른 원인 없습니다. 기온이 떨어지면 오일 점도가 높아지죠. 기어오일 점도가 높아지면 클러치 동력을 차단해도 오일에 의해 기어가 같이 따라서 약간씩 회전을 하죠. 그래서 변속시 끄르륵 하며 기어끼리 기어 이빨이 걸립니다. 냉간시에만 그러구요, 별다른 방법이 있는 것은 아니고 운전자의 테크닉에 따라 차이가 있어요. 수동차량 기어오일 교환 안 해도 된다는 분들도 있지만 변질 않되는 오일은 없습니다. 오래되면 변질되죠. 수동차량도 기어오일 8~10만킬로 정도에 교환 해주는게 좋아요. 지방 내려갈 때 차량이 뜸한 도로에서 클러치 안 밟고도 기어변속을 가끔 합니다. 수동 매니아 라면 클러치 안 밟고 기어변속 정도는 해줘야죠…ㅎㅎㅎ 클러치 유격 조정해보심 어떠할지

	등록

☺ 스티커 📷 사진

2. 관계지식

(1) 이음발생시 점검

변속기에서 들리는 이음이 타이어, 휠 베어링, 엔진 또는 배기 시스템의 이음일 수 있다. 차량 크기 또는 엔진 형식에 따라 달라질수도 있다. 차량 크기 또는 엔진 형식에 따라 달라질 수 있다. 이음을 점검하는 방법은 다음과 같다.

① 직선이고 평탄한 아스팔트 도로를 주행하여 타이어와 바디이음을 최소한 작게한다.

② 차량이 정상 주행온도에서 실시한다.

③ 이음 발생시 차량속도, 기어 변속위치 및 기어 변속 레버 위치를 기록한다.

④ 엔진 구동시 또는 정지시에 이음이 발생하는지 여부를 점검한다.

⑤ 다음의 구동 조건하에서 이음 발생 부위를 결정한다.

- **구동** : 가속페달을 약간 밟거나 완전히 밟는다.
- **순행** : 평탄한 도로에서 가속페달을 약간 밟은 상태로 일정속도를 주행해 본다.
- **타력주행** : 변속기의 변속된 위치에서 가속페달을 약간 밟거나 또는 밟지 않은 상태로 타력 주행한다.

■ 고장 진단표

상 태	발생 가능한 원인
• 저속에서 노크	• 드라이브 액슬 등속 조인트 마모 • 사이드 기어 허브 카운터 보어 마모
• 회전시 이음이 가장 많이 발생됨	• 디퍼렌셜 기어 이음
• 가속 및 감속시 덜컥거림	• 엔진 마운트의 헐거움 • 드라이브 액슬 인보우드 트리포드 조인트 마모 • 케이스 내의 디퍼렌셜 피니언 샤프트 마모 • 케이스 내의 사이드 기어 허브 카운트 보어 마모
• 진동	• 휠 베어링 표면 거칠음 • 드라이브 액슬 샤프트 휨 • 타이어 굴곡 및 불균형 • 드라이브 액슬 샤프트의 등속 조인트 마모 & 액슬 각도 부정확
• 중립위치에서 엔진 작동중 이음	• 클러치 샤프트 베어링 & 릴리스 베어링 마모 • 입력 샤프트 클러스터 기어 마모 • 1~5단 기어 & 베어링 중의 마모 • 메인 샤프트 베어링 마모 • 변속 레버 및 로드 결함
• 1(2)단에서만 이음	• 1(2)단 치합기어 소손 또는 마모 • 1~2단 싱크로나이저 마모 또는 소손 • 1(2)단기어 & 베어링 마모 • 디퍼렌셜 기어 & 베어링 마모, 링기어 마모 • 변속 레버 및 로드 결함
• 3(4)단에서만 이음	• 3(4)단 치합기어 소손 또는 마모 • 3~4단 싱크로나이저 마모 또는 소손 • 3(4)단기어 & 베어링 마모 • 디퍼렌셜 기어 & 베어링 마모, 링기어 마모 • 변속 레버 및 로드 결함
• 5단에서만 이음	• 5단 기어 & 출력기어 소손 또는 마모 • 5단 싱크로나이저 마모 • 5단 기어 & 베어링 마모 • 디퍼렌셜 기어 & 베어링 마모, 링기어 마모 • 변속 레버 및 로드 결함
• 기어 슬립	• 링키지가 부정확하고 부정확하게 조정되거나 마모됨 • 변속 링키지가 자유롭게 작동되지 않음(구속됨) • 입력기어 베어링 리테이너 파손 또는 이완 • 변속 포크 마모 또는 구부러짐

상 태	발생 가능한 원인
• 클러치 부위에서 누유	• 변속기 케이스 & 릴리스 실린더 결함
• 변속기 중심부, 액슬축 부위에서 누유	• 변속기 케이스 & 백업 램프 스위치, 변속 메커니즘 결함 • 드라이브 액슬 샤프트 실 결함.
• 변속 힘듬	• 릴리스 베어링 가이드 결함. • 클러치 해제 시스템 & 메커니즘 결함 • 1~5단 싱크로나이저링 결함 • 변속레버 및 로드 결함
• 후진에서만 이음	• 후진 아이들 기어, 부싱, 입력 또는 출력의 마모 또는 소손 • 1~2단 싱크로나이저 마모 • 출력기어, 링기어 마모 • 디퍼렌셜 기어 & 베어링 마모, 링기어 마모
• 모든 기어에서 이음	• 윤활유 부족 & 베어링 마모 또는 소손 • 입력기어(샤프트) 또는 출력기어(샤프트) 마모 또는 소손

3. 수동변속기 구조(라노스 1.3 & 1.5 SOHC/ 1.5 DOHC)

(1) 변속기어 및 케이스

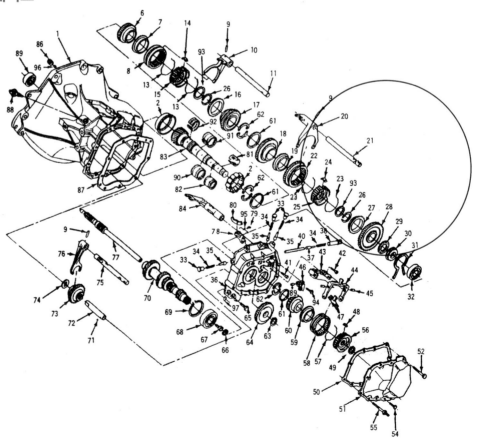

(2) 고장원인

겨울에 날씨가 너무 추워지니까 1단에서 2단으로 바꿀 때 기어가 드르륵 걸리고, 열 좀 받아도 조금 빡빡한 느낌이 들고, 여름에는 2단 기어가 아무런 마찰 없이 잘 들어갔다는 것으로 봐서는 오일의 점성과 관계가 있는 것으로 생각된다. 즉 끈끈하여 기어 변속에 저항이 걸리는 것이다.

(3) 변속기 오일의 특성

수동 변속기에서는 마찰 특성, 내하중성, 물리적 화학적 안정성 및 점도특성이 요구되며 이에 적합한 윤활유를 선택하여 사용하여야만 최적의 성능을 발휘할 수 있다. 수동변속기 오일은 온도가 그리 높지 않고 밀폐되어 있는 기어박스 안에 있기 때문에 잘 변질 되지 않는다. 또한 오일이 엔진오일처럼 실린더에서 연소될 일도 없고 소모되는 일이 거의 없어 보충할 일도 없고 교환 주기도 길다. 다만 차량이 처음 출고될 당시 변속기 안의 톱니바퀴에서 발생하는 쇳가루를 걸러내 주기 위해 10.000km정도에서 한번 갈아주고 그 다음부터는 100.000km에 한번씩 갈아줌을 원칙으로 하되 운전조건에 따라 약간의 차이는 있다. 변속기 오일이 갖추어야 할 조건은 다음과 같다.

① 저온 유동성이 우수하여 혹한에서도 변속이 용이하여야 한다.

② 고온 안정성과 마모 및 부식 방지성이 우수하여야 한다.

③ 극압 첨가제를 배합하여 기어 표면의 손상이 방지 되어야 한다.

④ 산화 안정성 및 점도 유지 성능이 우수하여야 한다.

⑤ 내하중 성능이 뛰어나 저속에서 높은 토크에서도 기어의 치면을 보호할 것

⑥ 전단 안정성이 우수하여 광범위한 온도에서도 점도에 의한 이상적인 마찰특성이 유지되어야 한다.

현재 수동 변속기 오일을 75W-85, 75W-90, 80W-90등이 쓰이고 있으며, 작지만 서로간의 사용조건이 있으므로 그 차량의 제원에 맞는 오일을 사용하여야 한다.

■ 추천 오일 및 용량

적용차종 : 제네시스 쿠페

종류	용량(ℓ)			추천사양
연료	65			무연휘발유
엔진 오일	2.0엔진		5.3	ILSAC GF4급 이상, API SM급[*1], SAE 5W-20
	3.8엔진		5.7	
변속기 오일	수동	2.0 엔진	2.0	저점도 무교환용 API GL-4급, SAE 75W/85
		3.8 엔진	2.2	
	자동	2.0 엔진	9.7	ATF SP-IV-RR
		3.8 엔진	9.7	
냉각수	2.0엔진		5.5	에틸렌글리콜계 알루미늄 라디에이터용 부동액과 물 혼합액 (ETHYLENE GLYCOL BASE COOLANT FOR ALUMINUM RADIATOR)
	3.8엔진		9.6	
브레이크 및 클러치 액	소요량			브레이크 3종(BRAKE FLUID DOT3)
파워스티어링 오일	0.9			펜토신 CHF 202
리어 디퍼런셜 오일[*2]	1.4			하이포이드기어오일 GL-5급, SAE 75W/90 (SHELL SPIRAX X 상당품)

[*1]. SM급 엔진오일이 없을 경우 SL급 엔진오일을 사용하십시오.

[*2]. 리어 디퍼런셜이 물에 잠긴 경우는 즉시 오일을 교환하십시오.

■ 대표 성상

SAE점도	밀도(kg/L)		동점도, ㎟/s		저온점도(cP)	유동점(℃)	인화점(℃)
	@15℃	@40℃	@100℃	점도지수	@-40℃		
75W-85	0.871	70.03	12.6	180	63,000	-45	0.21

• 대표 성장은 최근의 평균시험 치이며 제품성능에 이상이 없는 범위 내에서 다소 차이가 있을 수 있습니다.

■ SAE 분류에 따른 용도

분류	150,000cP에 달하는 최고 온도	동점도 @ 100℃.cst		적용예
		최저	최고	
70W	-55℃	4.1	–	極한 냉지
75W	-40℃	4.1	–	
80W	-26℃	7.0	–	일반승용차, 트럭, 버스 등의 트랜스미션용,
85W	-12℃	11.0	–	농업용 트랜스미션 겸 작용유, 각종 차량의 전후 차측,
90		13.5	18.5	건설기기감속기
140	–	24.0	32.5	重차량의 감속기
250	–	41.0	–	철도차량의 감속기

■ API 분류에 따른 용도

분류	서비스 형태	용도	관련규격
GL-1 (레귤러타입)	면압, 미끄럼 속도가 작은 스파이럴 베벨기어나 웜기어	수동 변속기에 드물게 쓰임, 현재는 거의 사용되지 않음	
GL-2 (웜 타입)	GL-1보다는 조건이 가혹한 웜기어	웜기어가 쓰이지 않는 자동차에는 사용되지 않고 공업용으로 쓰임	
GL-3 (마일드 EP타입)	다소 조건이 가혹한 스파이럴베벨기어 및 수동변속기	주로 수동변속기용	
GL-4 (나복석봉타입)	고속저하중, 저속고하중 조건의 Hypoid기어	보통조건하의 Hypoid 기어 장착 리어 액슬 및 수동변속기에 사용	MII -I - 2105 A
GL-5	보다 조건이 가혹한 고속 고충격 하중 Hypoid 기어	가혹한 조건의 승용차, 경주용 및 Hypoid 기어 장착 대형트럭 액슬용	MIL-L- 2105 B

번호	부품 명칭	번호	부품 명칭
1	케이스(Case)	49	스냅 링(Snap Ring)
2	메인 샤프트 베어링(Main Shaft Bearing)	50	가스켓(Gasket)
3	메인 샤프트 스냅 링(Main Shaft Snap Ring)	51	커버(Cover)
4	메인 샤프트 피니언 기어(Main Shaft Pinion Gear)	52	볼트(Bolt)
5	메인 샤프트 스페이서 링(Main Shaft Spacer Ring)	54	볼트(Bolt)
6	4단 기어(4th Gear)	55	스크루(Screw)
7	싱크로나이저 링(Synchronizer Ring)	56	싱크로나이저 허브(Synchronizer Hub)
8	싱크로나이저 슬리브(Synchronizer Sleeve)	57	스프링(Spring)
9	핀(Pin)	58	싱크로나이저 슬리브(Synchronizer Sleeve)
10	3/4단 기어 변속 포크(3/4th Gear Shift Fork)	59	싱크로나이저 링(Synchronizer Ring)
11	3/4단 기어 변속 샤프트(3/4th Gear Shift Shaft)	60	5단 기어(5th Gear)
12	링(Ring)	61	링(Ring)
13	스프링(Spring)	62	스러스트 와셔(Thrust Washer)
14	키이(Key)	63	링(Ring)
15	3/4단 싱크로나이저 허브(3/4th ynchronizer Hub)	64	입력 구동 5단 기어(Input Drive 5th Gear)
16	싱크로나이저 링(Synchronizer Ring)	65	볼트(Bolt)
17	3단 기어(3th Gear)	66	클러스터 기어 스냅 링(Cluster Gear Snap Ring)
18	2단 기어(2th Gear)	67	스크루(Screw)
19	1/2단 기어 블로킹 링(1/2th Gear Blocking Ring)	68	클러스터 샤프트 베어링(Cluster Shaft Bearing)
20	1/2단 기어 변속 포크(1/2th Gear Shift Fork)	69	링(Ring)
21	1/2단 기어 변속 샤프트(1/2th Gear Shift Shaft)	70	입력축 클러스터 기어(Input Shaft Cluster Gear)
22	싱크로나이저 허브 슬리브(Synchronizer Hub Sleeve)	71	볼(Ball)
23	싱크로나이저 링(Synchronizer Ring)	72	후진 아이들 기어 샤프트(Revers Idle Gear Shaft)
24	키(Key)	73	후진 아이들 기어(Revers Idle Gear)
25	1/2단 싱크로나이저 허브(1/2th Synchronizer Hub)	74	와셔(Washer)
26	스냅 링(Snap Ring)	75	후진기어 포크 샤프트(Revers Idle Gear Fork Shaft)
27	외측 링(Out Side Ring)	76	후진기어 변속 포크(Revers Idle Gear Shift Fork)
28	1단 기어	77	입력구동 샤프트(Input Drive Shaft)
29	1단 기어 니들 베어링(First Gear Needle Bearing)	78	서포트(Support)
30	메인 샤프트 웨어 플레이트(main Shaft Wear Plate)	79	볼트(Bolt)
31	스냅 링(Snap Ring)	80	5단 기어 포울(5th Gear Foul)
32	메인 샤프트 베어링(Main Shaft Bearing)	81	5단 기어 니이들 베어링(5th Gear Needle Bearing)
33	변속 로드(21.5mm) 플러그(Shift Rod Plug)	82	1단 기어 니이들 베어링(Frist Gear Needle Bearing)
34	스냅 링(Spring)	83	메인 샤프트(Main Shaft)
35	변속 로드 로크 핀(Shift Rod Lock Pin)	84	5단 기어 변속 레버(5th Gear Shift Lever)
36	베어링 플레이트(Bearing Plate)	85	핀(Pin)
37	변속 로드 로크 핀(Shift Rod Lock Pin)	86	육각 플러그(Hexagon Plug)
38	변속 로드(50.4mm) 플러그(Shift Rod Plug)50.4mm	87	가스켓(Gasket)
39	인터 록크 핀(Inter Lock Pin)	88	후진 램프 스위치(Revers Lamp Switch)
40	인터 록크 핀(Inter Lock Pin)	89	입력축 베어링(Input Bearing)
41	볼트(Bolt)	90	2단 기어 니이들 베어링(2th Gear Needle Bearing)
42	볼트(Bolt)	91	3단 기어 니이들 베어링(3th Gear Needle Bearing)
43	서포트(Support)	92	4단 기어 니이들 베어링(4th Gear Needle Bearing)
44	5단 기어 변속 포크(5th Gear Shift Fork)	93	와셔(Washer)
45	핀(Pin)	94	볼트(Bolt)
46	인터록크 핀 브리지(Inter Lock Bridge)	95	스프링(Spring)
47	슈(Shoe)	96	마그넷(Magnet)
48	키(Key)	96	마그넷(Magnet)

3. 자동 변속기
Automatic Transmission

01. 오토미션 변속지연과 변속충격 해결 방법(SVC-2004 사용)

02. 투싼 ix 자동변속기 오일 교환방법?

03. 쏘렌토R 자동변속기 "자동중립제어"

04. 입·출력 센서 고장으로 인한 충격음 발생

05. 전·후진 불량

01 오토미션 변속지연과 변속충격 해결 방법(SVC-2004 사용)

차 종	공통		연 식	
주행거리			탑재일	2009.01.13.
글쓴이	최펄스		매 장	
관련사이트				

1. 고장내용

　오토미션에서 나타나는 변속 지연 및 충격의 80~90% 이상이 변속기 내부에서 감압 및 변속을 담당하는 유압 솔레노이드 밸브에 쌓이는 슬러지가 주 원인으로 밝혀졌습니다.

　탄소 성분의 슬러지가 오토미션의 솔레노이드 밸브에 장기간 쌓이게 되면 솔레노이드 밸브 안에 있는 니들밸브 섭동이 제약을 받게 되고 PWM(Pulse Width Modulation)제어에 의해서 순간적으로 기동을 하는 데 큰 걸림돌이 되어, 결국 정확한 순간에 감압제어가 안되어 운전자에게는 변속할 때 충격이나 지연이 되는 현상으로 나타나게 되는 것입니다.

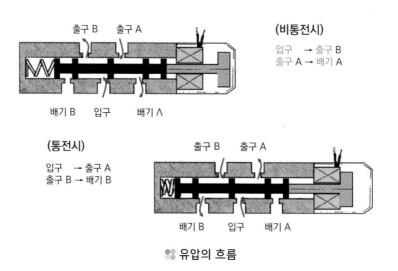

출구 B　출구 A

(비통전시)
입구 → 출구 B
출구 A → 배기 A

배기 B　입구　배기 A

(통전시)
입구 → 출구 A
출구 B → 배기 B

출구 B　출구 A

배기 B　입구　배기 A

❖ 유압의 흐름

2. 점검방법 및 조치 사항

구형 아반떼나 쏘나타II, 뉴그랜저에서는 변속을 담당하는 솔레노이드 밸브(Shift Control Solenoid Valve) 각각 2개와 감압을 담당하는 압력 조절 솔레노이드 밸브(Pressure Control Solenoid Valve) 그리고 댐퍼 클러치를 작동시키는 댐퍼 클러치 조절 솔레노이드 밸브(Damper Clutch Control Solenoid Valve)로 이루어져 있어서 변속 지연이나 충격 현상은 주로 압력 조절 솔레노이드 밸브(Pressure Control Solenoid Valve)의 슬러지 누적으로 발생합니다.

EF쏘나타 이후 그랜져 XG 에도 적용되는 하이벡 오토미션에서 솔레노이드 밸브는 PWM제어 형태로 변속과 압력조절을 동시에 담당하게 되어 변속시 지연과 충격을 수반하는 고장이 더욱 쉽게 나타납니다.

특히 슬러지 누적으로 인해 나타나는 현상 중에 두드러진 특징은 냉간시에 더욱 증상이 심하고 열 받으면 증상이 사라진다는 것입니다. 그 이유는 냉간시에는 슬러지가 누적된 니들밸브가 수축되어 있어서 빡빡하고 열간시에는 팽창하게 되어 그 틈새가 여유 있게 벌어져 증상이 사라지는 것입니다.

하지만 오토미션의 솔레노이드 밸브에 쌓여있는 슬러지를 제거하기 위해서 자동변속기를 분해할 필요까지는 없습니다. 약 10여년 전부터 오토미션을 재생을 전문으로 하는 업체들이 사용하고 있는 "솔레노이드 밸브 세척기"라는 장비가 있는데 변속기 재생 후에 빈발하게 발생하는 변속 충격이나 변속 지연 현상을 예방하기 위해 오토미션 재생과정 중에 사용을 해서 많은 비용을 세이브했습니다.

솔레노이드 밸브를 새것으로 사용하게 되면 재생부품 비용이 많이 증가했기 때문에, 중고품 솔레노이드 밸브의 슬러지만 제거해주면 새것과 같은 성능을 내주는 세척기는 돈벌어주는 효자였던 샘이죠.

오토미션 재생 전문점에서 효과가 충분히 검증되었지만 솔레노이드밸브 세척기의 정보가 외부로 알려질 경우 재생업체 매출에 지장이 발생할 수 있어서 업계에서 쉬쉬하던 기간이 지나고 지금은 일반 정비업소에 제법 알려지게 되었습니다. 찾아보면 웬만한 현대 카 클릭이나 기아 오토 큐 혹은 자동차10년 타기 정비업소와 같은 곳에서 대부분 갖추고 있습니다.

현재 국내 일반 정비업소에서 가장 보편적으로 사용되는 모델은 아래 그림과 같은 "SVC-2004" 라는 것인데 오토미션을 분해하지 않고 해당 커넥터만 연결한 다음 미션오일을 용매로 삼아서 유효한 펄스를 솔레노이드 밸브에 인가해서 슬러지를 제거 한 후 마지막으로 미션 오일을 교체하면 되는 간단한 과정으로 되어 있습니다.

솔레노이드 밸브 세척기를 이용한 오토미션 변속충격과 지연 현상 수리 비용은 업소나 옵션에 따라 다르지만 미션오일 교체를 제외하면 대략 5만원 정도입니다.

(1) 솔베너 SVC-2004 사용법

1) 재품의 구성

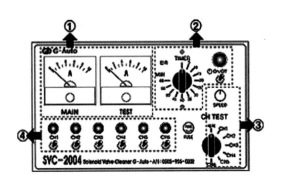

솔베너 SVC-2004의 구조

① 전류값 표시부 : 솔레노이드 밸브의 소비 전류값이 표시되는 부분이며, MAIN 전류계와 TEST 전류계 두가지로 구성되어 있다. MAIN 전류계는 세척상태일 때 각 솔레노이드 밸브의 전체 소비 전류값을 표시한다. TEST 전류계는 개별 솔레노이드 밸브의 전 부하 시험용이며, 각각의 솔레노이드 밸브에 소비전류를 표시한다. 즉, 지속적인 전류를 각각의 솔레노이드 밸브에 인가하여 소비되는 전류값을 파악하여 내부저항의 변화(불량여부)를 추정함으로써 각 솔레노이드 밸브의 상태(양호, 불량)를 판단한다.

② 전원 및 타이머 : 전원 ON-OFF 스위치와 타이머를 연동시켜 작동하도록 하였으며, 전원 스위치 ON 상태에서 타이머를 분 단위로 설정 또는 연소 모드로 하면 전원이 인가되어 기기가 작동한다.

③ 주파수 조절 및 각 채널의 단선, 단락 시험 : 'SPEED"로 표시된 부분은 속도를 조절하는 가변 스위치로 2Hz~50Hz 까지의 주파수를 연속적으로 변화 시킬수 있다. "CH TEST"라고 표시된 선택 스위치는 커넥터에 연결된 6개의 솔레노이드 밸브를 각 위치별로 하나씩 선택하여 주는 스위치이다. 또한 솔레노이드 밸브를 "세척" 위치로 선택하면 개별 또는 전체 솔레노이드 밸브를 주어진 주파수로 세척하게 된다.

④ 세척 구동부 : "CH TEST" 스위치의 세척위치일 때만 채널별로 스위치는 작동시키며, "CH TEST"가 각 채널 부하 테스터 할땐 채널별 세척 스위치는 "OFF" 상태로 둔다. "LED"는 채널별 솔레노이드의 작동 상태를 나타낸다.

2) 부하시험

① 시험하고자 하는 자동차의 솔레노이드 밸브를 본체의 커넥터에 연결한다.

② 전원 스위치를 켜고 타이머 스위치를 연속에 둔다.

③ 'CH TEST" 선택 스위치를 'CH 1"부터 "CH 6"까지 1~2초 정도의 여유를 두고 차례로 돌린
다. 단 이때 채널별 세척 스위치는 모두 "OFF" 상태로 둔다.

번호	커넥터	작용차종	번호	커넥터	작용차종
A1		EF쏘나타, 뉴EF쏘나타, 그랜져XG, 에쿠스, 산타페, 트라제XG, 투싼, 뉴스포티지CRDi, 뉴스카니, 옵티마, 옵티마리갈, 오피러스, 카렌스디젤2.0	A8		아반떼 HD, 뉴프라이드디젤, 뉴베르나디젤, 포르테, i30, 뉴세라토, 쏘울, 뉴모닝(2008년식)
A2		NF쏘나타, 그랜져TG, 그랜드카니발, 뉴스포티지, VGT, 뉴오피러스, 뉴에쿠스, 로체, 뉴산타페	A9		쏘렌토4속, 엔터프라이즈, 테라칸, 스타렉스CRDi
A3		쏘나타I, 쏘나타II, 쏘나타III, 마르샤, 다이너스티, 아반떼, 엑센트, 카스타, 엘란트라, 엑셀, 스쿠프	B1		뉴 SM3, 뉴 SM5
A4		아반떼XD, 라비타, 티뷰론, 뉴프라이드 가솔린, 뉴베르나 가솔린, 세피아, 세라토	B2		모닝구형, 마티즈 4속
A5		카렌스 1.8, 세피아II, 스펙트라, 슈마	B3		비스토 4속, 아토즈 4속
A6		카니발구형(I, II)	B4		쏘렌토 5속, 그랜드스타렉스 5속
A7		구형 SM3, SM5	S1		벤츠 전자식 5속

차종 별 커넥터

SVC - 2004커넥터	
1. 현대하이벡 구형 (F4A4 X, F4A51, F5A51)	EF쏘나타, NEW EF쏘나타, 그랜저IC, NEW 그랜저XG, 산타페, 트라제XG, 투싼, 에쿠스, NEW 스포티지CRDI, 옵티마, 옵티마리갈, 오피러스, 카렌스2.0, 투스카니
2. 현대하이벡신형 (F4A5, A5GF1, A5HF1)	NF쏘나타, 그랜저TG, NEW 에쿠스, 그랜드카니발, NEW 오피러스, NEW 스포티지 VGT, 로체
3. 현대, 기아 KD, MIP 구형 (KM175)	쏘나타 I , II , III, 그랜저, 아반떼, 엑센트, 엘란트라, 다이너스티, 마르샤, 카스타, 스쿠프
4. 현대, 기아 (A4AF3, A4BF1)	아반떼XD, 라비타, 베르나, 티뷰론, 세피아 I
5. 기아(50-42LE)	카니발 I , 카니발 II
6. 기아(F4A42-1)	카렌스1.8, 세피아 II , 스펙트라, 크레도스1.8, 슈마
7. 삼성	SM520, SM520V, SM518, SM525V, SM3
8. AISIN III	아반데HD, NEW 프라이드디젤, NEW 베르나디젤, 포르테, i30, NEW 세라토, 쏘울, NEW 모닝(2008년식)
9. AISIN IV	쏘렌토4속, 스타렉스CRDI, 엔터프라이즈, 테라칸

- "CH TEST" 선택 스위치의 위치에 따라 "LED" 표시부의 각 램프가 동기화 되어 점멸한다.
- "TEST" 전류계에 표시된 전류값을 확인하여 표준보다 높으면, 코일 단락이며, 낮으면 불필요한 저항이 걸린 것이다.
- "MAIM" 전류계는 누적 표시값으로 각 채널별로 측정할때에는 동일한 값을 표시한다.
- 채널 검사중 메인 패널의 퓨즈가 파손 된다면 해당 채널의 솔레노이드 밸브는 폐기해야 한다.

3) 세척

① 미션 온도가 정상온도에 도달할 때까지 워밍업을 한다.

② 자동변속기 솔레노이드 밸브 커넥터를 분리한다. 시험 하고자 하는 자동치의 거넥터를 솔레노이드 밸브를 본체의 커넥터에 연결한 후 케미컬(미션 플러싱 전용오일)을 미션오일에 첨가한다.

③ 기기의 전원을 켜고 타이머를 연속으로 둔 다음 "CH TEST" 선택 스위치를 "세척"에 위치한다.

④ 세척 구동부의 채널별 세척 스위치 "CH 1"을 ON, "SPEED" 스위치를 왼쪽 끝에서부터 오른쪽 끝까지 돌려가며 주파수(Hz)에 따른 변화(전류값 & 작동음)를 점검한다.

⑤ 만약 고속에서 솔레노이드 밸브의 작동음이 제대로 들리지 않거나, 세척유 분사가 제대로 이루어지지 않는다면, 해당 솔레노이드 밸브를 제거 하거나 적절히 구동되는 주파수 영역에서 10분 정도 세척한다.

⑥ "CH 1" ~ "CH 6"까지 ④~⑤번 과정을 모두 거친다.

⑦ 타이머 스위치를 20~30분에 놓고 채널별 세척 스위치를 모두 작동 시킨다. 이때 "SPEED" 스

위치는 3/4 지점에 위치한다. 여전히 문제가 남아있는 솔레노이드 밸브는 교체한다.

3. 관계지식

(1) PWM 제어

PWM(Pulse width modulation)은 펄스폭 변조의 약자입니다. 표본화 펄스의 진폭은 일정하고 그 펄스폭이 전송하고자 하는 신호에 따라 변화시키는 변조 방식을 PWM 방식이라 한다.

PWM 변조는 진폭 제한기의 사용으로 레벨 변동을 제거할 수 있고 또 펄스의 상승과 하강을 급격하게 하여 S/N비의 개선이 가능함으로 비교적 많이 사용된다. 모터 제어나 전압제어에 사용된다.

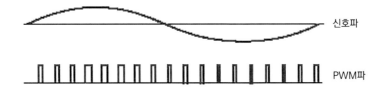

신호파

PWM파

❖ 신호파와 PWM파의 비교

> **참고사항**
>
> S/N 비 : S/N or SNR (신호 대 잡음비 : signal-to-noise ratio) 아날로그와 디지털 통신에서, 신호 대 잡음비, 즉 S/N 은 신호 대 잡음의 상대적인 크기를 재는 것으로서, 대개 데시벨이라는 단위가 사용된다. 여기서, 들어오는 신호의 세기 (단위는 마이크로볼트)를 Vs라 하고, 잡음을 Vn이라 하면(이것도 단위는 역시 마이크로볼트), 이때 만약 Vs = Vn 이면, S/N = 0 이 된다. 이 경우에는 잡음의 수준이 신호와 심하게 맞서기 때문에, 신호경계를 읽을 수 없게 된다. 따라서 가장 이상적인 것은, Vs가 Vn 보다 커서 S/N이 양수가 되는 경우이다. 만약 Vs가 Vn 보다 적으면, S/N은 음수가 된다. 이러한 경우에는, 수신하는 컴퓨터나 터미널에서 신호수준을 증가시키거나 또는 잡음수준을 감소시키는 조치를 취하지 않는 한 일반적으로 신뢰성 있는 통신이 불가능하다.

PWM은 아래 그림1과 같은 구성을 가집니다. 콤퍼레이터(전압 비교 회로 또는 OP 앰프)의 (+)(논 인버팅) 입력에 삼각파 또는 톱니파를 입력하고 (-)(인버팅) 입력에 제어 신호를 입력합니다. 그러면 콤퍼레이터의 출력에는 입력 신호의 레벨 변화에 따라서 펄스폭이 다른 출력이 나타나게 됩니다.

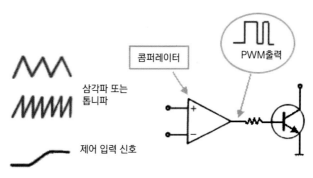

🞉 입력 조건에 따른 출력 변화

입력 조건	콤퍼레이터 출력	트랜지스터
+입력 단자 전압 〉 -입력 단자 전압	"H"	ON
+입력 단자 전압 〈 -입력 단자 전압	"L"	OFF

아래 그림을 보면 PWM 출력과 입력 신호와의 관계를 알 수 있습니다. 입력 신호가 삼각파(또는 톱니파) 신호보다도 높은 경우, 콤퍼레이터 출력으로 드라이브되면 트랜지스터는 ON 하고, 반대의 경우는 OFF 하게 됩니다. 또한, 삼각파 신호와 입력 신호의 입력 단자를 반대로 하면 결과도 반대로 됩니다.

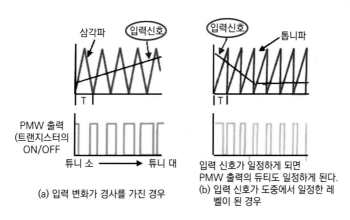

(a) 입력 변화가 경사를 가진 경우

(b) 입력 신호가 도중에서 일정한 레벨이 된 경우

🞉 PWM 제어 파형의 변화

PWM은 신호를 켜거나 *끄는* 방식으로 네모파의 듀티비를 변조하여 사용한다. 듀티비(Duty Cycle : 듀티 사이클)는 네모파가 HIGH 상태에서 LOW 상태로 바뀐 시간의 비율, 즉 전체 주기에서 HIGH 상태가 차지하는 비율을 나타낸다.

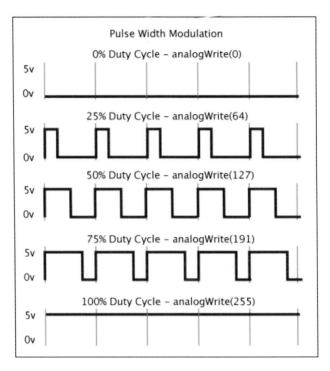

🞜🞜 듀티비에 따른 PWM 신호 변화

02 투싼 ix 자동변속기 오일 교환방법?

차 종	투싼 iX	연 식	2010
주행거리		탑재일	2010.02.05
글쓴이	나그네(kmwu****)	매 장	
관련사이트	네이버 자동차 정비 공유 카페 : https://cafe.naver.com/autowave21/122668		

1. 고장내용

신형 투싼iX 자동변속기 교환방법에 문의 합니다. 게이지가 안보이고 교환을 의뢰받았으나 ????

회원님들의 댓글 | 등록순 ▼ | 조회수 | 좋아요 ▼

● 어린왕자(angk****)
오일에 중요성두 물론 있지만 클러치페달에서 실린더 롯드 조정을 한 번 해보는 것도 좋을 듯합니다.

● 샤프
지침서 내용에는 무 교환을 원칙으로 하며, 사업용 차량과 같은 가혹조건의 차량은 10만 키로 교환을 권장한다고 써있기는 하나… 그 쯤 되어 관리하는 것은 그다지 좋지 않은 방법이라 생각되므로 무시… 교환 방법은 존재합니다.
6단 자동변속기로… 미션 하단부에… 배출 콕크가 있고, 미션의 프런트 쪽으로 오일 레벨 콕크가 있고… 상부에 인히비터스위치 앞쪽으로 위치한 아이볼트라는 볼트를 풀고 오일주입을 합니다. 중요한것은 미션 오일레벨을 확인 할 때엔 워밍업이 된 후 (오일 온도 55도) 확인해야 하며, 오일 레벨 콕크를 풀고 미세하게 흐르는 정도로 오일량이 존재하면 적정량이라고 나와있습니다. 다.오일 교환량은 5리터…

● 스마트, ioriandi, sy6882, 주복, 나무, 한번에, 우탁, 생명카, 골드24k, chalton212
좋은 정보 감사합니다. 잘 보고 갑니다.

	등록

☺ 스티커 📷 사진

(1) 오일레벨 점검(A6LF2)

6속 자동변속기 오일 점검은 무점검을 원칙으로 하나, 오일누유 발생시는 오일레벨 점검을 실시한다. 오일레벨 점검시 주입구에 먼지, 불순물 등이 들어가지 않도록 주의한다. (오일레벨 게이지 없음)

① 오일 주입구 아이볼트(A)를 탈거한다. (체결 토크 3.5~4.5kgf-m) 가스켓은 신품으로 교체한다.

② 오일 주입구로 변속기 오일 SP-Ⅳ 700cc(박카스 1병 100cc 참고)를 보충한다.

③ 엔진 시동을 건다.(시동후 오일 온도를 올릴 때 스톨상태로 구동하지 않는다.)

④ 엔진 아이들 상태에서 GDS 장비를 이용하여 오일 온도 센서(OTS) 온도가 55℃(50~60℃)임을 확인한다.

⑤ 시동을 유지한 상태에서 브레이크를 밟은 후, 변속 레버를 P→R→N→D→N→R→P단 순으로 2회 이동한 후 P단에 위치한다. (각 단에서 2초 이상 유지한다.)

⑥ 리프트로 차량을 들어 올리고, 밸브 바디 커버 하단의 오일 레벨 플러그(A)를 탈거한다.(이때 차량은 전후, 좌우 수평을 반드시 유지한다.

⑦ 오일 배출이 시작된 후에 오일이 미세하게 흘러 나오면 정상 오일레벨이므로 점검 절차를 마치고 오일레벨 플러그를 체결한다.(체결 토크 3.5~4.5kgf-m), 가스켓은 반드시 신품으로 교체한다.
- 오일 과다 : 2분간 배출량이 900cc 초과(50~60℃)
- 오일 부족 : 오일 배출 없음.

⑧ 변속기 외관에 손상이 없고 오일 쿨러, 오일 쿨러 호스, 변속기 케이스, 밸브 보디 체결상태 등 관련 부품이 정상인 변속기의 경우, 위 ①~⑦항 실시 후 오일부족으로 판단되는 경우 변속기 점검을 실시한다.

⑨ 리프트를 내린후 아이볼트를 장착한다.

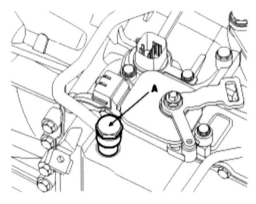

❄ 아이볼트 탈거

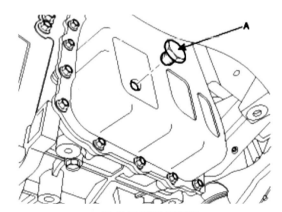

❄ 오일 레벨 플러그

(2) 오일교환(A6LF2)

① 오일 주입구 아이볼트(A)를 탈거한다. (체결 토크 3.5~4.5kgf-m)

② 드레인 플러그(A)를 탈거하고 오일 전량을 배출한 후, 플러그를 재장착한다.(체결 토크 3.5~4.5kgf-m)

③ 신규 오일을 약 5.0 ℓ 주입한다.

④ 오일량을 점검한다.

※ 주의사항

자동변속기 오일은 무교환을 원칙으로 하나, 가혹조건 또는 사업용으로 운행하는 경우는 매 100,000km마다 교환한다. 가혹 조건은 다음과 같다.

① 요철길, 모래 자갈길, 눈길, 비포장길

② 산길, 오르막길, 내리막길

③ 단거리 주행 반복, 기온 30℃ 이상의 혼잡한 시가지 주행 50% 이상

④ 경찰차, 택시, 상용차, 견인차 등

⑤ 모든 가스켓은 모두 새것으로 교체한다.

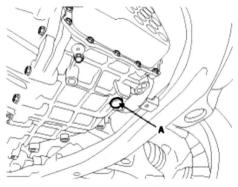

❖❖ 드레인 플러그

■ 자동변속기 제원(투싼 iX)

항목 \ 모 델		A6MF1	A6LF2
적용 차량		가솔린 2.0	가솔린 2.0/ 디젤 2.0
토크 컨버터		3요소 2상 1단	←
토크 컨버터 사이즈		⌀260mm	←
오일 펌프 형식		파라코이드	←
구성 요소		클러치 2개	←
		브레이크 3개	←
		원웨이 클러치 1개	←
유성기어		단순유성기어 3개	←
변속비	1단	4.162	4.252
	2단	2.757	2.654
	3단	1.772	1.804
	4단	1.369	1.386
	5단	1.000	1.000
	6단	0.778	0.772
	후진	3.385	3.393
종 감속비		3.195	3.195
유압 밸런스 피스톤		3개	←
어큐뮬레이터		4개	←
솔레노이드 밸브		8개(VFS-6개, ON/OFF-2개)	←
기어 시프트 포지션		4레인지(P, R, N, D)	←
오일 필터		1개	←
오일 용량		7.1 ℓ	7.8 ℓ
사용권장 오일		(SK ATF SP-Ⅳ, MICHANG ATF SP-Ⅳ, NOCA ATF SP-Ⅳ, Hyundai Genuine ATF SP-Ⅳ)	

차 종	쏘렌토 R		연 식	2010
주행거리	-		탑재일	2010.07.26
글쓴이	sunbee(hdmc****)		매 장	
관련사이트	네이버 자동차 정비 공유 카페 : https://cafe.naver.com/autowave21/142243			

1. 고장내용

지난 해 봄에 출고한 쏘렌토R을 타고 신호대기로 브레이크를 밟고 정차해있는데 변속 충격 같은 울렁거림을 느꼈습니다. 그 후 정차 시 브레이크를 밟고 3초정도가 지나면 예외 없이 같은 증상이 반복 되었고 정차 후 바로 중립에 놓으면 괜찮았습니다. 처음 차를 탈 때는 이런 현상이 없었는데 1년 정도 지나자 느껴지기 시작했고 미션에 이상이 생긴 줄 알았습니다.

2. 점검방법 및 조치 사항

원인을 알아보니 신형 미션에 '자동 중립제어 기능'이 있어 D상태로 정지해 있으면 자동으로 미션이 내부적으로 N상태가 되어 미션 부하를 N과 거의 비슷한 수준으로 낮춰준다는 것입니다. 이로 인해 엔진 부하가 작아지고 연비가 높아지는 효과가 난답니다. 그래서 그런지 연비는 참 좋은 것 같습니다. D상태에서 완전 정지 시 약 3초 후 유압을 제어하게 되어 약간의 RPM변화 또는 진동이 일어날 수 있다는데 일부 차량에서는 좀 심한 충격이 일어나기도 한답니다. 뒤에서 차가 추돌한 것으로 착각하여 차에서 내리는 운전자도 있다는군요. 제 경우는 아주 가끔 크게 느껴지는 경우가 있습니다. 이에 대한 불만을 제기하면 TCU 업그레이드라고 하면서 '자동 중립제어 기능'을 삭제해 준다는데 재설치는 불가하다고 합니다. 연비의 이득을 포기 하는거죠. 좋은 기능이긴 한데 아직 기술적으로 문제가 있는 것 같습니다. 정차 시 마다 신경 쓰이고 처음엔 느끼지 못하다 느끼게 되었는데 앞으로 더 심해질까 걱정입니다.

| 등록순 ▼ | 조회수 | 좋아요 ▼

회원님들의 댓글

● 생명카, ok4775, 기아맨, 안개, 두번아웃

　잘 보았습니다. 좋은 정보 감사합니다.

● 준서아빠

　연비를 포기한다는 건… 차이가 많은가요. 왜 재설치는 불가… 공부 좀 해야겠네요. 잘 보았습니다.

● bakara007

　이런 케이스가 많이 있다고 합니다만, 연비를 위해서라면 그냥 쓰는 것도 나을듯합니다. 내구적으로는 문제가 없으나, 필링상 안
　좋은것이니…. 사용자에 의지에 따라 틀릴 것 같네요.

● 신입생

　좋은 기능이긴 하나, 아직 2% 부족 한듯요. ㅎㅎ 잘보구 갑니다.^^

● sunbee-작성자

　저도 버틸 수 있는 한 그냥 탈 생각입니다. 그러다보면 개선방안이 나오겠지요.

● 해골

　동감

● 풍새

　조속히 해결되길…

● 저녁노을

　좋은 정보 감사드려요. 저라면 그냥 타겠습니다. 제어시간을 좀 더 길게 잡으면 좋을 것 같은데 3분정도…

● 초보 정비사

　정비 사례 감사 합니다. 수고하세용

　　　| 등록 |

☺ 스티커　📷 사진

3. 관계지식

　일반적인 자동변속기는 정차시 D에 두고 있으면 엔진과 바퀴와 동력이 전달되고 있는 상태이나 브레이크를 밟으므로 인하여 엔진에 부하가 걸리게 되므로 회전수를 올려주는 아이들업이 발생하면 엔진에 기름이 더들어가며(N에 비해서) 장시간 정지 상태에서 D 기어에 넣고 있다는 것은 변속기에 꾸준히 부하를 걸게 되므로 좋지 않습니다.

　반면에 변속기를 N으로 두게 되면 기계적으로 엔진과 변속기를 분리해버리기 때문에, 변속기 내부에서 유압이 그리 크게 발생하지도 않고 추가적인 기름소모도 없습니다. 그럼 왜 신호대기 중에는 D 상태로 두라고 하는가? 정차시 N으로 두면 귀찮고, N에서 D로 변속했시에 다시 엔진과 변속기를 연결해주는데 약 2~3초가 걸리고(유압이 라인으로 들어가 각 클러치 작용되기까지), 연결되기 전에 액셀 페달을 밟으면 변속기 쪽에 다소 문제가 생긴다는 것입니다. 그럴 바에는 짧은 대기 시간에서는 D로 놓고 있는 것을 권장 합니다.

　그래서 개발된 기술이 "자동 중립제어"입니다. 차종마다 다르고 변속기 회사마다 다르고 차량제

조사 마다 다 다르지만, 대체적으로 이런 원리입니다. 현대 파워텍의 신형 6단 자동미션에는 자동 중립제어 라는 기능이 들어가 있습니다. 이것은, 일반적인 운전자들이 D에 두고 신호대기 또는 오래도록 정지하고 있을 때 자동적으로 (변속기 내부적으로만) N으로 하여 유압의 일부를 바이패스 시킴으로써 D에서 정지시 미션부하를 N과 거의 비슷한 수준으로 낮춰줍니다.

이 때문에 엔진은 부하가 작아지고, 연비도 높아지는 효과가 있습니다. 다시 브레이크를 떼고 액셀 페달을 밟으면 미션은 자동으로 바이패스시키던 유압을 D상태로 만들면서 전진이 이뤄지게 됩니다. 그러나 이 기능 때문에 정상적인 상태에서도 아주 약간의 미션 충격이 발생됩니다. "자동 중립제어"는 D에 두고 완전 정지시 약 3초 후 유압을 N 과 같이 제어하게 되는데, 이때 약간의 RPM 변화 또는 미세한 진동이 일어날 수 있습니다. 또한, 자동 중립제어 후 출발할 때 기어가 갑자기 들어가는 듯한 약간의 미션 충격이 발생합니다. 당연히 N에서 D로 순간적으로 들어가게 되므로 충격이 발생 할 수밖에 없습니다. 그렇지 않을 경우에는 엔진 RPM 변화만 생깁니다.

최근 이러한 자동 중립제어 기능에 대한 불만이 높아지면서, 현대에서는 새로운 TCU 업그레이드를 내놨습니다. 바로 "자동 중립제어"를 삭제하는 다운 그레이드 하고 있습니다.

■ 자동변속기 제원(쏘렌토 R)

모 델 / 항목		2.7 LPI 뮤(G 2.4)	디젤 2.0/ 디젤 2.2
모델		A6MF2	A6LF2/A6LF3
토크 컨버터		3요소 2상 1단	←
토크 컨버터 사이즈		Ø 236mm	←
오일 펌프 형식		파라코이드	←
구성 요소		클러치 2개	←
		브레이크 3개	←
		원웨이 클러치 1개	←
유성기어		단순 유성기어 3개	←
변속비	1단	4.639(4.212)	4.651
	2단	2.826(2.637)	2.831
	3단	1.841(1.800)	1.842
	4단	1.386(1.386)	1.386
	5단	1.000(1.000)	1.000
	6단	0.772(0.772)	0.772
	후진	3.385	3.393
종 감속비		3.648(3.913)	3.195
유압 밸런스 피스톤		3개	←
어큐뮬레이터		4개	←
솔레노이드 밸브		8개(VFS-6개, ON/OFF-2개)	←
기어 시프트 포지션		4레인지(P, R, N, D)	←
오일 필터		1개	←
오일 용량		7.1 ℓ	7.8 ℓ / 7.7 ℓ
사용권장 오일		(SK ATF SP-IV, MICHANG ATF SP-IV, NOCA ATF SP-IV, Hyundai Genuine ATF SP-IV)	

04 입·출력 센서 고장으로 인한 충격음 발생

차 종	현대	연 식	-
주행거리	-	탑재일	2009.04.23.
글쓴이	기름쟁이(reds****)	매 장	
관련사이트	네이버 자동차 정비 공유 카페 : https://cafe.naver.com/autowave21/100055		

1. 고장내용

차량입고 합니다. 손님 왈~ 차가 변속 충격이 있다고 합니다.

2. 점검방법 및 조치 사항

스캐너 점검하니 냉각수온 센서, 미션 입·출력 단자 단선단락 이렇게 나오네요. 그래서 냉각수온 센서와 입·출력 센서 교환하고 시운전하니 아무 이상 없습니다. 그런데 입·출력 센서(펄스 제네레다 A, B)가 고장나면 변속기 충격이 생기나요?

회원님들의 댓글 | 등록순 ▼ | 조회수 | 좋아요 ▼

● 차량정비, 하늘처럼
  잘 보고 갑니다.
● 향기
  네… 입·출력 센서 불량(고장)시 충격 발생 및 홀드 발생 됩니다.
● 둘리
  3속 홀드 되죠.
● 쌩돌팔이
  미션 입출력 이상이면 간혹 3단에 홀드가 나지여…. 그러다가 시동을 끄면 다시 정상으로…
  신호 대기시 3단 홀드면 말 그대로 수동 미션의 3단 출발하는 증상… ㅎㅎㅎ
● ky3521
  차종도 기재 좀 해주세요.

	등록

😊 스티커 📷 사진

3. 관계지식

(1) 자동변속기의 구조와 기능

① 펄스 제너레이터 A(Pulse Generator-A) : 변속시 유압제어를 위하여 킥 다운 드럼 회전수를 검출하는 자기유도형 발전기 형식이다. 킥다운 드럼 바깥둘레의 16개 구멍을 통과할 때 자속 변화에 의하여 기전력이 발생한다.

② 펄스 제너레이터 B(Pulse Generator-B) : 주행속도 감지를 위하여 트랜스퍼 구동기어의 회전 속도를 검출한다. 트랜스퍼 구동기어 회전시 기어 이빨의 고저(高低)에 따른 자속 변화에 의해서 기전력을 발생시킨다. 변속 시점 지정, 각 클러치에서 작동시에 미끄러지지 않도록 유압을 제어한다.

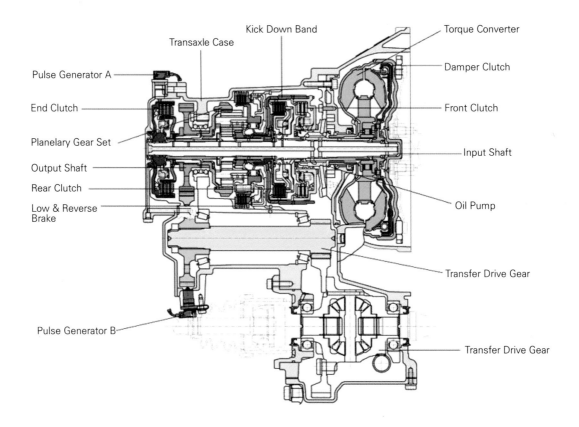

③ 인히비터 스위치(Inhibitor Switch) : N, P 레인지 이외에서 엔진 기동이 되지 않도록 하는 기동 안전 기능을 한다. 그리고 R레인지에서 후진등을 점등시키는 변환 접점식 스위치이다. 각 레인지 위치를 컴퓨터로 출력한다.

④ 오버 드라이브 스위치(Over Drive Switch) : 운전자의 뜻에 따른 오버 드라이브(4단) 모드의 선택을 검출하는 접점식 스위치형식이다. 오버 드라이브 스위치 ON시 통전된다.

⑤ 가속 스위치(Accelerators Switch) : D, 2 레인지에서 엔진 공전시 2단 홀 영역 지시, 공전시의 진동 저감 및 크리프량 저감과 댐퍼 클러치 작동 영역 판정을 위하여 가속페달 ON - OFF를 검출하는 접점식 스위치이다. 가속 페달 OFF시 통전된다.

⑥ 크랭크각 센서(CAS : Crank Angle Sensor) : D 클러치 슬립을 연산하며, 변속시 유압 제어를 위하여 엔진 회전속도를 검출하는 전자 픽업과 돌기에 의해서 검출하는 전자식이 있다. 점화 신호를 컴퓨터로 입력시킨다.

⑦ 스로틀 포지션 센서(TPS : Throttle Postion Sensor) : 변속시기, 댐퍼클러치 작동영역, 변속시 유압제어를 위하여 스로틀 밸브 열림정도를 검출하는 포지션 미터식 센서이다.

⑧ 킥 다운 서보 스위치(Kick Down Servo Switch) : 킥다운 밴드 작동시 유압 제어를 위하여 킥 다운 밴드가 작동을 시작하려는 시점을 검출하는 접점식 스위치이다. 킥 다운 브레이크 해제 시 통전된다.

⑨ 오일 온도 센서(Automatic Transmission Oil Temperature Sensor) : 댐퍼 클러치 비작동영역 을 검출하며, 변속시 유압제어의 정보로써 오일온도를 검출한다. 오일의 온도에 따라서 출력 이 변화한다.

⑩ 차속 스위치(Vehicle Speed Sensor) : 주행속도를 감지하기 위하여 속도계 구동기어 회전속도 를 검출하는 자기 접점식 스위치이다. 기어 1회전당 4개의 펄스가 발생한다.

⑪ 에어컨 릴레이 스위치(Air-con Relay Switch) : 에어컨 ON시 스로틀 포지션 센서 출력 보정을 위하여 에어컨 릴레이 ON - OFF를 검출하는 전자유도식 접점 스위치이다.

⑫ 파워/이코노미 스위치(Power/ Economy Switch) : 운전자의 요구에 가까운 시프트 패턴을 선 택하기 위하여 파워/이코노미 변환 스위치의 위치를 검출하는 접점식 스위치이다.

⑬ 댐퍼 클러치 제어 솔레노이드 밸브(Damper Clutch Control Solenoid Valve) : 댐퍼 클러치의 작 동 제어를 위하여 댐퍼 제어 밸브를 작동시키는 유압을 컴퓨터로부터 듀티(DUTY) 신호에 의 하여 제어한다. 댐퍼 클러치 제어 솔레노이드 밸브는 35Hz로서 듀티제어 된다.

⑭ 시프트 제어 솔레노이드 밸브A & B(SCSV : Shift Control Solenoid Valve - A & B) : 변속 제어 를 행하기 위하여 시프트 제어 밸브에 작동하는 유압을 컴퓨터의 ON - OFF 신호에 의해 제어 한다. 시프트 제어 솔레노이드 밸브 A & B 는 ON - OFF로 구동된다.

⑮ 압력 제어 솔레노이드 밸브(PCSV : Pressure Control Solenoid Valve) : 변속시 유압제어를 위 하여 압력 제어 밸브에 작동하는 유압을 컴퓨터의 듀티신호에 의하여 제어한다. 압력제어 솔 레노이드 밸브는 35Hz로서 듀티 제어된다.

⑯ 컴퓨터(TCU : Transmission Control Unit) : 차체 및 엔진 및 트랜스 액슬에 부착된 12개의 센 서에서 입력되는 정보를 연산·종합하여 4개의 액추에이터(솔레노이드 밸브)로 전기적 신호를 보내어 댐퍼 제어, 시프트 패턴 제어, 변속시 유압 제어를 한다.

⑰ 토크 컨버터 컨트롤 밸브(TCCV : Torque converter control valve) : 이 밸브는 위 밸브 보디에 설치되어 있으며, 오일을 토크 컨버터 및 각 윤활부에 공급하기 위한 압력으로 조절하는 역할을 한다.

⑱ 댐퍼 클러치 컨트롤 밸브(DCCV : Damper clutch control valve) : 이 밸브는 아래 밸브 보디에 설치되어 있으며, 유압을 댐퍼 클러치의 작동측과 해제측에 공급하는 역할을 한다.

⑲ 감압 밸브(Reducing valve) : 아래 밸브 보디에 설치되어 있으며, 라인 압력을 근원으로 하여 항상 라인 압력 보다 낮은 압력으로 조절하는 역할을 한다. 또 압력 조절 솔레노이드 밸브, 댐퍼 클러치 솔레노이드 밸브로 부터 제어 압력을 만들어 압력 조절 밸브와 댐퍼 클러치 컨트롤 밸브를 작동시킨다.

⑳ 매뉴얼 밸브(Manual valve) : 아래 밸브 보디에 설치되어 있으며, 시프트 레버의 조작에 의해서 각 레인지의 유로를 절환 시켜 라인 압력을 공급하거나 배출시킨다. 즉, 시프트 레버의 움직임에 따라 P, R, N, D 등 각 레인지로 변환하여 유로를 변경시켜 준다.

㉑ 시프트 컨트롤 밸브(SCV : Shift control valve) : 위 밸브 보디에 설치되어 있으며, 시프트 컨트롤 솔레노이드 밸브 A, B에 의해서 조절되는 라인 압력으로 각 변속단에 맞는 위치로 이동되어 유압이 공급되도록 하는 역할을 한다. 즉 유성기어를 자동차의 주행속도나 기관의 부하에 따라 절환시키는 작용을 한다.

㉒ 앞 클러치(Front Clutch) : 앞 클러치는 3단 및 후진에서 작용하며 입력축으로부터의 구동력을 유성기어의 후진 선기어로 전달한다.

㉓ 뒤 클러치(Rear Clutch) : 뒤 클러치는 1~3단에서 작동하며 입력축으로부터의 구동력을 유성기어의 전진 서브 기어(sub gear)로 전달한다.

㉔ 엔드 클러치(End Clutch) : 엔드 클러치는 4단(Over Drive)시에 작동하며 구동력을 유성 캐리어에 전달하여 4단을 부드럽게하며 디스크와 판(plate) 사이에 앞 클러치와 뒤 클러치 작동시처럼 미끄럼 없이 밀착시킨다.

㉕ 저속 및 후진 브레이크(Low & Revers Brake) : 이것은 L레인지의 제1속 및 후진시에 유성 기어 캐리어를 고정한다.

㉖ 일방향 클러치(One Way Clutch) : 프리 휠은 D레인지 또는 2속 레인지의 제1속 주행시에 유성 기어 캐리어에 역방향의 회전력을 차단한다.

㉗ 토크 컨버터(Torque Converter) : 펌프(임펠러), 터빈(런너), 스테이터로 구성되어 있으며 엔진의 동력을 받아 펌프에서 오일의 토크를 발생시켜 터빈을 구동하며 스테이터는 오일의 흐름방향을 바꾸어 줌으로써 운동 에너지를 증대시킨다.

㉘ 오일 펌프(Oil Pump) : 토크컨버터 허브에 의하여 구동되며 운전 중 항상 유압을 발생하여 유압제어기구에 작동 유압을 공급하며 각 요소의 마찰부분에 오일을 공급한다.

(2) 작동 요소표

선택레버 위치	오버 드라이브 컨트롤 스위치	변속 기어	기어비	엔진 시동	주차 메커니즘	C1	C2	C3	OWC	B1	B2
						클 러 치				브레이크	
P	–	중립	–	가능	●						
R	–	후진	2.176			●					●
N	–	중립	–	가능							
D	ON	1단	2.846				●		●		
		2단	1.581				●			●	
		3단	1.000			●	●	●	●		
		OD	0.685					●		●	
D	OFF	1단	2.846				●		●		
		2단	1.581				●			●	
		3단	1.000			●	●	●			
2	–	1단	2.846				●		●		
	–	2단	1.581				●			●	
L	–	1단	2.846				●				●

· C1 : 프런트 클러치   · C2 : 리어 클러치   · C3 : 엔드 클러치   · OWC : 원웨이 클러치
· B1 : 킥다운 브레이크   · B2 : 로-리버스 브레이크

(3) 변속 패턴

자동변속기에는 엔진 성능 및 운전 상황에 맞추어 가장 적절한 변속이 이루어지도록 시프트 패턴을 설정하고 있다.

1) 노멀 패턴(Nomal Pattern)

① 세로측은 엔진 스로틀 밸브의 개도 가로측은 차속, 트랜스퍼 드라이버 기어 회전수(펄스 제너레이터 -B에서 산출)를 나타낸다.

② 변속 패턴중의 검정색 선은 증속 변속(Up Shift), 빨간색 선은 감속 변속(Down Shift)을 나타낸다. 업-시프트와 다운-시프트의 변속점에 차이가 있는 것은 변속점 부근에서 주행할 경우 업-시프트와 다운-시프트가 빈번히 일어나지 않도록 함으로써 승차감을 좋게 하기 위한 것으로 이를 히스테리시스(Hysteresis 이력 현상)라 한다.

③ 자동변속기 차량은 저속(약 7km/h) 주행 중 가속페달을 밟지 않는 상태일 경우 2속으로 홀드(Hold)시켜 공회전 상태에서의 진동 저감 및 크리프 (Creep) 저감을 도모한다. 이때 가속페달을 밟으면 엑셀러레이터 페달 스위치 또는 공회전 스위치 기능에 의해 1속으로 되어 발진한다.

참고사항

자동변속기 차량은 토크 컨버터에 의하여 항상 동력이 전달되므로 변속 레버 D, 2, L에 선택하면 가속페달을 밟지 않은 상태에서도 차가 서서히 주행되는데 이것을 크리핑이라고 한다.

④ 스로틀 밸브를 많이 개방시킬 때에는 스로틀 밸브를 적게 개방시킬 때보다 저속 기어 영역이 길게 되어있다. 이는 동일 차속에서 스로틀 밸브가 많이 열린 주행일 경우 차량의 주행저항이 큰 상태를 나타내는 것으로 구동력이 큰 저속기어 주행 상태를 오래 요구하기 때문이다.

2) 파워 패턴(Power Pattern)

노멀 패턴 보다 시프트 업되는 시기가 더 느리게 하여 큰 회전력을 얻은 다음 변속이 이루어지게 되어 있다.

3) 홀드 패턴(Power Pattern)

수동변속기의 감각으로 주행하며 겨울철 눈길이나 모래길 등에서의 2속으로 발진하고자 할 때와 산악로, 굴곡로 등에서 강력한 엔진 브레이크를 얻는다.

(4) 자기진단

1단계 제조회사 선택

2단계 차종선택

3단계 제어장치 선택

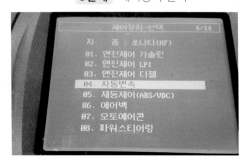

4단계 사양 선택

5단계 통신중

6단계 자기진단기능 선택

7단계 자기진단중

8단계 자기진단결과

(5) 자동변속기 입·출력 센서(펄스 제너레이터 A/B) 점검 방법

1) 기능

① 펄스 제너레이터 A : 변속시 유압제어를 위하여 킥다운(급가속시 강제 다운 시프트 되는 현상) 드럼의 회전수를 검출하는 자기 유도형 발전기 형식이다. 배선 색깔이 연두색이며, 길이가 약간 길다.

② 펄스 제너레이터 B : 주행속도 감지를 위하여 트랜스퍼 구동기어의 회전속도를 검출한다. 배선 색깔이 연두색 바탕에 검정색이 삽입되어 있다.

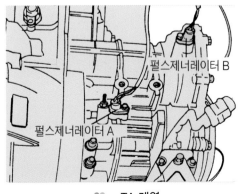

❈❈ α-TA 계열

❈❈ F4A3계열

2) 점검 방법

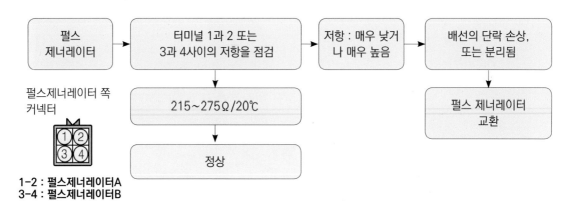

1-2 : 펄스제너레이터A
3-4 : 펄스제너레이터B

펄스 제너레이터 → 터미널 1과 2 또는 3과 4사이의 저항을 점검 → 저항 : 매우 낮거나 매우 높음 → 배선의 단락 손상, 또는 분리됨 → 펄스 제너레이터 교환

215~275Ω/20℃ → 정상

펄스제너레이터 쪽 커넥터

3) 차종별 입·출력 센서 설치위치

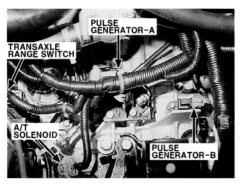

❈ EF 쏘나타 2.0 펄스 제너레이터

❈ 자동변속기 입 출력 센서 점검 사진

(6) 입·출력 센서의 점검

1) Hi-DS를 이용한 측정

① 오실로스코프 프로브(1번~6번중 1개 배선 선택) : 흑색 프로브는 차체에 접지, 칼라 프로브는 펄스 제너레이터 A단자 또는 B단자에 검침을 한다.

② 엔진을 워밍업 시킨 후 공회전시킨다(측정시 선택 레버의 위치를 D레인지 또는 L레인지에 선택해야만 펄스 파형을 측정할 수 있다.)

③ 오실로스코프 항목을 선택한다.

④ 환경설정 버튼을 눌러 측정 제원을 설정한다(UNI, 1V, AC, 시간 축 : 1.0~1.5ms, 일반 선택). 모니터 하단의 채널 선택을 펄스 제너레이터 A 또는 B의 출력 단자에 연결한 채널선과 동일한 채널선으로 선택한다(확인 필수).

⑤ 마우스의 왼쪽과 오른쪽 버튼을 번갈아 눌러 커서 A와 커서 B의 실선 안에 펄스 제너레이터 출력 파형이 들어오도록 하면 투 커서 기능이 작동되어 모니터 오른쪽에 데이터가 지시된다. 표시된 파형과 데이터를 가지고 내용을 분석하여 판정한다.

2) Hi-DS Scanner 를 이용한 측정

① 엔진을 워밍업시킨 후 공회전 시킨다.

② **전원 ON** : Hi-DS 스캐너에 전원을 연결한 후 POWER ON 버튼(◉)을 선택하면 LCD 화면에 제품명 및 제품 회사의 로고가 나타나며, 3초 후 제품명 및 소프트웨어 버전 출력 화면이 나타난다. 이때 Enter 버튼(◿)을 누르면 기능선택 화면으로 진입된다.

1단계 제품명 화면   **2단계** 소프트웨워 화면   **3단계** 기능을 선택한다.

기능 선택

01. 차량통신
02. 스코프/ 미터/ 출력
03. 주행 DATA 검색
04. PC통신
05. 환경설정
06. 리프로그래밍

4단계 오실로스코프 선택한다.

스코프/미터/출력

01. 오실로스코프
02. 자동설정스코프
03. 접지/제어선 테스트
04. 멀티미터
05. 액츄에이터 구동
06. 센서 시뮬레이션
07. 점화파형

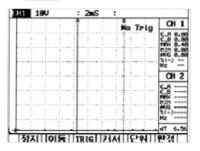

5단계 전압 및 시간을 선택한다.

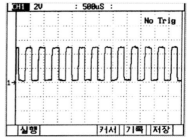

6단계 소프트웨워 화면

③ 기능 선택 화면에서 커서를 2번 스코프 / 미터 / 출력 위에 놓고 엔터 키를 치면 공구상자 모드로 들어가게 되고 다시 커서를 1번 오실로스코프 위에 놓고 엔터 키를 치면 스코프 모드로 들어가게 된다.

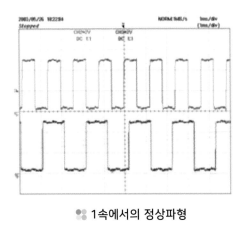

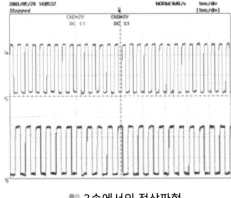

● 1속에서의 정상파형　　　　　● 3속에서의 정상파형

3) C. A/T 입·출력 센서(Pulse Generator A & B) 파형의 분석법

① 전압이 매우 낮을 때 – 펄스 제너레이터의 불량 또는 장착이 불량하다.

② 파형에 잡음이 생길 때 – 센서 부분에 이물질 부착 또는 와이어 링의 접지가 불량하다.

③ 전압이 없음 – 센서의 불량 또는 배선의 단선

(7) 자동변속기 입·출력 센서 고장시 일어날 수 있는 현상

구분	번호	예상원인 (고장)	출발이 부적절함(2단 등에서 출발됨)	끌림이 과도하거나 공회전이 불안정함	1→2단 혹은 3→4단 변속시 과도한 충격진동이 발생함	2→3단 혹은 4→3단 변속시 과도한 진동충격이 발생함	고단 변속시 과도한 진동 충격이 발생함	D→2, 저단 변속시 과도한 진동 충격이 발생함	고단 변속시 엔진 rpm이 갑자기 증가함	3→2 변속시 엔진 rpm이 갑자기 증가하거나 진동이 과도함	냉간시 과도한 진동, 충격이 있음	과도한 진동, 충격이 있음(앞에서 서술한 것을 제외함)	댐퍼 클러치가 작동치 않음	저단기어일 때 고부하 작동시 비정상적인 소음이 있음	컨버터 하우징에서 비정상적인 소음이 발생함	컨버터 하우징에서 기계적인 소음이 발생함	트랜스액슬 케이스 내부에서 비정상적인 소음이 발생함	3단기어에 고정됨
오일압력계통 / 마찰부품포함	21	인히비터 스위치의 작동불량, 와이어링의 손상, 배선분리, 조정불량	×															×
	22	TPS 작동불량 혹은 조정불량			×	×	●	×	●	×		×	×	×				
	23	펄스제너레이터(A)가 손상, 혹은 배선 분리, 회로가 단락됨.			×	×	×	×	●	×		×	×	×				×
	24	펄스제너레이터(B)가 손상, 혹은 배선 분리, 회로가 단락됨.											×	×				×
	25	킥다운 서보 스위치의 작동불량			×					×								×
	26	SCSV-S나 B가 손상되었거나 배선이 분리 혹은 회로단락 혹은 밸브가 고착됨(밸브 개방)																×
	27	점화신호 계통의 작동불량			×	×	×	×	×	×		×	×					
	28	접지시킨 접지 스트랩 불량											×					×
	29	PCSV가 손상, 회로 단락, 배선이 분리됨			×	×	×	×										
	30	PCSV가 손상되거나 밸브 개방 혹은 고착됨.							×	×								
	31	DCCSSV가 손상되거나 와이어링 분리됨 (밸브 폐쇄)											×					
	32	DCCSSV의 회로가 단락되었거나 고착됨 (밸브 개방)											×	×				×
	33	OD 스위치의 작동불량																
	34	아이들 스위치의 작동불량 혹은 조정불량	×	×										×				
	35	오일 온도 센서의 작동불량											×	×	×			
	36	리드 스위치의 작동불량																
	37	점화 스위치의 접촉불량																×
	38	TCU의 작동불량	×	×	×	×	×	×	×	×	×	×	×	×	×			×

주행이 불가능하거나 비정상적이다(시동 후) / 비정상적인 소음, 기타

예상원인		고장	주행이 불가능하거나 비정상적이다(출발 전)											연속시 충격이 발생함(시동 후)			
			스타터모터 작동불량	전진/후진 이동이 불가능함	전진 이동이 불가능함	후진 이동이 불가능함	N→D혹은 R로 변속시 엔진이 정지함	D에서 클러치슬립&스톨 rpm이 너무 높음)	R에서 클러치슬립&스톨 rpm이 너무 높음)	스톨 rpm이 너무 낮음	차량이 P나 N에서 움직임	N-D、N-R 사이에서 엔진이 시동되거나 차량이 움직임	주차가 되지 않음	D-2-L-R로 변속시 비정상적인 진동 충격이 있씀	2단에서 3단으로 변속이 안됨	4단으로 변속이 안됨	OD스위치가 작동지 않음	변속 패턴과 같이 변속되지 않음(변속은 가능함)
오일압력계통/마찰부품포함	21	인히비터 스위치의 작동불량, 와이어링의 손상, 배선분리, 조정불량	×								×	×		×	×	×		
	22	TPS 작동불량 혹은 조정불량									×	×	×					
	23	펄스제너레이터(A)가 손상, 혹은 배선 분리, 회로가 단락됨.																
	24	펄스제너레이터(B)가 손상, 혹은 배선 분리, 회로가 단락됨.			×													×
	25	킥다운 서보 스위치의 작동불량																
	26	SCSV-S나 B가 손상되었거나 배선이 분리 혹은 회로단락 혹은 밸브가 고착됨(밸브개방)																
	27	점화신호 계통의 작동불량																
	28	접지시킨 접지 스트랩 불량																
	29	PCSV가 손상, 회로단락, 배선이 분리됨												×				
	30	PCSV가 손상되거나 밸브 개방 혹은 고착됨.		●	●	●		×						×		×		
	31	DCCSSV가 손상되거나 와이어링 분리됨 (밸브 폐쇄)																
	32	DCCSSV의 회로가 단락되었거나 고착됨 (밸브 개방)					●											
	33	OD 스위치의 작동불량														×	×	
	34	아이들 스위치의 작동불량 혹은 조정불량												×				
	35	오일 온도 센서의 작동불량																
	36	리드 스위치의 작동불량																
	37	점화 스위치의 접촉불량																
	38	TCU의 작동불량													×	×	×	×

전·후진 불량

차 종	현대 NF쏘나타2.0 LPG	연 식	2007. 01
주행거리	65,000km	탑재일	2010.11.07.
글쓴이	오로라(auro****)	매 장	
관련사이트			

1. 고장내용

  2010년 11월 6일 자동차를 주차시켜 놓고 다른 차량을 이용하여 시골 부모님 댁에 다녀왔습니다. 평소 잘 타고 다니던 승용차이고 일반인 운전자가 이행하는 것과 같이 일반 오일 및 기타 소모품 등등 Km 될 때마다 교체를 잘 해주었습니다. 문제는 2010년 11월7일 시골을 다녀온 뒤 제 승용차에 시동을 걸고 약 간(3분정도)의 시간을 두고 집에 가기 위하여 시동을 걸었습니다. 동네 골목길을 나가다가 맞은편 차 통행을 위하여 잠깐 멈추었는데 문제는 이때 발생하였습니다. 시동이 걸려 있는 상태에서 자동변속기를 잠깐 P로 변경 후 출발하려고 D 기어로 변경 후 액셀러레이터를 밟았지만 기어가 물리는 듯한 느낌이 없이 차가 출발을 하지 않았습니다. 후진 기어 및 N 기어에서 차를 밀어서 차량 통행에 지장을 주지 않기 위하여 밀어서 이동 주차 시켜보려고 뒤에서 밀어도 보았지만 움직이지 않았습니다. 마치 P에 걸어 놓은듯 차가 움직이질 않았습니다.

2. 정비이력

① 매 5,000Km 주행 후 엔진 오일 교환
② 50,00Km 주행 후 4개 타이어 교환
③ 40,000Km 주행 후 미션 오일 교환
④ 그 외 기타 소모품 주기적으로 교환하여 주었슴.

3. 질문사항

어쩔 수 없이 보험 렉카를 불러서 일요일이라 정비소들이 많이 쉬는 관계로 제가 단골로 이용하는 정비소 주차장에 차량만 이동해 놓은 상태입니다. 갑작스레 이런 일이 생기니 난처하기도 하고 정비에 대하여 지식이 없는 저로써는 어떤 문제인지 알 수가 없어서 이렇게 카페에 가입하고 정비하시는 기사님들의 소중한 의견을 여쭙고 싶어서 질문게시판에 글을 남겨봅니다. 일반적으로 미션을 한번 내리면 그 비용이 만만치 않다고 하는데요~

질문

1. 미션 문제로 인하여 자동변속기 문제라면 대략적인 수리비는 얼마나 될까요?
2. 상기 증상과 관련하여 어떤 문제인지 대략적인 정보를 알고 싶습니다
3. 단골 정비 업체라고 하지만 예전에 차가 퍼져서 입고되는 차량은 눈팅이 치기 좋다는 얘기를 들어서 걱정이 되기는 합니다.
   (위에 3번글은 정비하시는 분들의 오해가 생길수 있는 부분이어서 오해마시기 바랍니다. 변속기 문제로 인하여 정확한 진단이 되어 수리를 요하게 된다면 당연히 그 금액을 지불하고 수리를 해야겠지요. 저 또한 제 단골 정비업체를 오랫동안 이용하여 신뢰합니다)
   금일 여러 포탈 및 정비 관련 검색을 하다가 급하게 이렇게 질문을 올렸습니다. 하루 답변 얻으려고 지나가는 회원이 아닌 카페 즐겨 찾기에 넣어두고 차량 관련 정보를 많이 습득할 수 있도록 열심히 활동 하겠습니다. 실력자 분들의 답변 기다리겠습니다.
4. 점검내용 및 조치 사항
   금일 정비소 다녀왔습니다. 하나님 말씀하신대로 유성기어 캐리어가 꽉 물려 있다고 이야기하네요. ㅠㅠ미션 내려서 교체해야 된다고 합니다. 견적은 88만원 이야기 하셔서 깍고 깍아서 80에 쇼부 쳤네요. ㅋ 단골이라서 그런지… 가격은… 몇 군데 알아보았는데…. 그나마 가장 저렴한 거 같아요. 추가로 미션 수리한 뒤 의심을 하면은 당연히 안 되겠지요. 새것 정품 미션은 180정도 한다고 합니다. 캐리어 인지… 미션 안에 있는 부품만 교체 한다고 하는데요. 일반 소비자가 이것을 확인 할 수 있는 방법은 없는 건가요 ? 그래도… 너무 큰 액수로 수리가 들어가는 부분이라 추후 확인 가능에 대하여 문의 드립니다. 감사합니다.

● 하나오토(aceb****)

정확한 원인은 차량의 상태를 확인해야 알겠지만 우선 오로나 님이 말씀하신 것처럼 P위치에서 어떤 위치(R,N,D)에서도 파킹된 것처럼 움직이지 않는다고 하니 크게 두 가지 원인이 있겠네요. 첫째로 맞은편에서 오는 차량을 통행을 위해 잠깐 멈추면서 P위치로 이동하셨다고 하셨는데…. 정말 간혹 이런 경우 있습니다. 뭐냐면 변속 레버 케이블은 자동차 실내의 변속 레버에 연결되어 엔진룸의 변속기 위쪽에 인히비터 스위치쪽 레버에 연결되어 있습니다. 여기부분에 고정너트가 평소 풀려 있다가 재수 없어서 완전 풀린 상태가 되어 있는 경우를 말합니다. 고정너트가 풀리면 변속 레버를 움직여도 변속기 쪽은 P 위치겠죠? 이럴 경우 계기판에는 P위치에만 불이 들어오며 바뀌지 않습니다. 확인해보시면 이부분 고장인지 아시겠지요. 둘째로 변속기 자체 결함입니다. 유성기어 캐리어가 망가져서 이러지도 저러지도 못하게 꽉 물린 경우입니다. 이럴 경우 수리를 하셔야 됩니다. 견적은 업소마다의 노하우, A/S, 수리에 관련된 부품소모 등에 따라 차이가 날수 있으며 충분히 설명을 들으시고 작업 하세요~

● 오로라

하나 오토님. 답변 감사 드립니다. 금일 입고되어 있는 정비소에서 차량 점검하고 연락 준다고 하였습니다. 하나 오토님 말씀하신대로 기어를 D 나 N 혹은 R로 변경하면 프런트 계기판에 변경은 됩니다. 기어 변경은 되지만 액셀을 밟으면 RPM은 올라가지만 기어가 물리지 않았는지 공회전만 합니다. 추후 수리 내역과 진행 상황 알려드릴게요. 정비 초보라 걱정이 많이 앞서네요. 답변 감사드립니다. ^^

● 하나오토작성자

-ㅁ-ㅠ 어이쿵.ㅠ 한동안 음주가무를 안하셔야 겠네요. ㅠㅠ

| | 등록 |

☺ 스티커　📷 사진

4. 관계지식

(1) 자동변속기 제원(NF 쏘나타 2.0 LPG)

■ 자동변속기 제원(NF 쏘나타 LPI)

항 목		F4A42	
토크 컨버터 형식		3요소 1단 2상식	
변속기 형식		전진 4단, 후진 1단	
엔진 배기량		세타 2.0	세타 2.4
변속비	1단	2.842	
	2단	1.529	
	3단	1.000	
	4단	0712	
	후진	2.430	
	최종 감속비	4.042	3.770
솔레노이드 밸브 수량		7EA(PWM : 6EA VFS : 1EA)	
구성요소		클러치 : 3EA	
		브레이크 : 2EA	
		원웨이 클러치 : 1EA	
유성기어		단순 유성기어 : 2EA(아웃풋/OD)	
변속시 유압제어		각 솔레노이드 밸브에 의한 독립제어	

(2) 자동변속기 전자제어 시스템 구성도

신경망 제어와 인공지능을 통합하여 제어하는 HIVAC 제어 시스템 적용으로 운전자의 습성과 운행 조건에 따라 최적의 변속단 제어를 실현한다. Sports Mode를 추가 다이나믹 운전이 가능하다. 각 클러치 및 브레이크 전용 솔레노이드 밸브를 설치하여 클러치대 클러치 제어 실현으로 변속 느낌 및 내구성 향상을 실현하였다. 전 번속딘에 피드백 제어 및 학습제어를 적용하여 변속 느낌 향상, 토크 컨버터의 댐퍼 클러치를 약간 슬립시켜 저연비와 정숙성 향상 실현(댐퍼 클러치 효율증대), 전자 제어 시스템은 TCM, 센서들 그리고 솔레노이드 밸브로 이루어져 있다. 변속은 모든 조건에 안정감 있는 주행이 되도록 전자적으로 제어된다. TCM은 대시보드 밑에 위치해 있다.

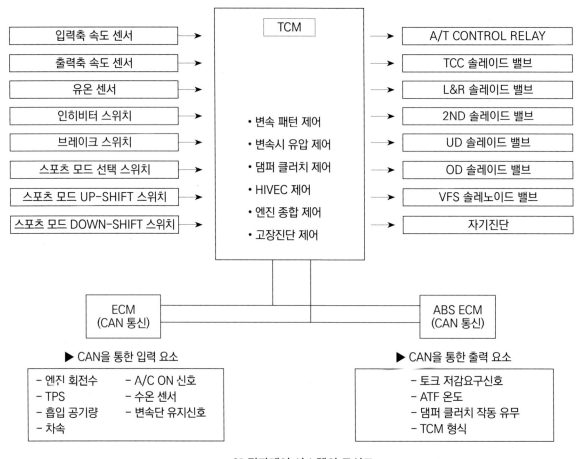

⚘ 전자제어 시스템의 구성도

(3) 구성부품 및 명칭

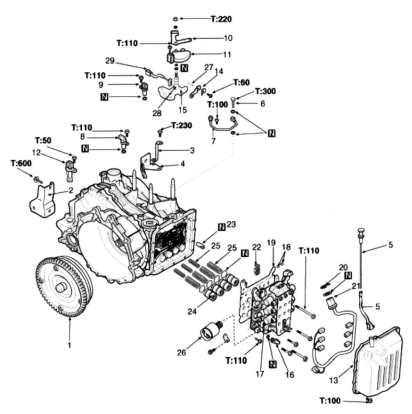

♣ 구성부품(1)

번호	부품 명칭	번호	부품 명칭
1	토크 컨버터(Torque Convertor)	16	유온 센서(Oil Temoerature Sensor)
2	롤 스톱퍼 브래킷(Roll Stoper Bracket)	17	밸브 바디(Valve Body)
3	하니스 브래킷(Harness Bravket)	18	스틸 볼(Steel Ball)
4	시프트 케이블 브래킷(Shift Cable Bracket)	19	가스켓(Gasket)
5	오일 레벨 게이지(Oil Level Gauge)	20	스냅 링(Snap Ring)
6	아이 볼트(Eye Bolt)	21	솔레노이드 밸브 하니스(Solenoid Valve Harness)
7	오일 쿨러 피드 튜브(Oil Cooler Feed Tube)	22	스트레이너(Strainer)
8	출력축 속도 센서(Out Put Shaft Speed Sensor)	23	세컨드 브레이크 리테이너 오일 실(Oil Seal)
9	입력 속도 센서(In Put Shaft Speed Sensor)	24	어큐뮬레이터 피스톤(Accumulator Piston)
10	매뉴얼 컨트롤 레버(Manual Control Level)	25	어큐뮬레이터 스프링(Accumulator Spring)
11	인히비터 스위치(Inhibiter Switch)	26	VFS 솔레노이드 밸브(VFS Solenoid Valve)
12	스피드미터 기어(Speed Meter Gear)	27	매뉴얼 컨트롤 레버 샤프트 롤러(Shaft Roller)
13	밸브 바디 커버(Valve Body Cover)	28	매뉴얼 컨트롤 레버 샤프트(Control Lever Shaft)
14	디텐트 스프링(Detent Spring)	29	파킹 롤러 로드(Parking Roller Rod)
15	매뉴얼 컨트롤 샤프트 앗세이(M/C Shaft Ass'y)		

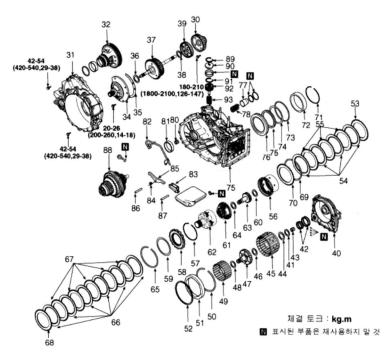

체결 토크 : **kg.m**

N 표시된 부품은 재사용하지 말 것

🔩 구성부품(2)

번호	부품 명칭	번호	부품 명칭
30	트앤스퍼 드라이브 기어 셋(Drive Gear Set)	62	아웃풋 유성 캐리어(Output Planetary Carrier)
31	컨버터 하우징(Convertor Housing)	63	언더 드라이브 선기어(Underdrive Sun Gear)
32	디퍼렌셜(Differential)	64	스러스트 베어링 No3(Thrust Bearing No3)
33	오일 필터(Oil Filter)	65	스냅 링(Snap Ring)
34	오일 펌프(Oil Pump)	66	LR 브레이크 디스크(LR Brake Disk)
35	가스켓(Gasket)	67	LR 브레이크 플레이트(LR Brake Plate)
36	스트레이너 와셔 No1(Strainer Washer)	68	프레서 플레이트(Pressure Plate)
37	언더 드라이브 클러치 및 입력축(Clutch & Input Shaft)	69	스냅 링(Snap Ring)
38	스러스트 베어링 No2(Thrust Bearing No2)	70	리액션 플레이트(Reaction Plate)
39	언더 드라이브 클러치 허브(U/D Clutch Hub)	71	스냅 링(Snap Ring)
40	리어 커버(Rear Cover)	72	인너 레이스(Inner Race)
41	스러스트 레이스 No8(Thrust Bearing No8)	73	웨이브 스프링(Wave Spring)
42	실 링(Sealing)	74	스프링 리테이너(Spring Retainer)
43	입력축 리어 베어링(Input Shaft Rear Bearing)	75	리턴 스프링(Return Spring)
44	스러스트 베어링 No7(Thrust Bearing No7)	76	LR 브레이크 피스톤(LR Brake Piston)
45	리버스 및 오버 드라이브 클러치(L&O Drive Clutch)	77	어큐뮬레이터 피스톤(Accumulator Piston)
46	스러스트 베어링 No6(Thrust Bearing No6)	78	스프링(Spring)
47	오버 드라이브 클러치 허브(Over Drive Clutch Hub)	79	트랜스 액슬 케이스(Transaxle Case)
48	스리스트 베어링 No5(Thrust Bearing No5)	80	니이들 베어링(Needle Bearing)
49	유성 캐리어 리버스 선기어(Revers Sun Gear)	81	아웃터 레이스(Out Race)
50	스냅 링(Snap Ring)	82	파이프(Pipe)
51	세컨드 브레이크 피스톤(Second Brake Piston)	83	파킹 롤러 서포트(Parking Roller Support)
52	리턴 스프링(Spring)	84	홀 스프링(Hole Spring)
53	프레서 플레이트(Pressure Plate)	85	파킹 볼 스프링(Parking Ball Spring)
54	세컨드 브레이크 디스크(Second Brake Disk)	86	파킹 볼 샤프트(Parking Ball Shaft)
55	세컨드 브레이크 플레이트(Second Brake Plate)	87	파킹 롤러 서포트 샤프트(Roller Support Shaft))
56	로우-리버스 애늘러스 기어(Low-Revers Annulus)	88	다이렉트 유성 캐리어(Direct Planetary Carrier)
57	스냅 링(Snap Ring)	89	스냅 링(Snap Ring)
58	원 웨이 클러치 1(One Way Clutch 1)	90	리덕션 브레이크 밴드(Reduction Brake Band)
59	스톱퍼 플레이트(Stoper Plate)	91	스냅 링(Snap Ring)
60	스러스트 베어링 No4(Thrust Bearing No4)	92	리덕션 브레이크 피스톤(Reduction Brake Piston)
61	오버 드라이브 유성 캐리어(Over Drive… Carrier)	93	리덕션 브레이크 스프링(Reduction Brake Spring)

(4) 입력센서 및 액추에이터의 종류와 기능

항 목	F4A42
입력축 속도 센서	입력축 회전수(TURBIN RPM)을 UD 리테이너 부에서 검출
출력축 속도 센서	출력축 회전수(T/F DIRVE GEAR RPM)를 T/F 드라이브 기어부에서 검출
크랭크각 센서	엔진 회전수를 크랭크 샤프트 부에서 검출(ECM→TCM 통신)
TPS (가솔린만)	패달 밟은량을 포테이션미터로 검출(ECM→TCM 통신)
APS (디젤만)	패달 밟은량을 포테이션미터로 검출(ECM→TCM 통신)
유온 센서	ATF의 온도를 서미스터로 검출
인히비터스위치	선택 레버의 위치를 접점식 스위치로 검출
브레이크 SWITCH	브레이크의 작동을 브레이크 페달부의 접점식 스위치로 검출
차속 센서 차량	주행속도를 스피드미터 기어부에서 검출
AIR/CON 부하 스위치	AIR/CON COMPRESSER의 작동을 오일 프레셔 S/W로 검출(ECM→TCM)
스포츠 모드 선택스위치	스포츠 모드의 선택을 선택 레버부의 접점식 S/W로 검출
스포츠 모드 UP SHIFT 스위치	스포츠 모드에서의 UP SHIFT 요구를 선택레버 접점식 스위치로 검출
스포츠 모드 DOWN SHIFT 스위치	스포츠 모드에서의 DOWN SHIFT 요구를 선택레버의 접점식 스위치로 검출
A/T 제어 릴레이	솔레노이드 밸브로의 전원 공급
TCC 솔레노이드 밸브	토크 컨버터 제어를 위한 댐퍼 클러치 제어 밸브로의 유압을 조압
LR(DIR) 솔레노이드 밸브	변속제어를 위한 압력제어 밸브로의 유압을 조합
2ND 솔레노이드 밸브	변속제어를 위한 압력제어 밸브로의 유압을 조합
UD 솔레노이드 밸브	변속제어를 위한 압력제어 밸브로의 유압을 조합
OD솔레노이드 밸브	변속제어를 위한 압력제어 밸브로의 유압을 조합
VFS 솔레노이드 밸브	변속제어를 위한 압력제어 밸브로의 유압을 최적화
클러스터	현재의 변속단(D-RANGE/SPORTS MODE)을 계기판 램프의 점등으로 표시
토크 저감요구 신호	토크 저감요구를 ECM에 신호 송신(ECM→TCM)
ABS ECM	TCM와의 통신으로 제어상 필요한 정보를 접수
ECM	TCM와의 통신으로 제어상 필요한 정보를 접수

(5) 기계시스템의 작동 요소와 기능

1) 작동 요소와 기능

작동요소	기호	기능
언더 드라이브 클러치	UD	입력축과 언더 드라이브 선기어 연결
리버스 클러치	REV	입력축과 리버스 선기어 연결
오버 드라이브 클러치	OD	입력축과 오버 드라이브 연결
로&리버스 클러치	LR	로 &리버스 애뉼러스 기어와 오버 드라이브 캐리어 고정
세컨드 브레이크	2ND	리버스 선기어 고정
원웨이 클러치	OWC	로 &리버스 애뉼러스 기어 반시계 회전방향 규제

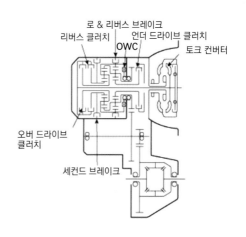

2) 실렉터 레버 위치별 작동 요소

작동요소		UO 클러치	OD 클러치	2ND 브레이크	LR	REV	OWC
P		-	-	-	○	-	-
R		-	-	-	○	○	-
N		-	-	-	○	-	-
D	1	○	-	-	○	-	○
	2	○	-	○	-	-	-
	3	○	○	-	-	-	-
	4	-	○	○	-	-	-

(6) 파킹 매카니즘

파킹 포지션으로 매뉴얼 컨트롤 레버가 움직일 때, 파킹 롤러 로드의 움직임에 따라 파킹롤러 서포트가 움직이며, 이로 인해 파킹 스프래그는 위로 올라간다. 이와 같은 매카니즘으로 인해 파킹 스프래그는 트랜스퍼 드리븐기어(파킹 기어)와 맞물리게 되며, 이로 인해 출력축은 고정 된다. 작동시 필요로 하는 힘을 최소화하기 위해, 롤러는 로드의 끝에 고정시켜야 한다.

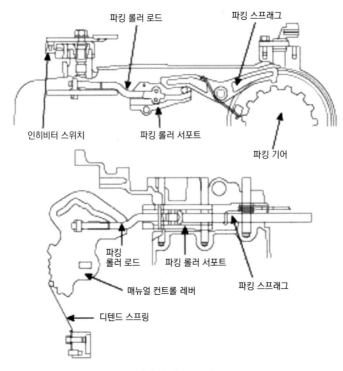

🍀 **파킹장치의 구성부품**

(7) 고장진단

1) 고장진단 순서

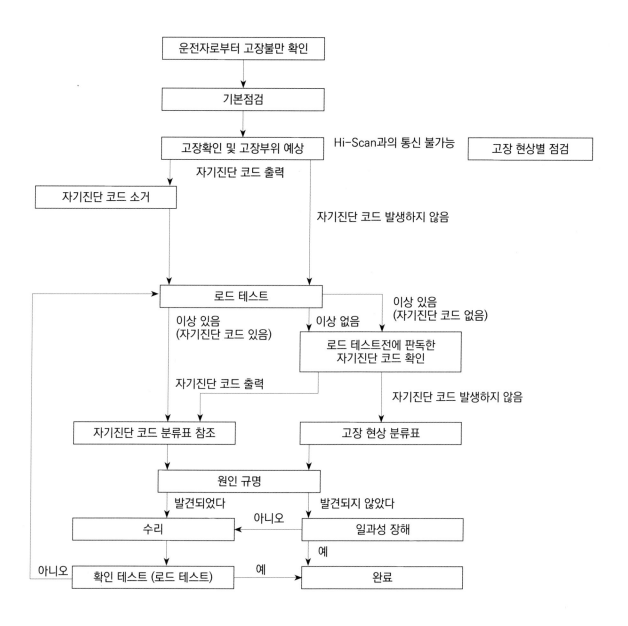

2) 고장 현상별 점검표

현 상	가능한 원인
브레이크 페달을 밟은 상태에서 시프트레버가 'P'에서 움직이지 않는다	• 시프트 록 시스템 안에서의 고장
하이스캔과의 데이터 교환이 안 된다. 하이스캔과의 데이터 교환이 되지 않으면 그 원인은 라인이 잘못되었거나, TCM이 고장 난 것이다.	• 진단 라인의 고장 • 커넥터의 고장 • TCM의 고장
시동 불능. 레버가 P 혹은 N위치에 있는데 시동이 안 된다. 이러한 경우 그 원인은 엔진 시스템, 토크 컨버터 혹은 오일 펌프의 결함이다.	• 엔진 계통의 고장 • 커넥터의 고장 • TCM의 고장
전진 불능. 엔진이 공회전시 레버를 N에서 D로 바꾸어도 차량이 움직이지 않으면 그 원인은 비정상적인 라인의 압력, 언더 드라이브 클러치 혹은 밸브 보디의 고장이다.	• 비정상적인 라인 압력 • UD 솔레노이드 밸브의 고장 • UD 클러치 고장 • 밸브 보디의 고장
후진 불능. 엔진이 공회전시 레버를 N에서 R로 바꾸어도 차량이 뒤로 움직이지 않으면 그 원인은 리버스 클러치 혹은 LR 브레이크 내의 비정상적인 압력 또는 리버스 클러치, LR 브레이크 혹은 밸브 보디의 고장이다.	• 비정상적인 리버스 클러치 압력 • 비정상적인 LR 브레이크 압력 • LR 브레이크 솔레노이드 밸브의 고장 • 리버스 클러치 고장 • LR 브레이크 고장 • 밸브 보디의 고장
전 후진 불능. 엔진이 공회전시 레버를 어느 위치에 선택해도 앞으로든 뒤로든 전혀 움직이지 않으면 그 원인은 비정상적인 라인 압력 혹은 파워 트레인, 오일 펌프 혹은 밸브 보디의 고장이다.	• 비정상적인 라인 압력 • 파워 트레인의 고장 • 오일 펌프의 고장 • 밸브 보디의 고장
레버 전환 시 엔진 꺼짐. 엔진이 공회전시 레버를 N→D, N→R로 바꾸었을 때 엔진이 꺼지면 그 원인은 엔진 계통 댐퍼 클러치 솔레노이드 밸브, 밸브 보디 혹은 토크 컨버터(댐퍼 클러치)의 고장이다.	• 엔진 시스템의 고장 • 댐퍼 클러치 컨트롤 솔레노이드 밸브 고장 • 밸브 보디의 고장 • 토크 컨버터의 고장 (댐퍼 클러치의 고장)
N→D로 변환시 충격이 있고, 시간이 걸린다. 엔진이 공회전시 레버를 N→D로 바꾸었을 때 비정상적인 충격이 있거나 2초 이상 시간이 소요되는 경우 그 원인은 비정상적인 언더 드라이브 클러치 압력 혹은 언더 드라이브 클러치, 밸브 보디 혹은 스로틀 포지션 센서 고장이다.	• 비정상적인 UD 클러치 압력 • 비정상적인 LR 브레이크 압력 • UD 솔레노이드 밸브의 고장 • 클러치 및 브레이크의 고장
N→R 변환 시 충격이 있고 변환에 시간이 걸린다. 엔진이 공회전시에 레버를 N에서 R로 바꾸었을 때 비정상적인 충격이 있거나 2초 이상 시간이 소요되는 경우 그 원인은 비정상적인 리버스 클러치 압력 혹은 비정상적인 LR 브레이크 압력, 또는 리버스 클러치, LR 브레이크, 밸브 보디, 스로틀 포지션 센서 고장이다.	• 비정상적인 리버스 클러치 압력 • 비정상적인 저압 및 리버스 브레이크 압력 • 저압 및 리버스 솔레노이드 밸브의 고장 • 리버스 클러치의 고장 • 저압 및 리버스 브레이크 고장 • 밸브 보디의 고장 • 스로틀 포지션 스위치의 고장
N→D, N→R 변환 시 충격과 시간 지연. 엔진이 공회전시에 레버를 N→D로, N→R로 바꾸었을 때 비정상적인 충격이 있거나 2초 이상 시간이 소요되는 경우 그 원인은 비정상적인 라인 압력 혹은 오일 펌프나 밸브 보디의 고장이다.	• 비정상적인 라인 압력 • 오일 펌프의 고장 • 밸브 보디의 고장

현 상	가능한 원인
쇼크, 터빈 RPM 상승. 주행 중 업 시프팅 혹은 다운 시프팅으로 인한 충격이 발생하고 트랜스 액슬의 속도가 엔진 속도보다 빨라지면, 그 원인은 비정상적인 라인 압력 혹은 솔레노이드 밸브, 오일 펌프, 밸브 보디 혹은 클러치 브레이크의 고장이다.	• 비정상적인 라인 압력 • 각 솔레노이드 밸브의 고장 • 오일 펌프의 고장 • 밸브 보디의 고장 • 각 클러치 브레이크의 고장
전 포인트(변속 시점의 오차). 주행 시에 모든 시프트 포인트에서 오차가 발생될 경우는 속도 센서, TPS 혹은 솔레노이드 밸브의 고장이다.	• 출력축 속도 센서의 고장 • 스로틀 포지션 센서의 고장 • 각 솔레노이드 밸브의 고장 •비정상적인 라인 압력 • 밸브 보디의 고장 • TCM의 고장
일부 포인트(변속 시점의 오차). 주행 시에 일부의 시프트 포인트에서 오차가 발생할 경우는 밸브 보디 불량 또는 제어 관계상 발생하는 현상으로 이상은 아니다.	• 밸브 보디의 고장
고장 코드가 출력되지 않음. 주행 중 시프팅이 되지 않고 고장 코드가 출력되지 않으면 그 원인은 인히비터 스위치 혹은 TCM의 고장이다.	• 인히비터 스위치 고장 • TCM의 고장
가속 불량.주행 중 다운 시프팅이 되는데도 가속이 되지 않으면 그 원인은 엔진 시스템 혹은 클러치, 브레이크의 고장이다.	• 엔진 시스템의 고장 • 클러치 및 브레이크의 고장
진동. 정속 주행 시 혹은 최고 단계에서 가감속시 진동이 발생하면 그 원인은 비정상적인 댐퍼 클러치 압력, 혹은 엔진 시스템, 댐퍼 클러치 컨트롤 솔레노이드 밸브, 토크 컨버터 또는 밸브 보디의 고장이다.	• 비정상적인 댐퍼 클러치 압력 • 엔진 시스템의 고장 • 댐퍼 클러치 컨트롤 솔레노이드 밸브의 고장 • 토크 컨버터의 고장 • 밸브 보디의 고장
트랜스액슬 인히비터 스위치 계통. 원인은 인히비터 스위치 회로, 시동 스위치 회로의 고장이나 TCM의 고장이다.	• 인히비터 스위치의 고장 • 시동 스위치의 고장 • 커넥터의 고장 • TCM의 고장
스로틀 포지션 센서 계통. 원인은 스로틀 포지션 센서 회로의 결함이나 TCM의 고장이다. • 스로틀 포지션 센서 고장	• 커넥터의 고장 • TCM의 고장
트리플 스위치 계통. 원인은 트리플 스위치 회로의 결함이나 TCM의 고장이다. • 트리플 스위치의 고장	• 커넥터의 고장 • A/C 시스템의 고장 • TCM의 고장
차속 센서 계통. 원인은 차속 센서 회로의 결함이나 TCM의 고장이다. • 차속 센서의 고장	• 커넥터의 고장 • TCM의 고장

3) 일반적인 자동변속기 수리

자동변속기는 고장진단에서부터 수리하기까지 매우 어려운 작업이다. 그래서 이 분야만큼은 전문 업체가 있어서 그곳에서 수리한 제품을 고장난 자동변속기(대품)를 주고 고쳐 놓은 변속기를 가지고 와서 장착하는 방법으로 분업화 되어있다. 고객들도 이점을 이해하고 있음은 우리도 잘 알고 있는 사실이다.

4) 인히비터 스위치 및 컨트롤 케이블과 슬리브 조정 방법

① 변속 레버를 N레인지로 선정한다.
② 트랜스 액슬 컨트롤 케이블과 매뉴얼 컨트롤 레버 결합 부위의 너트를 풀고 케이블과 레버를 분리한다.

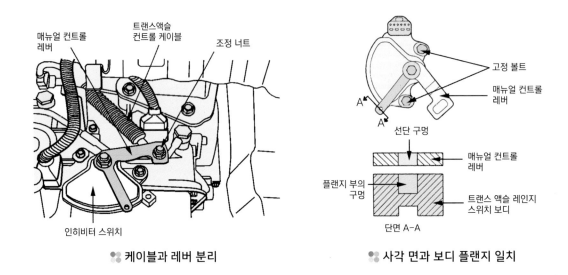

| 케이블과 레버 분리 | 사각 면과 보디 플랜지 일치 |

③ 매뉴얼 컨트롤 레버를 N레인지로 선정한다.
④ 매뉴얼 제어 레버의 사각면과 인히비터 스위치 보디 플랜지가 일치할 때까지 인히비터 스위치 보디를 돌린다. 스위치 보디를 조정할 때 스위치 보디에서 O-링이 떨어지지 않도록 주의한다.
⑤ 설치 볼트를 1.0~2.0kgf·m의 토크로 조인다. 이때 설치 볼트는 스위치 보디가 제 위치에서 이탈하지 않도록 조심해서 조인다.
⑥ 변속 레버가 N레인지에 있는가 점검한다.
⑦ 조정 너트를 조정하여 컨트롤 케이블이 끌리지 않도록 하고 변속 레버가 부드럽게 작동하는가를 점검한다.
⑧ 변속 레버를 작동시킬 때 변속 레버의 각 레인지와 상응하는 레인지로 매뉴얼 컨트롤 레버가 움직이는가를 점검한다.

5) 인히비터 스위치 조정 방법

① 변속 레버를 N레인지로 선정한다.

② 매뉴얼 컨트롤 레버를 중립 위치로 한다.

③ 매뉴얼 컨트롤 레버의 선단(그림에서 단면 A - A)과 인히비터 스위치 보디 플랜지부의 구멍이 일치하도록 인히비터 스위치 보디를 회전시켜 조정한다.

④ 인히비터 스위치 보디의 체결 볼트를 규정 토크(1.0~1.2kgf·m)로 조인다. 이때 스위치 보디가 비뚤어지지 않도록 주의한다.

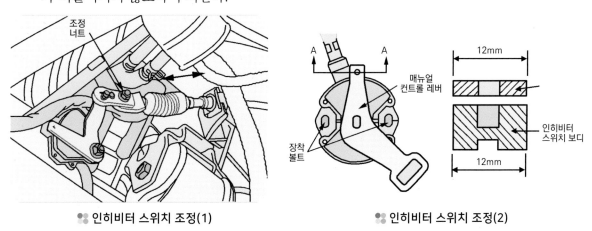

　　　　　● 인히비터 스위치 조정(1)　　　　　　　　　● 인히비터 스위치 조정(2)

⑤ 그림〈인히비터 스위치 조정(1)〉과 같이 너트를 풀고 트랜스 액슬 컨트롤 케이블의 선단을 화살표 방향으로 가볍게 당긴다.

⑥ 너트를 규정 토크(1.2kgf·m)로 조인다.

⑦ 변속 레버가 N레인지로 되어 있는가를 확인한다.

⑧ 변속 레버의 각 레인지에 상응하며 트랜스 액슬측의 각 레인지가 확실히 작동하는가를 확인한다.

■ NF 소나타

차종 \ 년도	04	05	06	07	08	09	10	11	12	13	14	15	16	17	18	19
G 2.0 DOHC	■	■	■	■												
G 2.4 DOHC	■	■	■													
L 2.0 DOHC		■	■	■	■	■	■	■	■	■	■					
G 3.3 DOHC		■	■	■	■											
D 2.5 TCI-D				■	■											
G 2.0 DOHC(세타1)					■											
G 2.0 DOHC(세타2)					■											
G 2.4 DOHC(세타1)					■											
G 2.4 DOHC(세타2)					■											

4. 구동축 및 추진축
Drive Shaft & Propeller Shaft

01. 출발과 저속 & 제동시 떨림

02. 전·후진 & 좌·우 회전시 부서지는 소음으로 입고

03. 40km 이상 주행중 가속시 우웅 & 크르르 소리가 남

01 출발과 저속 & 제동시 떨림

차 종	엔터프라이즈	연 식	-
주행거리	-	탑재일	2010.09.19
글쓴이	향유고래(topg****)	매 장	
관련사이트	네이버 자동차 정비 공유 카페 : https://cafe.naver.com/autowave21/148001		

1. 고장내용

  엔터프라이즈 차량이 들어옵니다. 출발 할 때와 저속일 때 그리고 브레이크를 밟을 때 차체가 떨린답니다. 차주분과 동승하여 시운전을 합니다. 후륜 구동 차량이기에 드라이브 라인 쪽에 문제가 있는 것으로 진단합니다.

시운전

2. 점검방법 및 조치 사항

  리프트를 들어 올리고 추진축을 흔들어 보니 덜렁덜렁 합니다. 센터 베어링과 십자축 조인트가 망가졌습니다. 십자축에는 그리스 주기적 주입이 안된듯 니들 롤러 베어링이 녹슬어 있습니다. 센터 베어링과 십자 축 조인트 교환하여 출고 합니다.

탈거한 추진축과 센터 베어링

베어링 불량으로 처진 모습

신품과 고장부품의 비교

십자 축 조인트의 교환

회원님들의 댓글 | 등록순 ▼ | 조회수 | 좋아요 ▼

● 보통남자, 초보 정비사

좋은 정보 잘 보고 갑니다.

● 모기, 지우니아빠, 김가이버, 카이노스 , thdnjstjq7

수고하셨습니다. 잘 보고 갑니다.

등록

스티커 사진

3. 관계지식

(1) 드라이브 라인의 구성요소(G 2.5D, G 3.0D, 3.6D공통)

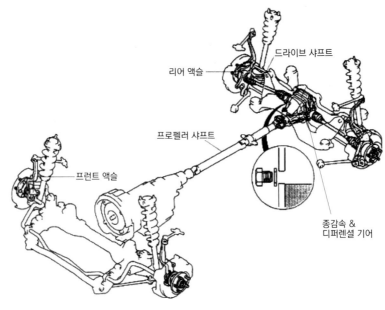

리어 액슬

드라이브 샤프트

프로펠러 샤프트

프런트 액슬

종감속 &
디퍼렌셜 기어

✦ 드라이브 라인의 구성요소

(2) 드라이브 라인의 고장진단

1) 추진축의 고장진단

고장 현상	가능한 원인	조치 사항
진동	추진축의 휨	교환
	부적절하게 설치된 조인트 스냅 링	수리
	센터 베어링의 마모 또는 손상	교환
	센터 베어링의 고정 볼트 이완	조정
	요크 체결 볼트의 이완	조정
	요크 스플라인의 마모 또는 손상	교환
	부적절하게 조립된 센터 베어링 요크	수리
이음	베어링 캡의 마모 또는 손상	교환
	부적절하게 설치된 조인트 스냅 링	수리
	센터 베어링의 마모 또는 손상	교환
	요크 체결 볼트의 이완	조정
	부정확한 구동축의 각도	조정
	슬라이딩 요크 스플라인의 마모 또는 손상	교환

(3) 추진축의 구조

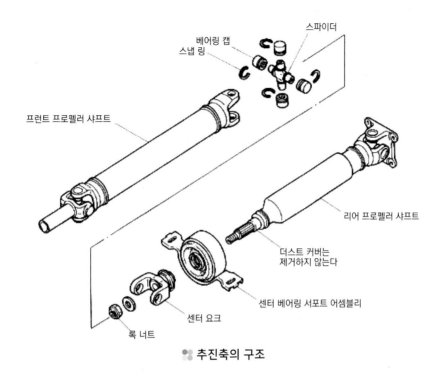

베어링 캡
스냅 링
스파이더
프런트 프로펠러 샤프트
리어 프로펠러 샤프트
더스트 커버는
제거하지 않는다
센터 베어링 서포트 어셈블리
센터 요크
록 너트

❧ 추진축의 구조

(4) 추진축의 탈거 순서

① 추진축을 분해하기 전에 올바른 재조립을 위하여 종감속기어 구동 피니언 플랜지와 요크 사이에 일치 마크를 표시한다.

② 설치 볼트를 분리하고 추진축 아래로 당겨서 분리한다. (이때 잘 떨어지지 않을 때는 플라이바나 대 드라이버를 지렛대로 이용하여 분리한다)

③ 센터 베어링 서포트 어셈블리 설치 볼트를 분리한다.

④ 추진축을 아래로 기울이면서 뒤쪽으로 당겨 탈거한다.

※ 주의사항

① 차량의 뒤쪽을 지나치게 낮추면 변속기 오일이 누출되므로 주의한다.

② 변속기 슬립이음이 연결되는 실 립 부분이 손상되지 않도록 주의한다.

③ 변속기 내에 이물질이 들어가지 않도록 슬립부분을 걸레, 버리는 장갑 등으로 막는다.

⑤ 올바른 재조립을 위하여 뒷 추진축과 센터 요크에 결합 표시를 한다.

⑥ 조립은 분해의 역순이다.

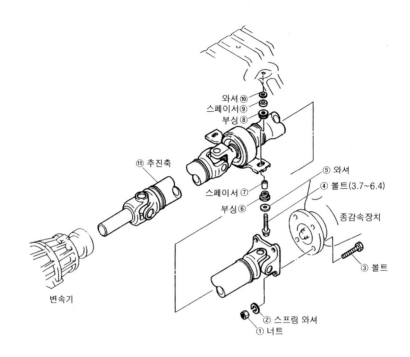

와셔 ⑩
스페이서 ⑨
부싱 ⑧

⑪ 추진축

스페이서 ⑦

부싱 ⑥

⑤ 와셔
④ 볼트(3.7~6.4)

종감속장치

③ 볼트

② 스프링 와셔
① 너트

변속기

❖ 추진축 탈거 순서

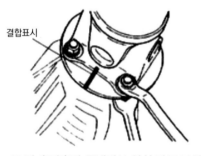

결합표시

❖ 뒤 추진축과 플랜지부 일치 마크 표시

결합표시

❖ 뒤 추진축과 센터요크 일치 마크 표시

(5) 추진축과 십자축의 분해

① 십자축에 스냅 링을 모두 탈거한다.

② 추진축을 한손으로 들어올려 놓고 요크부분을 볼핀 해머로 치면 베어링 캡이 올라오면서 분리된다.

③ 앞 추진축과 뒷 추진축을 분리하고 뒷 추진축에서 요크 설치 너트를 분리하고 센터 베어링을 탈거한다.

④ 조립은 분해의 역순이다.

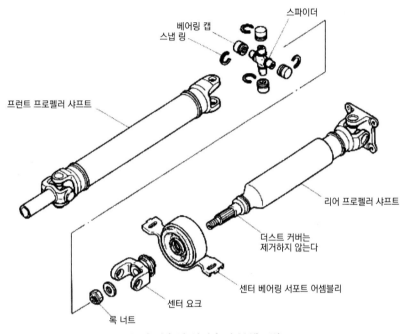

베어링 캡
스냅 링
스파이더
프런트 프로펠러 샤프트
리어 프로펠러 샤프트
더스트 커버는 제거하지 않는다
센터 베어링 서포트 어셈블리
센터 요크
록 너트

❈ 추진축의 십자축의 분해조립

(6) 추진축의 점검

① 프런트 추진축과 리어 추진축의 휨을 점검한다.

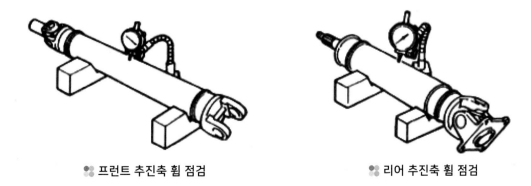

❈ 프런트 추진축 휨 점검　　　　**❈ 리어 추진축 휨 점검**

차 종	카렌스 LPG 1.8 A/T	연 식	-
주행거리	-	탑재일	2011.07.29
글쓴이	랭글러스나이퍼(bsc9****)	매 장	-
관련사이트	네이버 자동차 정비 공유 카페 : https://cafe.naver.com/autowave21/186073		

1. 고장내용

전진과 후진시, 좌·우 회전할 때 차량 아래 부분에서 부서지는 소리로 입고됩니다. 카렌스 LPG 1.8 A/T 차량입니다.

2. 점검방법 및 조치 사항

시운전 점검종료 공지 승낙 후 시운전 리프트 업 등속 점검 완료 합니다. 등속 조인트 고장입니다. 아작 나는 상황임에도 휴가지로 출발 한다하십니다. 차고치고 가시거나, 놓고 다른 차 이용을 권장 합니다. 점검료 지불하시며 휴가지로 가신답니다. 1차 입고 점검 후 출고 한참 있다가 다시 2차로 입고하시어 고쳐 달라십니다. 양쪽 드라이브 샤프트 교환 후 시운전 하고 점검료 환불 계산하고 출고합니다.

❁ 등속 조인트 고장 모습

❁ 카포스 드라이브 축

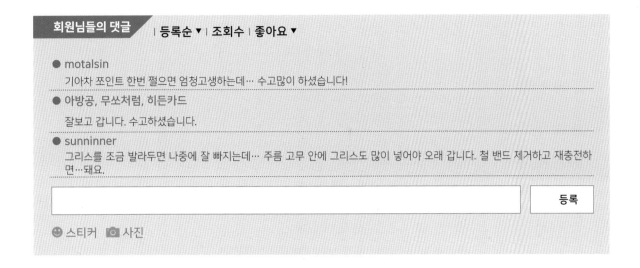

3. 관계지식

(1) 드라이브 샤프트의 구성요소(L 1.8D, L 2.0D, G1.8D 공통)

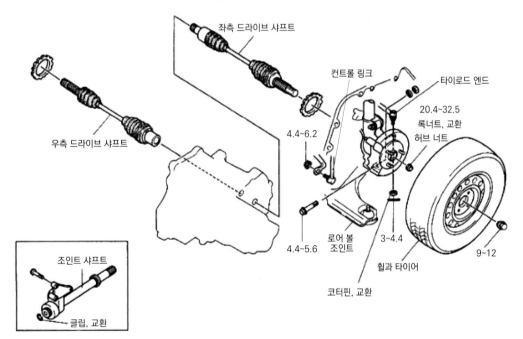

좌측 드라이브 샤프트

컨트롤 링크

타이로드 엔드

20.4~32.5
록너트, 교환
허브 너트

우측 드라이브 샤프트

4.4~6.2

4.4~5.6

로어 볼
조인트

3~4.4

9~12

휠과 타이어

코터핀, 교환

조인트 샤프트

클립, 교환

✺ 드라이브 샤프트의 구성요소

(2) 드라이브 샤프트의 고장진단

고장 현상	가능한 원인	조치 사항
핸들의 진동	휠 베어링의 마모 또는 손상	교환
	과도한 휠 베어링 유격	체결 & 교환
핸들이 치우친다	휠 베어링의 마모 또는 손상	교환
	과도한 휠 베어링 유격	체결 & 교환
과도한 핸들 유격	과도한 휠 베어링 유격	체결 & 교환
이음	드라이브 샤프트 & 조인트 샤프트의 휨	교환
	휠 베어링 마모 또는 손상	교환
	드라이브 샤프트 & 조인트 샤프트의 마모	교환
	조인트나 드라이브 샤프트의 스플라인에 그리스 불 충분	보충, 교환
	드라이브 샤프트나 트리포드 조인트 마모	교환
부트에서 그리스 누유	손상, 찢겨진 부트	교환
	부트 밴드 오조립	교환
	과도한 그리스	수리

(3) 드라이브 샤프트의 제원

항 목			형 식	
			MT	AT
드라이브 샤프트	조인트 형식	안쪽	트리포드 조인트	
		바깥쪽	볼 조인트	
	조인트 길이	좌측	630	638
		우측	635.7	635.7
	샤프트 경	좌측	24	
		우측	24	
	잇수	좌측 좌측 BJ 측	28	28
		TJ 측	28	24
		우측 BJ 측	28	28
		TJ 측	28	28
프런트 액슬	축방향 베어링 유격		0.06~0.08	
리어 액슬	축방향 유격	드럼 브레이크 형식	0.01~0.03	
		디스크 브레이크 형식	0.01~0.03	

(4) 드라이브 샤프트의 구조

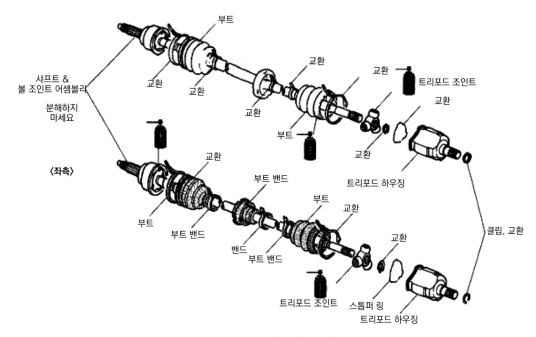

부트

교환

교환

교환

교환

교환

트리포드 조인트

교환

트리포드 하우징

샤프트 &
볼 조인트 어셈블리

분해하지
마세요

〈좌측〉

부트

교환

부트 밴드

부트 밴드

밴드

부트 밴드

부트

교환

교환

클립, 교환

트리포드 조인트

스톱퍼 링

트리포드 하우징

❀ 드라이브 샤프트의 구조

(5) 추진축의 탈거 순서

① 프런트 휠 및 타이어를 탈거한다.

② 트랜스 액슬 하단부의 드레인 플러그와 와셔를 분리하여 오일을 배출시킨다.

③ 브레이크를 작동시킨 상태에서 프런트 허브의 분할 핀을 탈거한 후 허브 너트를 탈거한다.

④ 타이로드 엔드(볼 조인트) 풀러를 사용하여 조향 너클에서 타이로드 엔드를 탈거한다.

⑤ 조향 너클에서 휠 스피드 센서를 탈거한다.

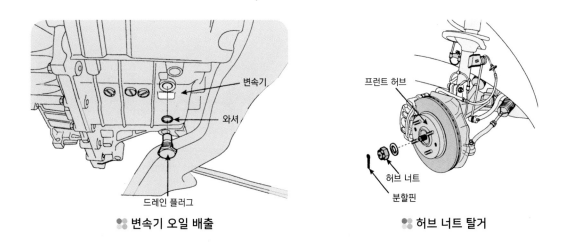

변속기

와셔

드레인 플러그

❀ 변속기 오일 배출

프런트 허브

허브 너트

분할핀

❀ 허브 너트 탈거

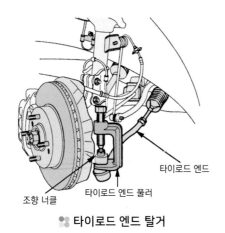

타이로드 엔드 탈거

타이로드 엔드
타이로드 엔드 풀러
조향 너클

휠 스피드 센서 탈거

휠 스피드 센서
조향
너클

⑥ 조향 너클에서 로어 암 고정 볼트를 탈거한다.

⑦ 플라스틱 해머를 이용하여 디스크 허브에서 드라이브 샤프트를 탈거한다. 이 때 디스크 허브를 차량의 바깥쪽으로 밀어서 드라이브 샤프트를 탈거한다.

⑧ 변속기 케이스와 조인트 케이스 사이에 드라이버를 끼워서 드라이브 샤프트를 탈거한다.

⑨ 반대편의 변속기 케이스와 조인트 케이스 사이에도 드라이버를 끼워서 드라이브 샤프트를 탈거한다.

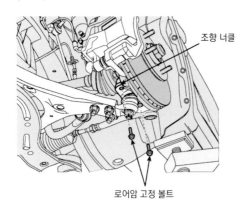

조향 너클
로어암 고정 볼트

로어 암 고정 볼트 탈거

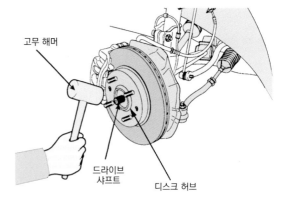

고무 해머
드라이브
샤프트
디스크 허브

디스크 허브 탈거

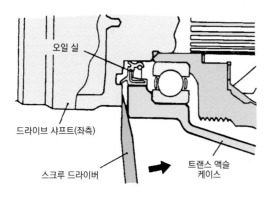

오일 실
드라이브 샤프트(좌측)
스크루 드라이버
트랜스 액슬
케이스

드라이브 샤프트 탈거 단면도

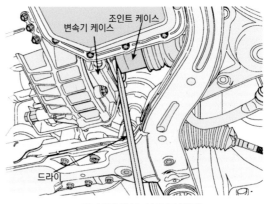

조인트 케이스
변속기 케이스
드라이

드라이브 샤프트 탈거

(6) 드라이브 샤프트의 점검 방법

① 버필드 조인트(B.J) 부분에 심한 유격이 있는지 점검한다.

② 벤딕스 와이스 유니버설 조인트(T.J) 부분이 축방향으로 부드럽게 움직이는지 점검한다.

③ 벤딕스 와이스 유니버설 조인트(T.J) 부분이 반경 방향으로 돌아가는지 점검한다. 느껴질 정도의 유격이 있으면 안된다.

④ 다이내믹 댐퍼의 균열 및 마모를 점검한다.

⑤ 드라이브 샤프트 부트의 균열 및 마모를 점검한다.

❖ 벤딕스 와이스 유니버설 조인트(T.J) 점검

(7) 드라이브 샤프트의 조립 방법

① 드라이브 샤프트 스플라인부와 트랜스 액슬(변속기) 접촉면에 기어오일을 바른다.

② 드라이브 샤프트를 조립한 후 손으로 잡아당겨 빠지지 않는지 점검한다.

③ 조향 너클에 드라이브 샤프트를 조립한다.

④ 조향 너클과 로어암 어셈블리 고정 볼트를 체결한다.

⑤ 조향 너클에 타이로드 엔드를 조립한다.

⑥ 조향 너클에 휠 스피드 센서를 조립한다.

⑦ 와셔의 볼록면이 바깥쪽을 향하도록 하고 허브 너트와 분할 핀을 조립한다.

⑧ 프런트 휠 및 타이어를 장착한다.

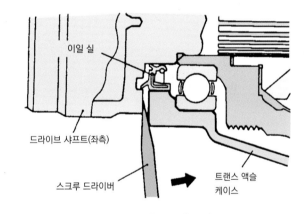

❖ 드라이브 샤프트의 구성부품

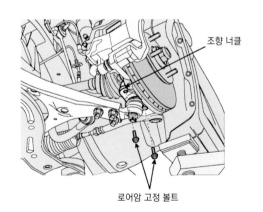

❖ 로어 암 고정 볼트 탈거

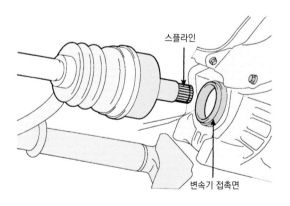

❖ 기어 오일 바르는 위치

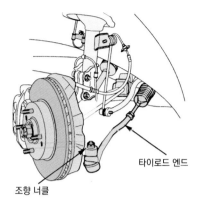

타이로드 엔드

조향 너클

❖ 타이로드 엔드 조립

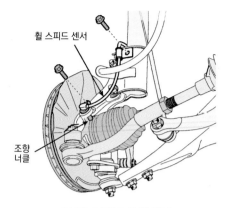

휠 스피드 센서

조향 너클

❖ 휠 스피드 센서 탈거

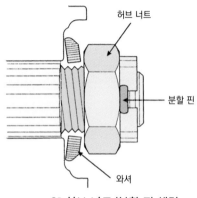

허브 너트

분할 핀

와셔

❖ 허브 너트/분할 핀 체결

(8) 드라이브 샤프트 부트의 교환 방법

1) 분해

① 더블 오프셋 조인트(D.O.J) 부트 밴드를 탈거하고 더블 오프셋 조인트 아웃 레이스에서 부트를 당겨 분리한다.

② ⊖ 드라이버를 이용하여 서클립을 탈거한다.

③ 더블 오프셋 조인트 아웃 레이스에서 드라이브 샤프트를 빼낸다.

❖ 부트 밴드 탈거

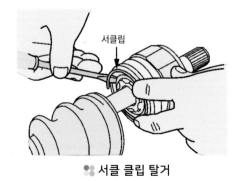

서클립

❖ 서클 클립 탈거

④ 스냅 링을 탈거하고 이너 레이스, 케이지, 볼 어셈블리를 빼낸다.

⑤ 분해하지 않고 이너 레이스, 케이지, 볼을 청소한다.

⑥ 트리포드 조인트 부트를 빼낸다. 이때 부트를 재사용하는 경우 테이프를 드라이브 샤프트의 스플라인부에 감아 부트를 보호한다

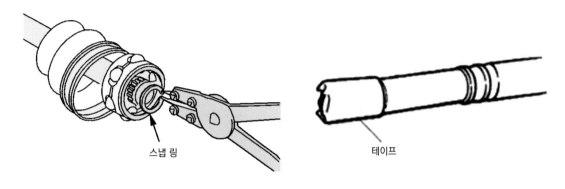

스냅 링

테이프

●● 이너 레이스 어셈블리 탈거   ●● 스플라인부의 테이프 감기

2) 점검

① 휠측과 디퍼렌셜 측의 부트를 구별한다.

구분	MT	AT	
휠측	85.5mm	95.5mm	디프런셜 측 휠측
디퍼렌셜 측	82.8mm	89mm	

② 드라이브 샤프트의 길이를 측정한다.

구분	우	좌	표준길이
MT	636.7mm	630mm	
AT	636.7mm	638mm	

③ 조인트의 아웃 레이스, 이너 레이스, 케이지, 볼, 트리포드 조인트의 녹 발생 및 손상을 점검한다.

④ 스플라인의 마모를 점검한다.

3) 조립

① 트리포드 조인트, 트리포드 하우징, 부트에 그리스를 도포하고 트리포드 하우징을 장착한다.

② 만일 휠측의 부트가 분리 되었다면 그리스를 채워 넣는다.

구분	충전량	TB DOHC
디퍼렌셜 측	140g	140g
휠 측	100g	130g

③ 부트를 장착한다. 밴드는 반드시 새로운 것으로 교환한다.

④ 밴드는 드라이브 샤프트 회전방향의 반대방향으로 조립되어야 한다.

■ 카렌스

차종＼년도	00	01	02	03	04	05	10	11	12	13	14	15	16	17	18	19
G 1.8 DOHC																
L 1.8 DOHC																
L 2.0 DOHC																

03 40km 이상 주행중 가속시 우웅 & 크르르 소리가 남

차 종	카니발 II	연 식	-
주행거리	150,000km	탑재일	2009.03.28
글쓴이	kyw3967(kyw3****)	매 장	
관련사이트	네이버 자동차 정비 공유 카페 : https://cafe.naver.com/autowave21/97929		

1. 고장내용

카니발 II 차량입니다. 40km 이상 주행 중 가속시 크르르 소리가 나며, 우웅 소리가 남. 가속 후 액셀 페달 놓으면 진동 및 크르르 소리 심하게 남.

2. 점검방법 및 조치 사항

동승석 앞 허브 베어링 및 운전석 뒤 허브 베어링 마모 교환

❈ 분해된 허브

● 소주사랑, 차량정비, 머슴, 청해, 지현아빠, 쟁이, 영수짱, chalton212, qkdxorjs1010, 서 기, 막가파, 꾸벅이, kkwkjh5, volvo31, chalton212, 전주집, 해종
잘 보고갑니다.^^ 수고하셨습니다.^^

● 긍게
만 오천킬로 밖에 안뛴 차가 어찌??? 잘 봤습니다.

● anjh5861
카니발 허브베어링 차가 무거운가? 가끔 나가더군요.

● visionhyuck
15,000km 면 무상 수리 기간인가여???

● 저녁노
연식 초과로 무상이 되지 않을 겁니다.

● 리얼
만 오천 타고⋯ 벌써⋯ 흠⋯ 역시 무거운 카니발인가요.

● 골초마곰
어라 포터 탈 때 쇠 덩어리 같은것 당그랑 당그랑 소리 나던데⋯ 혹시 같은 증상? 액셀에서 떼면 소리 났어요.ㅎ

● 성안왕초
베어링 어떻게 떼어냈나요? 작업방법 궁금해요.

● kyw3967-작성자
죄송합니다. km가 잘못 되었네요. 15만km입니다. 허브베어링 탈착은 천히장사를 이용했습니다. 지인의 카 서비스에서 빌려서 히였음.

● 타짜
노환은 어쩔 수 없나 보네요.

● 지 슬
허브도 잘 보시는게⋯ .

● beom1009
15만km 아닌가 싶네요⋯ ㅋㅋ

● 클린핸즈
15만키로로 적혀있는데⋯ 잘못 보신 듯 싶네요. -_-;; 만 오천에 나갈 일이없죠.

[   ] **등록**

😊 스티커 📷 사진

3. 관계지식

(1) 프런트 허브의 구성요소와 탈거 방법(L 2.5D, D 2.9 CRDI, D 2.9 TCI-J3 공통)

1) 구성요소

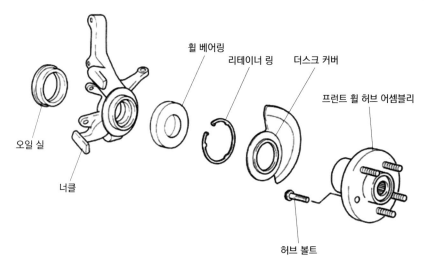

❇ 프런트 허브의 구성 요소

2) 허브 탈거 방법

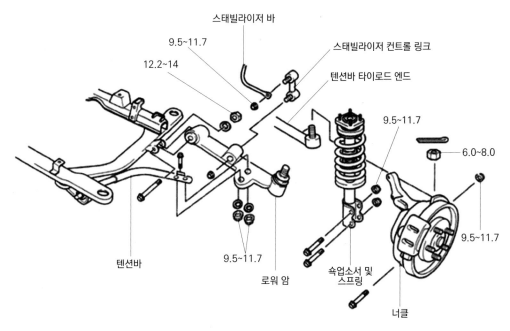

❇ 프런트 액슬의 구조

① 차량을 들어 올리고 휠 및 타이어를 탈착한다.

② 휠 스피드 센서 및 브레이크 호스를 분리한다.

③ 캘리퍼를 탈거한 후 와이어를 이용하여 떨어지지 않도록 묶는다.

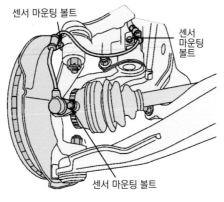

❀ 휠 스피드 센서 분리

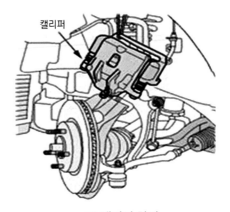

❀ 캘리퍼 탈거

④ 스플리트 핀 및 구동축 너트를 분리한다.

⑤ 너클에서 볼 조인트 조립용 볼트를 분리한다.

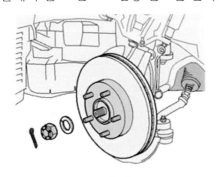

❀ 구동축 너트 분리

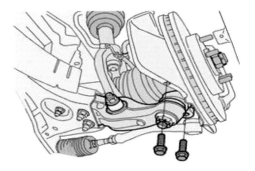

❀ 볼 조인트 장착 볼트 분리

⑥ 고무 해머 또는 플라스틱 해머를 이용하여 구동축을 허브에서 분리하다.

⑦ 타이로드 엔드 풀러를 이용하여 너클에서 타이로드 엔드를 분리한다.

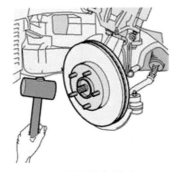

❀ 구동축 분리

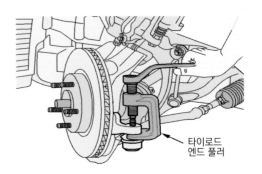

❀ 타이로드 엔드 분리

⑧ 스트러브 하부 고정 볼트를 분리하고 허브 어셈블리를 탈거한다.

3) 허브 베어링 탈거, 조립 방법

① 범용 공구를 이용하여 휠 베어링을 분리한다. 특별하지 않는 한 휠 볼트는 교환하지 않는다.

② 베어링 설치부를 깨끗하게 닦아내고 구리스를 주입한 새 베어링을 조립한다.

③ 더스트 커버를 조립한다.

④ 휠 허브 어셈블리를 조립한다.

❖ 휠 베어링 분리	❖ 더스트 커버의 조립	❖ 휠 허브 어셈블리 조립

(2) 리어 허브의 구성요소와 탈거 방법(L 2.5D, D 2.9 CRDI, D 2.9 TCI-J3 공통)

1) 구성요소

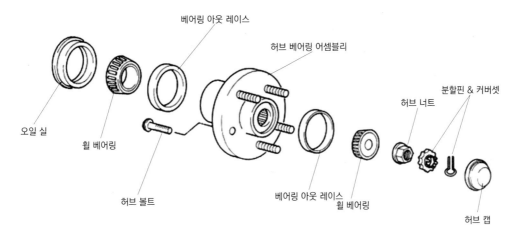

❖ 리어 허브의 구성 요소

(3) 허브의 고장진단

1) 프런트 액슬

고장 현상	가능한 원인	조치 사항
스티어링 떨림	휠 베어링의 마모 또는 손상	교환
	과도한 휠 베어링 유격	체결 & 교환
스티어링 휠 유격 큼	휠 베어링의 유격과다	체결 & 교환
이음	조인트 샤프트 또는 드라이브 샤프트의 휨	교환
	휠 베어링 마모 또는 손상	교환
	드라이브 샤프트 & 조인트 샤프트 스플라인의 마모	교환
	조인트 샤프트의 스플라인 또는 조인트 내 그리스 불충분	보충, 교환
	드라이브 샤프트나 트리포드 조인트 마모	교환
부트에서 그리스 누유	손상, 찢겨진 부트	교환
	부트 밴드 불량이나 오조립	교환
	과도한 그리스	수리

2)리어 액슬

고장 현상	가능한 원인	조치 사항
스티어링 떨림	휠 베어링의 마모 또는 손상	교환
	휠 베어링 유격 과다	체결 & 교환
한쪽 방향으로 쏠림	휠 베어링 마모 또는 손상	교환
	휠 베어링 유격 과다	체결 & 교환
휠 유격 초과	휠 베어링 유격 과다	체결 또는 교환
이음	휠 베어링 마모 또는 손상	교환

(4) 허브의 제원

항목			차 종		
			KRV6	J3TCI	
			ATX	ATX	MTX
드라이브 샤프트	조인트 형식	내측	TJ	UTJ	TSJ
		외측	BJ		
	조인트 길이(mm)	우측	707	569.25	616.2
		좌측	755.9	649.72	668.7
	샤프트 경(mm)	우측	24	30	
		좌측	24	30	
프런트 액슬	축방향 베어링 유격(mm)		0.05		
리어 액슬	축방향 베어링 유격(mm)		0.05		

■ 카니발 II

차종 \ 년도	00	01	02	03	04	05	10	11	12	13	14	15	16	17	18	19
L 2.5 DOHC																
D 2.9 TCI-J3																	
D 2.9 CRDI																	

5. 종감속 기어장치 및 차동 기어장치
Final Reduction Gear & Differential Gear

01. 뒤 액슬에서 주행 중 헬리콥터 소리가 남

02. 미션에 구멍이 송송 뚫려 있네요.

차 종	스타렉스	연 식	-
주행거리	-	탑재일	2009.04.27
글쓴이	탐구생활(sexy****)	매 장	
관련사이트	네이버 자동차 정비 공유 카페 : https://cafe.naver.com/autowave21/100337		

1. 고장내용

스타렉스 오토차량(태권도 학원차) 주행 중 소음이 발생한다하여 동승하여 시운전 하니 뒤 부분에서 두두두두둑~ 갈리는 소리가 남(학원 아이들 말로는 헬리콥터 소리가 난다함 ㅋㅋ)간헐적으로 뻥~뻥~때리는 소리도 남.

❖ 피니언 기어축 부분의 깨짐

❖ 파손된 기어 부분

2. 점검방법 및 조치 사항

리프트에 차를 올리고 뒤 바퀴 띄워 바퀴를 회전해본 결과 디퍼렌셜 기어 안쪽에서 소리가 나네요. 차주 분께 잘 설명하고 대우오일 빼보니 차동기어 장치 피니언 기어 축 부분이 깨져 있으며 쪼가리가 뿅~!하고 나옴. ㅋ~ 디퍼렌셜 기어 어셈블리 교환하기로 하고 분해 해보니 저리 갈려있네요.

쪼가리는 돌아다니고 있었고 대우오일은 썩어있었네요. ㅋㅋ~ 그래서 신품으로 교환했습니다. ^^
교환 후 정상~ 소리 전혀 안남. 차주 분 좋아함.^^

✂ 종감속 기어장치 어셈블리(신품)

회원님들의 댓글 | 등록순 ▼ | 조회수 | 좋아요 ▼

● 소주사랑, 하루살이, 달빛호야, 히아신스, 산마니, 진도리, ㅣ랑이ㅣ, 라체트, 망치, 눈감고산지, qkdxorjs1010, 청해, 생명카, 왕초보기사, 고구마2, 쿠닌, 반창고, gunk201, jujak9, 지현아빠, wss1030, 꼴통준, 머슴, I am 복합인생, 리얼, eternity0825, spp700, 터보치트카, 나무늘보, 블랙펠리칸, 투윈터보, 화이트, volvo31, chalton212, 해종, a6312212
수고하셨습니다…^^ 잘보고갑니다…^^

● 승연
수고하셨어요… 오일 교환을 자주 안하셨나 보네요.

● 곰돌이
저거 신품 엄청 비싸던데요. 중고도 잘 없고요. 고생하셨네요.

● 대성
새것 넘 좋아요. 잘 보고갑니다.

● lck4440, 대기만성
좋은 것 가르쳐 주셔서 감사합니다.

● 인정머리
녹이 슬어 보이니 안 보이게 잘 세척 후 재 조립하세여. 환자 중에도 중고 아니냐고 걸고 넘어지는 분이 계셔서… 돈 많이 버세여 ~ ^^

● kwon4615
데후 박살났네요, 수고 하셨습니다~

● 뉘루부르크리
저거 lsd가 들어있는거 같은데요 ^^

● 기둥
역시 신품은 너무 이쁘네요 ~

● 구조대장
잘보고 갑니다, 데후도 고장이 나는군요

● 바람사이하늘
설명 정말 좋아요 ^^

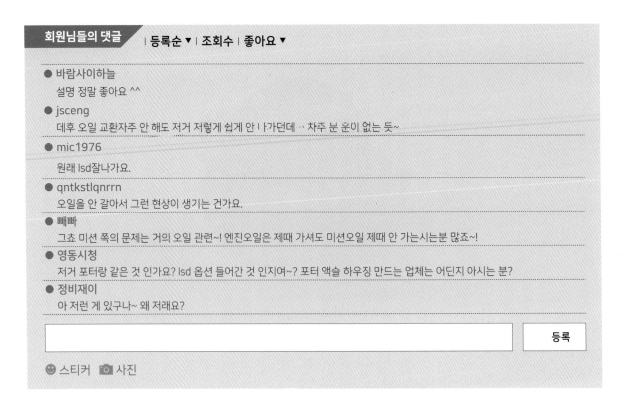

3. 관계지식

(1) 리어 액슬의 고장진단(L 3.0S, D 2.5 TCI-A, D 2.5 TCI-4D56 공통)

고장 현상		가능한 원인	조치 사항
프로펠러 샤프트	이음	저널 베어링의 마모, 손상	부품교환
		슬리브 요그 스플라인의 마모	부품 교환
		플랜지 요크의 마모, 손상	부품 교환
		프로펠러 샤프트 장착 불량	재조임
	소음	저어널의 마모, 손상	부품 교환
		슬리브 요크 스플라인의 마모	부품 교환
		프로펠러 샤프트의 휨이나 요철(Convose) 등에 의한 밸런스 불량	부품 교환
		슬리브 요크, 플랜지 요크의 역위상	부품 교환
		스냅 링의 선택 불량	간극조정
		프로펠러 샤프트 장착 볼트의 헐거움	재조임

고장 현상		가능한 원인	조치 사항
드라이브 샤프트나 이너 샤프트	드라이브 샤프트나 이너샤프트가 휠이 돌아가는 동안 소리가난다	하우징 튜브가 굽었다.	교환
		이너 샤프트가 굽었다	교환
		이너 샤프트 베어링이 마모 손상	교환
	드라이브 샤프트나 이너샤프트가 회전 방향에서 휠의 과도한 동작으로 인해 소리가 난다	이너 샤프트와 사이드 기어 톱니와의 맞물림 불량	조정, 교환
		드라이브 샤프트와 사이드 기어 톱니와의 맞물림 불량	조정, 교환
디퍼렌셜 기어 캐리어	상시 소음	드라이브 기어와 드라이브 피니언의 이빨 접촉 불량 (맞물림 불량)	조정
		사이드 베어링의 헐거움, 마모, 손상 드라이브 피니언 베어링의 유격, 마모, 손상	조정 또는 부품 교환
		드라이브 기어, 드라이브 피니언의 마모 사이드 기어의 스러스트 스페이서 또는 피니언 샤프트의 마모, 드라이브 기어, 디프렌셜 케이스의 변형 기어의 손상	부품 교환
		이물질 유입	제거 및 부품 교환
		유량부족	보충
	구동시 소음	기어의 접촉 불량, 기어의 조정 불량	조정 또는 부품 교환
		드라이브 피니언 회전토크 불량	조정
		이물질 흔입	이물의 제거 및 점검 필요하면 부품 교환
		유량 부족	보충
	주행시의 기어소음	드라이브 피니언 회전 토크 불량	조정 또는 부품 교환
		기어의 파손	부품 교환
	구동, 주행시의 베어링 소음	드라이브 피니언 베어링의 균열, 손상	부품 교환
	선회시에 생기는 소음	사이드 베어링의 마모, 손상, 사이드 기어, 피니언 기어, 피니언 샤프트의 손상	부품 교환
	발열	기어의 백래시 과소	조정
		프리로드 과대	조정
		유량 부족	보충
	오일 누유	디퍼렌셜 캐리어의 조임 불량, 실 불량	조임실 제도포 또는 가스켓 교환
		오일 실의 마모, 손상	부품 교환
		유량 과다	조정

(2) 리어 액슬의 구성요소와 탈거 방법(L 3.0S, D 2.5 TCI-A, D 2.5 TCI-4D56 공통)

1) 코일 스프링 형식의 구성요소

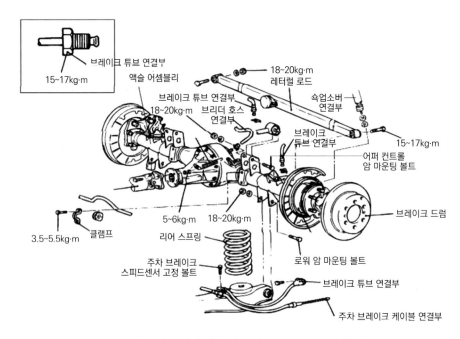

ᆶᆶ 리어 종감속 기어 장치의 구성 요소(판 스프링 형식)

2) 코일 스프링 형식의 구성요소

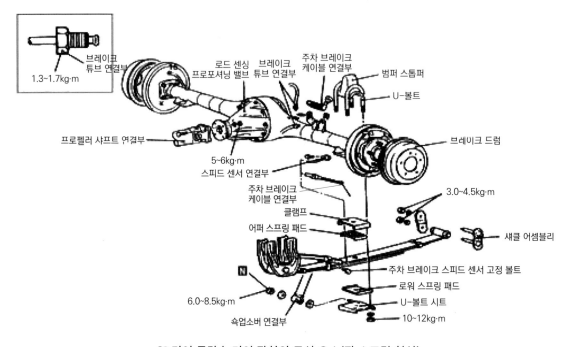

ᆶᆶ 리어 종감속 기어 장치의 구성 요소(판 스프링 형식)

3) 액슬축 탈거 방법

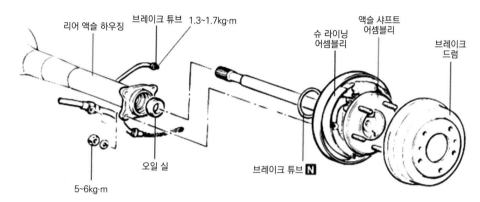

리어 액슬 하우징 브레이크 튜브 1.3~1.7kg·m 슈 라이닝 어셈블리 액슬 샤프트 어셈블리 브레이크 드럼

오일 실

브레이크 튜브 **N**

5~6kg·m

⚫️ 액슬축의 구성요소

① 브레이크 드럼을 탈거 한다.

② 브레이크 슈 및 라이닝을 탈거한다.

③ 주차 브레이크 케이블 및 스피드 센서 케이블을 탈거한다.

④ 브레이크 호스와 튜브 연결부를 분리한다.

⑤ 리어 액슬 하우징과 액슬 샤프트 체결 볼트를 탈거한다.

⑥ 슬라이딩 해머를 이용하여 액슬 샤프트를 탈거한다.

⑦ 슬라이딩 해머를 이용하여 오일 실을 탈거한다.

⑧ 장착은 탈거의 역순이다.

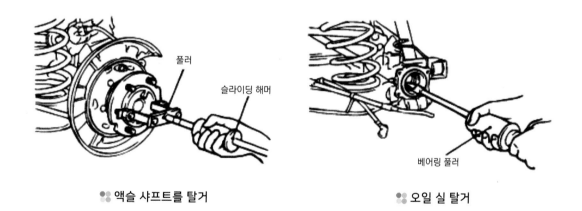

풀러 슬라이딩 해머

베어링 풀러

⚫️ 액슬 샤프트를 탈거   **⚫️ 오일 실 탈거**

4) 종감속 기어장치 탈거 방법

① 종감속 기어장치 오일을 배출한다.

② 프로펠러 샤프트를 종감속 기어 피니언 기어 플랜지부로부터 분리한다.

③ 종감속 기어장치 어셈블리 설치 볼트를 풀고 액슬 하우징에서 분리한다.

④ 주차 브레이크 케이블 및 스피드 센서 케이블을 탈거
한다.

※주의

종감속 기어장치 어셈블리와 액슬 하우징을 분리하기 위하
여 액슬 하우징 아래 부분을 나무 받침목과 같은 것으로 두
들기면서 분리한다.

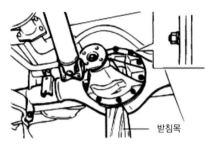

받침목

❀ 받침목으로 두들긴다.

(3) 종감속 기어 장치와 차동기어 장치의 구성요소(L 3.0S, D 2.5 TCI-A, D 2.5 TCI-4D56 공통)

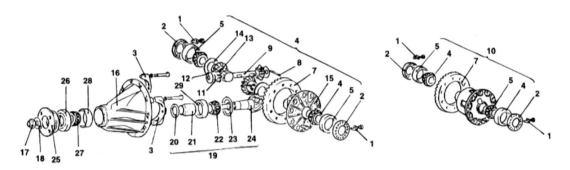

❀ 종감속 기어 장치와 차동기어 장치의 구성요소

번호	명칭	번호	명칭
1	로크 플레이트(Lock Plate)	16	디퍼렌셜 캐리어(Differential Carrier)
2	사이드 베어링 너트(Side Bearing Nut)	17	셀프 록킹 너트((Self Locking Nut)
3	베어링 ((Bearing Cap)	18	와셔(Washer)
4	디퍼렌셜 케이스 어셈블리 (Differential Case Assembly)	19	드라이브 피니언 어셈블리 (Drive Pinion Assembly)
5	사이드 베어링 인너 레이스 (Side Bearing Inner Race)	20	드라이브 피니언 프런트 심(프리로드 조정용)(Drive Pinion Assembly Shim)
6	공란	21	드라이브 피니언 스페이스(Drive Pinion Spacery)
7	드라이브 기어(Drive Gear)	22	드라이브 피니언 리어 베어링 인너 레이스(Drive Pinion Rear Bearing Inner Race)
8	록크 핀(Lock Pin)	23	드라이브 피니언 리어 심(높이 조정용)(Drive Pinion Assembly Shim)
9	피니언 샤프트(Pinion Shaft)	24	드라이브 피니언(Drive Pinion)
10	디퍼렌셜 케이스 어셈블리 (Differential Case Assembly)	25	컴패니언 플랜지(Companion Flange)
11	피니언 기어(Pinion Gear)	26	오일 실(Oil Seal)
12	피니언 기어 와셔(Pinion Gear Washer)	27	드라이브 피니언 프런트 베어링 인너 레이스(Drive Pinion Front Bearing Inner Race)
13	사이드 기어(Side Gear)	28	드라이브 피니언 프런트 베어링 아웃 레이스(Drive Pinion Front Bearing Out Race)
14	사이드 기어 스트러트 스페이스 (Side Gear Strut Spacer)	29	드라이브 피니언 리어 베어링 아웃 레이스(Drive Pinion Rear Bearing Out Race)
15	디퍼렌셜 케이스(Differential Case)		

(4) 차동제한 차동장치(LSD : Limited Slip Differential)의 구조

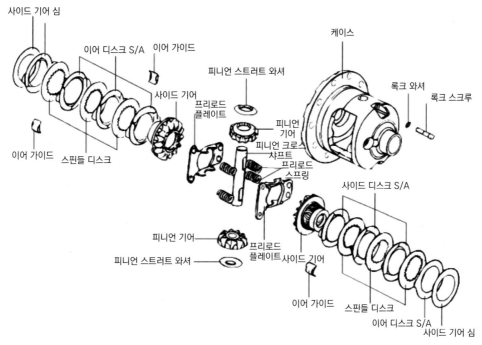

❖ 차동제한 차동 장치

■ 스타렉스

차종 \ 년도	00	01	02	03	04	05	06	07	08	09	10	11	12	13	14	15
L 3.0 SOHC																
D 2.5 TCI-4D56																
D 2.5 TCI-A																

02 미션에 구멍이 송송 뚫려 있네요.

차 종	아반떼 2.0 터보	연 식	-
주행거리	-	탑재일	2010.03.30
글쓴이	신규식(nova****)	매 장	
관련사이트	네이버 자동차 정비 공유 카페 : https://cafe.naver.com/autowave21/128921		

1. 고장내용

몇일 전 엔진 오버홀을 받으시고 대천에 놀러 가시면서 최고 속을 찍으시고 대천에 도착해서 보니 차 바닥에서 오일이 샌다고 하였습니다.

2. 점검방법 및 조치 사항

차를 파주까지 견인해서 보니 미션에 구멍이 송송 뚫려 있네요. 외부 충격은 아닌듯하여 분해하여 보니 종감속 쪽이 부셔지면서 철 파편들이 튀면서 이렇게 되었네요. 전에 엔진은 크랭크 타겟 볼트가 풀리면서 블록에 와장장~~ 역시 고 마력 차량들은… ㅠㅠ 가계에 있는 투카 미션으로 교환 ~~^^ 차량은 아반떼 2.0 터보 차량이었습니다,

✂ 구멍난 변속기 케이스와 부러진 피니언 기어

✂ 부서진 롤러 베어링과 차동기어장치

회원님들의 댓글 | 등록순 ▼ | 조회수 | 좋아요 ▼

● jic5200, kr4553, 지포, 업씨유—인천남동, prince9631, 삼성 IM, lcp8826, 바다사나이, 프로펠러 샤프트, hwang mi, 지현아빠, jjunyong, 신참, 김태형, 김재훈, chofamaily, cart74, terran7933, 은어, 일산일신, 디스플러스, 강바람, kyw3967, 감자, 사막의낙, 기름강아, wbh0244, 스프린터, a6312212, 류천비화

수고하셨습니다. 잘 보고갑니다.

● twinturb

말 그대로 사망입니다.

● 눈치3년

대박입니다….ㅎㅎㅎ

● 곰돌이

전화를 받는 순간 눈 앞이 캄캄하셨겠네요. 엔진이 아니라서 천만다행이네요.

● 신규식작성자

저도 엔진 털린 줄 알고 ——;

● 스마일, anjh5861

아작 났네요 ㅎㅎ 잘 보았습니다. ^*^

● 평생배우는정비

어서 많이 보던 이름이다 했더니 ^^ 선구는 잘있죠?

● **신규식**작성자

네 잘있죠… 누구신지?

● **시골촌놈**

역시 고마력~~~~~ㅉㅉㅉ

● **1950322**

정보 감사합니다

● **푸들**

헐….

● **woosung70**

감사 오일교환을 안했군요.

● **dkaso7942**

대박입니다 ㅋㅋㅋㅋㅋㅋㅋㅋㅋㅋ

● **레이싱, 나영나여**

우와~

● **곰텡이**

기본 소모품에 충실해야 합니다.

● **chel0105**

구 아반떼 넘 씨게 달리면 엔진 죽음인데…

● **몽상가2**

무척 용감하고 비용이 부담없는 분인듯! 저렇게 고급차량 관리하면 비용 엄청나올텐데! 아반떼라 다행!!!

● **히데키**

빵꾸가 났네요 헐.

● **쌩돌팔이**

아방이 이천 기름 장난아니게 먹는데…?? 그럼 날아가다가 날개가 없어 불시착이구만여ㅋㅋㅋㅋㅋ^.^

● **전병인**

헐 얼마나 달렸으면… 수고하셨습니다.

● **chlrhkdgns2**

구아반떼 2.0 터보가 나오나요? 만약 구 아방 미션에 2.0 터보는 당연히 미션이 못 버틸듯 합니다. 근데 구 아반떼에 투카 미션이 맞나요? 투카 미션 6단으로 알고 있는데요.

● **애마사랑**

엔진 스와핑 하는 것 아닙니까 현대기아는 거의 배선 미송 비슷하여서 개조 많이 합니다. 엘란트라 2.4도 올리고 다니는 것을 보고 엑센트에도 2.4올려서 날아가지요

● **76080436**

투카 2.0은 5단이죠. 앞에 케이스만 맞으면 개조 가능하다고 알고 있고 구 아방은 1.5와 1.8만 있었요. 2.0 터보면 2.0 엔진 스왑에 터보 개조 차량이군요. 제가 아는 상식하나 올리자면 투카 5단 미션 보단 택시 미션이 더 견고하고 강한 걸로 알고 있습니다.

● **spm2894**

역시 터보는… 미션을 잘 죽이네여~

● **애마사랑**

잘 날아가다가 추락한 결과이네요 엄청 풀악셀했던 모양입니다 사진 잘 보았습니다. 감사합니다.

● **주먹구구**

이래서 튜닝의 끝은 순정이라고 하겠지요.

● **행복한사람**

기어 이빨이 저렇게 아작 날수도 있군요ㅠㅠ

● **jounghoy**

미션이 어떡해 ….

3. 관계지식

(1) 변속기의 고장진단 및 구성요소(D 2.0 DOHC)

1) 고장진단

현 상	가능한 원인	정 비
떨림, 소음	트랜스액슬과 엔진 장착이 풀리거나 손상됨	마운트를 조이거나 교환
	샤프트의 엔드 플레이가 부적당함	엔드 플레이 조정
	기어가 손상, 마모	기어 교환
	저질, 혹은 등급이 다른 오일을 사용함.	규정된 오일로 교환
	오일 수준이 낮음	오일을 보충
	엔진 공회전 속도가 규정과 일치하지 않음	공회전 속도 조정
오일 누설	오일 실 혹은 O-링이 파손 혹은 손상됨	오일 실 혹은 O-링 교환
	부적당한 실런트를 사용함	규정 실런트로 재봉합
기어 변속이 힘들다	컨트롤 케이블의 고장	컨트롤 케이블 교환
	싱크로나이저 링과 기어콘의 접촉이 불량하거나 마모됨.	수리 혹은 교환
	싱크로나이저 스프링이 약화됨	싱크로나이저 스프링 교환
	등급이 다른 오일을 사용함.	규정 오일로 교환
기어가 빠진다	기어 변속 포크가 마모되었거나 포펫트 스프링이 부러짐	변속 포크 혹은 포펫트 스프링 교환
	싱크로나이저 허브와 슬리브 스플라인 사이의 간극이 너무 큼	싱크로나이저 허브와 슬리브를 교환

2) 고장원인

기어 이빨과 테이퍼 롤러 베어링이 망가지게 되었다는 것은 오일 부족이나 오일 교환주기를 넘겨 사용하였던가, 규격품의 오일이 아닌 제품을 사용하였던가, 과부하가 걸렸다던가 등이 원인으로 볼 수 있다. 기어 이빨 부러진 조각이나 베어링 롤러가 변속기 케이스를 뚫고 나왔다면 엄청 속도를 올려서 밟았을듯하다. 더구나 2.0터보 엔진이니 여유 출력이 충분하여 스피드를 즐기는 분들이 투스카니와 더불어 선호하는 차량으로 알려져 있다.

밋션 오일을 규정대로 점검 및 교환(보통 80,000~100,000km)하여야 한다. 그렇지 않을 경우 점성이 떨어지고 쇳가루, 이물질 등이 이빨사이에서 끼이면서 마모 촉진과 부러짐이 일어난다. 특히 오일 드레인 플러그 자석에 붙어 있는 철가루(기어 물려서 돌아갈 때 과부하로 기어면이 깎인 가루임)가 많아서 들러붙지 못한 쇳가루가 오일과 함께 섞여서 돌아다니며 마모를 촉진한다.

또한 대부분의 수동변속기 오일 규격이 SEA 75W-85, API GL-4를 쓰고 있는데 종감속기어에는 이 규격이나 SAE 75W-90, API GL-5를 사용하고 있다. 혼용하여 사용하는 것을 권장하지 않는다. 조기 사망한 밋션은 대부분 오일이 없는 경우가 대부분이니 점검정비를 제때에 해주길 바란다.

3) 아반떼 XD와 투스카니 변속기의 제원 비교

차종	변속기 모델	엔진	기어비							종감속비
			1단	2단	3단	4단	5단	6단	후진	
아반떼 XD	M5BF2	ALPHA 1.5 DOHC	3.615	2.053	1.393	1.031	0.780	–	3.250	4.294
		BETA 2.0 DOHC	3.615	2.053	1.393	1.061	0.837	–	3.250	3.650
투스카니	M5BF2	BETA 2.0 DOHC	3.462	2.053	1.393	1.061	0.837	–	3.250	4.056
	MFA60		3.153	1.944	1.333	1.055	0.857	0.704	3.002	4.687
	MFA60	DELTA 2.7 DOHC	3.153	1.944	1.333	1.055	0.857	0.704	3.002	4.428

(2) 차동기어장치의 구성요소(D 2.0 DOHC)

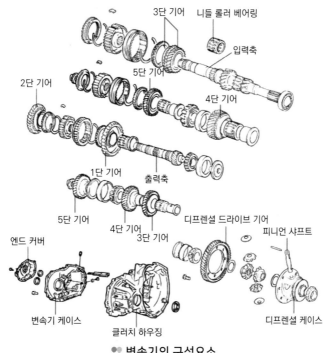

❖ 변속기의 구성요소

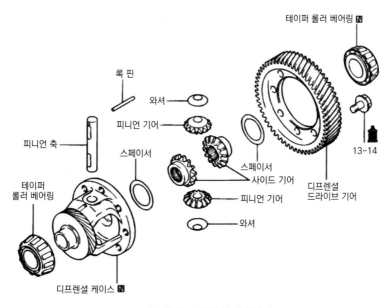

❖ 차동기어장치 구성요소

(3) 변속기의 탈, 부착

① 보닛을 열고 엔진 커버(A)를 탈거한다.

② 배터리를 탈거한다.

※ 주의사항

• 차체 도장부의 손상을 방지하기 위해 펜더 커버를 사용한다.

• 배선 분리시 커넥터가 손상되지 않도록 주의하여 탈거한다.

• 배선 및 호스의 잘못된 연결을 방지하기 위하여 표시를 해둔다.

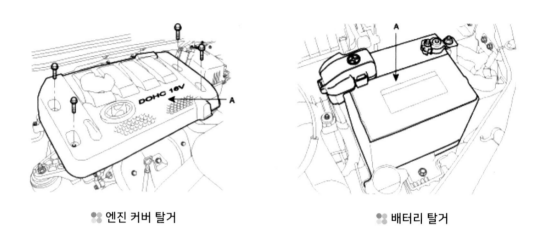

❖ 엔진 커버 탈거   ❖ 배터리 탈거

③ 에어 덕트를 탈거한다.

④ 클램프(A), ECM 커넥터(B)를 탈거한 후 에어클리너 어셈블리(C)를 탈거한다.

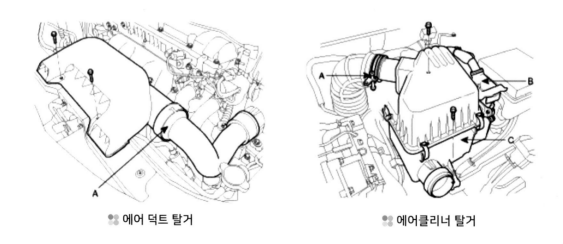

❖ 에어 덕트 탈거   ❖ 에어클리너 탈거

⑤ 트랜스 액슬 하우징과 접지 케이블(A)를 탈거한다.

⑥ 백 램프 스위치와 차속 센서 커넥터(A)를 탈거한다.

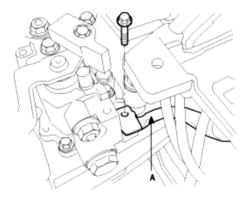

❈ 접지 케이블 탈거

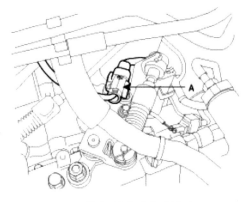

❈ 차속 센서 커넥터 탈거

⑦ 스냅 핀(A)과 원터치 클립(B)을 탈거하여 트랜스 액슬 컨트롤 케이블(C)을 탈거한다.
⑧ 컨트롤 케이블 브래킷(A)을 탈거한다.

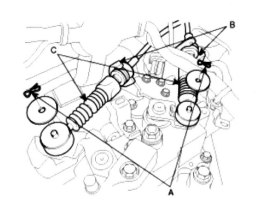

❈ 컨트롤 케이블 탈거

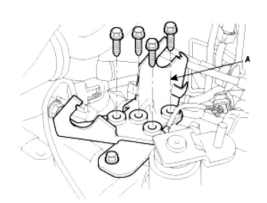

❈ 컨트롤 케이블 브래킷 탈거

⑨ 특수 공구(엔진 스탠드)를 설치하고 엔진 서포트 픽쳐와 어뎁터를 장착한다.
⑩ 트랜스 액슬 어퍼 마운팅 볼트(A-2개)와 스타터 모터 마운팅 볼트(B-2개)를 탈거한다.

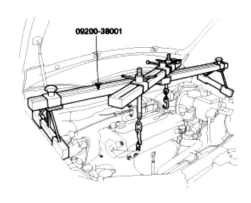

❈ 엔진 스탠드 설치

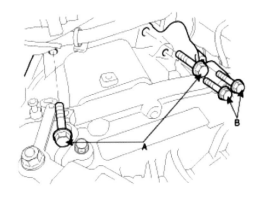

❈ 스타터 모터 설치 볼트 탈거

⑪ 트랜스 액슬 마운팅 서포트 브래킷(A)을 탈거한다.

⑫ 스티어링 칼럼 샤프트 볼트(A)를 탈거한다.

⑬ 차량을 들어 올린다.

⑭ 프런트 타이어를 탈거한다.

⑮ 로워 암 볼 조인트 마운팅 너트, 스태빌라이저 링크 마운팅 너트, 스티어링 타이로드 엔드 마운팅 너트 등을 탈거하여 프런트 서스펜션 링크들을 분리한다.

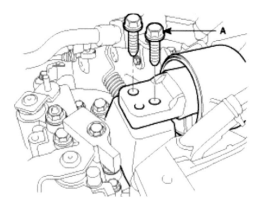

❉ 트랜스 액슬 마운팅 볼트 탈거

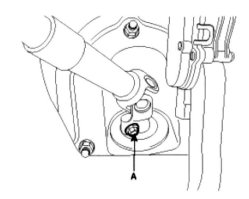

❉ 칼럼 설치 볼트 탈거

⑯ 언더 커버(A)를 탈거한다.

⑰ 프런트 및 리어 롤 스톱퍼 인슐레이터 볼트(A,B)를 탈거한다.

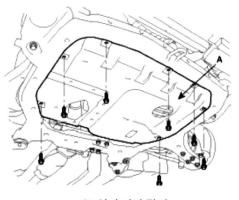

❉ 언더 커버 탈거

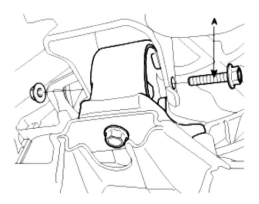

❉ 롤 스톱퍼 설치 볼트 탈거(앞)

⑱ 배기 파이프 마운팅 러버(A)를 서브 프레임으로부터 탈거한다.

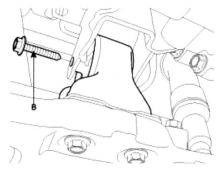

❀ 롤 스톱퍼 설치 볼트 탈거(뒤)

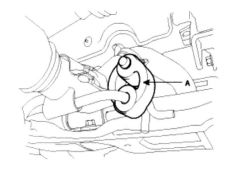

❀ 배기파이프 마운팅 러버 탈거

⑲ 특수 공구(미션 잭)를 사용하여 서브 프레임을 지지한다.

※ **주의사항**

  • 트랜스 액슬 어셈블리를 탈거하기 전에 호스 및 커넥터가 확실히 탈거 되었는지 확인한다.

⑳ 트랜스 액슬에서 드라이브 샤프트(A,B)를 탈거한다.

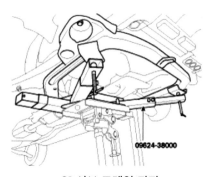

❀ 서브 프레임 지지

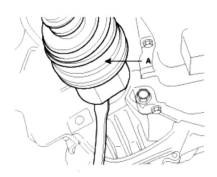

❀ 드라이브 샤프트(좌) 탈거

㉑ 클러치 릴리스 실린더(A)를 탈거한다.

㉒ 트랜스 액슬 마운팅 볼트(A-3개, B-2개)를 탈거한 후 트랜스 액슬을 차상에서 내린다.

㉓ 조립은 분해의 역순이다.

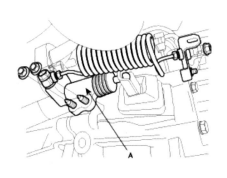

❀ 릴리스 실린더 탈거

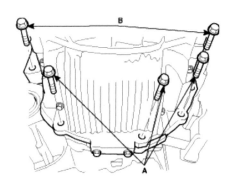

❀ 변속기 설치 볼트 탈거

■ 아반떼 XD

차종 \ 년도	00	01	02	03	04	05	06	07	08	09	10	11	12	13	14	15
2.0 DOHC MPI(VVT)	■	■														
G 1.5 DOHC	■	■	■	■	■											
G 2.0 DOHC			■	■	■	■	■									
G 1.6 DOHC						■	■									
D 1.5 TCI-U						■	■									

6. 휠과 타이어
Wheel & Tire

01. 주행 중 타이어 빠짐

02. 타이어에 철심이 보여요

03. 타이어 외관 표시의 의미

04. 스탠딩 웨이브 현상의 결말

05. 바퀴에 구멍이 뿅뿅뿅

01 주행 중 타이어 빠짐

차 종	포터 구형	연 식	-
주행거리	-	탑재일	2009.08.21
글쓴이	후다닥(hkj0****)	매 장	
관련사이트	네이버 자동차 정비 공유 카페 : https://cafe.naver.com/autowave21/108549		

1. 고장내용

포터 구형 차량 중고 타이어 교체 후 고속도로 주행 중 한쪽 바퀴는 중앙 분리대로 쪽으로 굴러 감. 너무 위험해서 굴러간 타이어 포기하고 남은 하나를 급한 대로 다른 쪽 너트 사용하여 간신히 입고된 차량입니다. 차주 분 죽을 뻔 했답니다.

타이거가 이탈된 모습

휠 볼트가 안으로 들어감

2. 점검방법 및 조치 사항

타이어, 허브, 앵커 플레이트, 볼트 교환으로 마무리 했습니다.

수리 후 모습

3. 관계지식

(1) 고장원인

주행중 타이어가 이탈되는 경우는 허브 베어링의 파손으로 스핀들에서 허브 어셈블리가 이탈되는 경우, 타이어가 도로 가이드 블록에 부딪 치면서 스핀들 축이 부러지면서 이탈되는 경우, 허브너트 이완으로 허브 어셈블리가 이탈되는 경우, 휠 너트 조립 불량으로 이탈되는 경우를 들 수 있는데 휠 너트 조립 불량으로 이탈되어서 차주와 정비업소간에 분쟁이 있는 경우도 종종 있다.

중고 타이어 교체 후 이탈 되었다고 하니 휠 너트를 손으로만 조이고 규정 토크로 조이지 않아서 이탈 되었거나, 규정 토크로 조였지만 조임 순서, 방식을 지키지 않아서 이탈되는 경우가 있다. 만약 규정 토크로 조였는데 이탈이라면 타이어가 경사지게 조여졌다고 볼 수 있다. 즉 타이어가 들어져 있는 상태에서 휠 너트를 끝까지 조이고, 타이어를 내려서 규정 토크로 조여야 하는데, 내려진 상태에서 조였다면 타이어가 노면과 수직이 아닌 경사상태에서 너트를 규정 토크로 조이면 실질적으로 차량의 무게로 인하여 규정 토크로 조여진 것이지 너드가 끝까지 조여진게 아니므로 이런 일이 일어난다. 아주 작은 것이지만 규칙을 지켜야 한다.

(2) 타이어 조립시 주의사항

1) 너트의 조립순서

휠 너트의 테이퍼 부분이 휠 볼트 구멍까지 닿을 때까지 손으로 조이고 힌지 핸들이나 임펙트 렌치로 2~3회에 걸쳐 나눠서 조인다. 조임 토크에 맞춰서(전륜 : 15~20kg.m, 후륜 : 12~14kg.m) 토크 렌치로 조여 준다.

4-LUG NUT WHEEL 5-LUG NUT WHEEL 6-LUG NUT WHEEL 8-LUG NUT WHEEL 10-LUG NUT WHEEL

💥 휠 너트의 풀고 조이는 순서

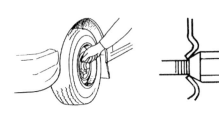 

💥 휠 너트 체결 방법 💥 휠 볼트와 너트

2) 타이어 및 휠 너트 조립시 주의사항

① 휠 너트는 원래 타이어에 장착된 너트 또는 동일한 사양의 너트를 사용한다.

② 휠 볼트, 너트에는 절대로 오일을 바르지 않는다. 지나치게 조이는 원인이 되고, 풀려질 수 있는 원인이 될수 있다.

③ 휠 너트를 조일 때 렌치를 발로 밟거나 파이프를 연결하여 필요 이상으로 조이지 않는다. 다음

작업에서 풀리지 않아 볼트의 부러짐 등이 생겨 고객과의 얼굴 붉히는 경우도 있다.

④ 다른 종류의 타이어를 혼용하여 사용하거나 규정 사이즈 이외의 타이어를 사용하는 경우 차동차의 안전성을 저해하므로 절대로 피한다.

⑤ 타이어 장착시 장착 면이 더러우면 너트가 이완되는 원인이 되므로 타이어가 닿는 모든 면을 청소하고 나서 장착한다.

⑥ 휠 너트의 나사부가 마모 되어 있으면 디스크 휠의 변형이나 균열이 일어나므로 교환하여 준다.

⑦ 타이어를 교환한 후 주행 중에 핸들이 흔들리거나 차체에 진동이 생길 때에는 휠 밸런스가 맞지 않던지 휠 너트가 완전히 다 조여지지 않은 것 이므로 반드시 운행 중지하고 점검하여 조치한다.

⑧ 타이어를 교환 했을 경우 약 1,000km 주행 후 다시 휠 너트를 조여 풀림이 없는가를 점검한다.

3) 타이어 이탈 원인에 대한 필자의 의견

글쓴이의 자세한 표현이 없어서 예상되는 원인을 유추하여 보면 중고 타이어 교체 후에 휠 볼트 조립을 정확하게 하지 않았기에 회전하면서 모두 풀려 나가 하나의 볼트로 지탱을 못하므로 타이어가 이탈된 것으로 예상 된다. 아마 이탈된 타이어의 휠은 볼트 구멍이 넓어져 있을 것이다. 이때 차체의 진동이 엄청 많았을 텐데 운전하는 분도 타이어를 조립할 때 휠 너트를 살짝 조이고 내려서 조립할 경우에 너트가 삐닥하게 들어가면서 저항이 생겨 완전히 조립이 안 되었어도 임팩 렌치가 안 돌아 갈수도 있다.

그래서 타이어가 들려져 있는 상태에서 휠 너트를 끝까지 조이고 타이어를 내려서 임펙 렌치로 2~3번 조인고 토크 렌치를 이용한 규정 토크로 조여 주어야 한다. 이 부분에서 소홀함이 있지 않을까 생각하여 본다.

❇️ 휠 구멍의 넓어진 모습

❇️ 토크 렌치를 이용한 조립

02 타이어에 철심이 보여요

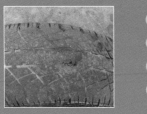

차 종	-	연 식	-
주행거리	-	탑재일	2010.01.31
글쓴이	프로펠러 샤프트(rud0****)	매 장	
관련사이트	네이버 자동차 정비 공유 카페 : https://cafe.naver.com/autowave21/121981		

1. 고장내용

타이어에 철심이 보여요.

마모되어 철심이 보이는 타이어

2. 점검방법 및 조치 사항

언급은 없지만 새것으로 교환하고 출고 하였으리라 생각 됩니다.

● **엄탱이**
알뜰하시네요. 차주분이~

● **포푸리**
얼릉 가세요. 타이어 펑 터지면 위험해요.

● **봉간호사**
철사가 필요해서 그럴겁니다 ㅋ

● **sunrise**
차를 타면서 안전 그보다 중요한 것은 없습니다. ㅠ_ㅠ

● **푸른정비**
점검을 안 하신 것 같군요.^^

● **전병인**
타이어가 배불렀네요.

● **산까치**
마르고 닳도록 하나님이 보우하사~

● **기장미역**
긴급출동을 뛰는데요~ 저런 차주 분들 많습니다. ㅠㅠ 목숨을 건 운전행위죠~

● **nahun2009, 쭈은이, hwang mi, 미니파파**
잘 보고 갑니다. 좋은 정보 감사합니다.

● **chlrhkdgns2**
잘 보고 갑니다. 타이어 크기와 사이즈를 보면 쏘투 같은 차종일 듯합니다. 차종 궁금합니다. 차종 좀 가르켜 주세요.

● **COWABUNGA**
알뜰살뜰 ㅎ

● **하얀날개**
짱구네….이리 되도록 타고 다니고…. 대단한 사람들이네요. 남 목숨도 생각을 해야하는데… 쩝…

● **춤짱**
카커스와 브레이커 부위에 공기가 저렇게 들어가면 옆구리가 아니어도 배가 불러오죠, ㅋ트레드 전체에… ^^

● **kc297820**
잘못하면 사고 나겠어요~~~ 위험한데~~

● **까우악마**
넘 절약하시면서 사시나 보네요. 다치시면 견적 더 나오시니 빨리 조치를 ㅎㅎ

● **lennon0310**
헉… 심하다…

● **쵸코찐빵**
많이 본듯한 장면이 ^^;;;

● **YT제일**
타이어는 생명인데~

● **더드머**
트레드 마모량 같은 건 안중에도 없는듯….ㅎㅎ

● **leewooo**
대단 하십니다.--

● **마바리**
겨울에 미끄럼 타시려구 ~~멋진 생각이십니다. !!

● **주유나라**
안습이네요.

● **plzse**
왜 저부분만 저럴까… 트레드 철심 나올 정도는 아닌거 같은데…

● **덩구**
사고 안난게 다행이네요.

3. 관계지식

(1) 타이어의 구조

① 트레드(Tread) : 노면과 접촉하는 부분으로써 내마모성, 내컷팅성이 양호하여야 하며 외부 충격에 충분이 견딜 수 있이야 하고 발열이 적어야 한다.

② 숄더(Shoulder) : 트레드의 가장자리로부터 사이드월의 윗부분으로써 외관 및 방열효과가 좋아야 한다.

③ 사이드월(Sidewall) : 타이어의 옆부분으로써 카카스를 보호하고 굴신운동을 함으로써 승차감을 좋게 한다. 타이어 규격 등 각종 문자가 이 부위에 표기되어 있다.

④ 비드(Bead) : 코드의 끝부분을 감싸주어 타이어를 림에 장착시키는 역할을 하며 비드와이어(강선), 코어고무 등으로 구성되어 있다.

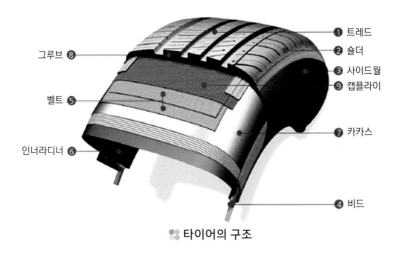

■■ 타이어의 구조

⑤ 벨트(Belt) : 스틸와이어 또는 섬유로 구성되며 트레드와 카카스 사이에서 주행시 노면 충격을 감소시키는 것은 물론 트레드의 노면에 닿는 부위를 넓게 유지시켜 주행 안전성을 우수하게 한다.

⑥ 인너라이너(Inner Liner) : 튜브 대신 타이어 안쪽에 붙인 공기가 통과하기 어려운 특수 고무층이다.

⑦ 카카스(Carcass) : 타이어 내부의 섬유나 스틸로 구성된 코드층으로써 하중을 지지하고, 충격에 견디며 주행 중 굴신운동에 대한 내피로성이 강해야 한다.

⑧ 그루브(Groove) : 트레드의 홈 부분으로써 조종 안정성, 견인력, 제동성 배수 등의 기능이 있다.

⑨ 캡플라이(Capply) : 벨트 위에 부착되는 특수 코드지로 주행시 성능을 향상시켜준다.

(2) 타이어의 트레드 깊이 점검

1) 측정 조건 및 마모 한계

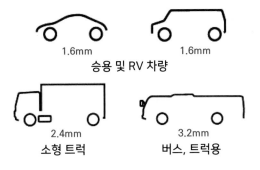

승용 및 RV 차량 — 1.6mm / 1.6mm
소형 트럭 — 2.4mm
버스, 트럭용 — 3.2mm

■ 타이어 종류별 마멸한도

타이어의 종류	남은 홈 깊이
트럭 및 버스용 타이어	3.2mm
소형 트럭용 타이어	2.4mm
승용차용, 경트럭용 타이어	1.6mm

2) 측정 방법

① 타이어 접지부 임의의 한 점에서 120도 각도가 되는 지점마다 접지부의 1/4 또는 3/4 지점 주위의 트레드 홈의 깊이를 측정한다.

② 트레드 마모 표시(1.6mm로 표시된 경우에 한한다)가 되어 있는 경우에는 마모 표시를 확인한다.

❈ 인디케이터 위치

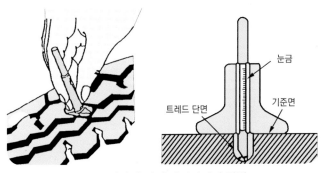

❈ 타이어 깊이 게이지의 측정법

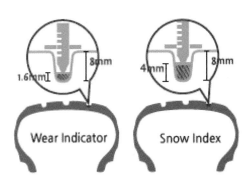

❈ 한계값

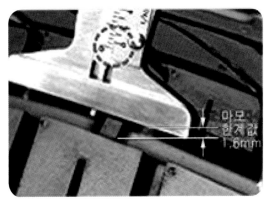

❈ 깊이 게이지 측정

●● 동전을 이용한 측정

3) 타이어의 마모상태와 원인

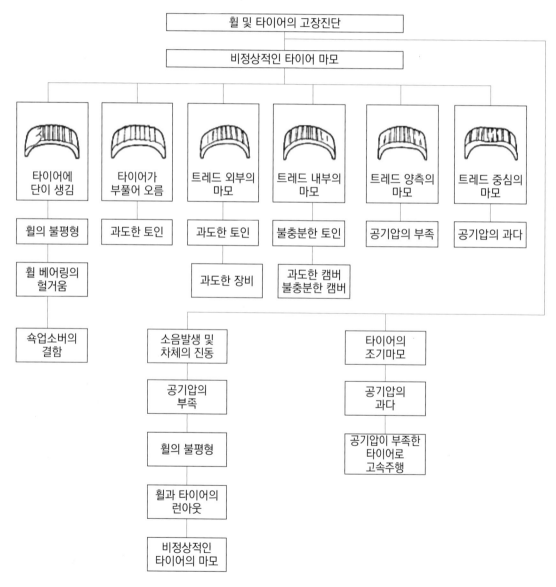

●● 타이어의 이상 마모와 원인

4) 실제 차량에서 타이어의 마모상태와 원인

① 타이어가 한계 값까지 마모되었을 때 : 한계 값까지 마모되어서 인디케이터가 마모 면과 평면일 때

② 비정상적인 불균일 마모 : 부적절한 휠 얼라인먼트, 부적절한 휠 밸런스 및 부적절한 휠 로테이션이 원인이다.

③ 한쪽 숄더부의 리브 마모 : 캠버 불량이 원인이다.

④ 원주방향 편심 마모 : 현가 스트러트의 불량 및 휠 밸런스 불량이 원인이다.

⑤ 숄더부의 다각형 마모 : 부적절한 휠 얼라인먼트, 부적절한 휠 밸런스 및 부적절한 휠 로테이션이 원인이다.

⑥ 숄더부의 불규칙 마모 : 부적절한 휠 얼라인먼트가 원인이다. 스티어링 기어, 현가장치 불량 등이 원인이다.

⑦ 원주방향으로 깃털 마모 : 과도한 토인, 토아웃 원인이다.

⑧ 양쪽 숄더부의 마모 : 공기압 불량(부족)이 원인이다.

⑨ 트레드 부분의 상처 : 주행시 충격이나 외부 물체에 의한 손상이 원인이다.

❈ 불균일 마모

❈ 숄더부 마모

❈ 원주방향 마모

❈ 다각형 마모

❈ 깃털 마모

❈ 불규칙 마모

❈ 양쪽 숄더부 마모

❈ 상처

5) 타이어 로테이션

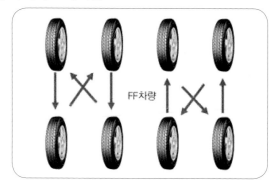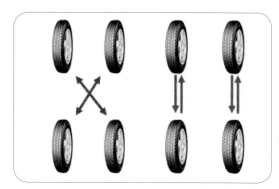

6) 필자의 의견

　타이어의 트래드 마모가 많으면 빗길이나 눈길 주행시 미끄럼으로 큰 사고를 유발할 수 있으며, 고속 주행시나 로드 홀딩(Road Holding)에 의한 펑크나 노면의 요철이나 급제동시에 파열로 인하여 대형 사고가 발생할 수 있으므로 돈 몇 만원 몇 십 만원 때문에 불안해하면서 차를 타고 다닐 필요는 없다고 생각합니다.

　검소한 것도 안전 운행 범위에서나 가능합니다. 다른 곳에서 아끼시고 타이어는 제일 먼저 차와 지면이 만나는 곳이고 안전이 제일먼저 중요시 되는 부분입니다. 교환주기를 지켜 안전을 확보하시길 바랍니다.

03 타이어 외관 표시의 의미

차 종	-		**연 식**	-
주행거리	-		**탑재일**	2010.04.29
글쓴이	범이(mtgk****)		**매 장**	
관련사이트				

1. 고장내용

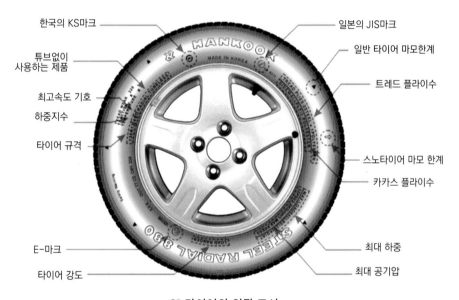

- 한국의 KS마크
- 튜브없이 사용하는 제품
- 최고속도 기호
- 하중지수
- 타이어 규격
- E-마크
- 타이어 강도
- 일본의 JIS마크
- 일반 타이어 마모한계
- 트레드 플라이수
- 스노타이어 마모 한계
- 카카스 플라이수
- 최대 하중
- 최대 공기압

❀❀ 타이어의 외관 표시

회원님들의 댓글 | 등록순 ▼ | 조회수 | 좋아요 ▼

- ● 생명카, 데카당까마구, 운동짱, 엔카쫑, 향기
  잘 보았습니다. 좋은 자료 감사합니다.
- ● 산미구엘
  감사합니다. 범이님이 올려 주신자료 퍼갑니다. 고맙습니다.---예멘에서
- ● 나무늘보, ndr6k, 돌멩이, 설무흔
  좋은 정보 저도 퍼갑니다. 정보 감사…
- ● 전북 부안 무공해
  잘 만들었네요.
- ● 파닭파닭
  오우~ 멋지네요 ^^
- ● 뉴EF오너
  와우~ 좋은 정보 짱~~

2. 관계지식

(1) 타이어 외관의 표시의 의미

① 한국의 KS 마크 : 한국 공업규격을 획득함을 표시한다.

② 튜브 유무를 표시 : 튜브가 없는 타이어를 표시한다.

   • RADIAL TUBELESS : 레이디얼 튜브리스 타이어라는 뜻이다.

❖ KS 마크   ❖ 튜브 유무를 표시

③ 최고속도 기호 : 속도지수는 타이어의 하중지수와 관련하여 타이어가 하중을 운반할 수 있는 속도를 나타낸다.

   • P 215/ 60 R 16 94H : 최고속도 기호 H는 210km/h를 뜻한다.

속도지수	속도(km/H)	속도지수	속도(km/H)	속도지수	속도(km/H)	속도지수	속도(km/H)	속도지수	속도(km/H)
B	50	C	60	D	65	E	70	F	80
G	90	J	100	K	110	L	120	M	130
N	140	P	150	Q	160	R	170	S	180
T	190	U	200	H	210	V	240	W(ZR)	270
Y	300	(Y)	over 300						

④ 타이어 규격 : 단면폭, 편편비, 타이어의 구조, 림의 외경(타이어의 내경), 하중지수, 속도기호 등을 나타낸다.

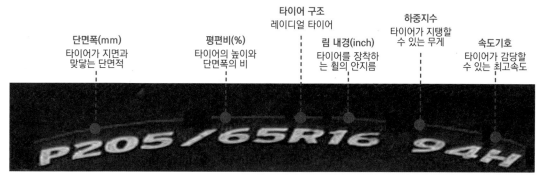

타이어의 규격 표시

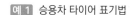

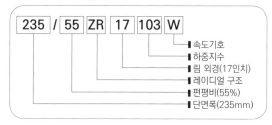

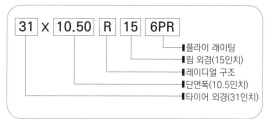

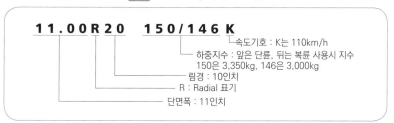

ISO 호칭(국제 표준조직)

걸프표준호칭

TR호칭(타이어와 림 관련산업)

타이어의 규격(Radial)	
ISO 표기법 (유럽 ETRTO 규정)	**P-METRIC 표기법 (북미 TRA 규정)**
205/60 R15 89H	P 215/ 60 R 16 94H(승용)
• 225 : 단면 폭(mm) • 60 : 평편비 • R : 레이디얼 구조 • 18 : 타이어의 내경(inch)	• P : 승용차용 타이어(Passenger의 약자) • C 는 카고트럭용 타이어 (Commercial vehicle) • D 는 덤프트럭용 디이어 (Dump truck Vehicle) • B 는 버스용 타이어 (Bus Vehicle) • 215 : 타이어의 너비(215mm) • 60 : 평편비 • R : 타이어의 종류(레이디얼) • 16 : 타이어의 내경(14inch) • 94 : 최대 하중지수 • H : 최고속도 기호
플로테이션(FLOTATION) 표기법	**경트럭 미터법**
30X9.50 R 15	LT235/ 75 R 15
• 30 : 타이어 외경 30인치 • 9.50 : 타이어 단면폭 9.5인치 • R : 레이디얼 구조 • 15 : 타이어의 내경(inch)	• LT : 경트럭용 (LT:Light Truck) • 235 : 타이어의 너비(215mm) • 75 : 평편비 • R : 타이어의 종류(레이디얼) • 15 : 타이어의 내경(15inch)
195/ 70 R 15(RV차량)	**225/ 70 R 22.5(버스 & 트럭)**
• 195 : 단면 폭(mm) • 70 : 평편비 • R : 레이디얼 구조 • 15 : 타이어 내경(inch)	• 225 : 타이어의 너비(225mm) • 70 : 평편비 • R : 타이어의 종류(레이디얼) • 22.5 : 타이어 내경(22.5inch)
타이어의 규격(Bias)	
5.60S-13-4PR	**10.00-20 14PR**
• 5.60 : 타이어의 너비(5.6inch) • S : 최대 속도 표시 • 13 : 타이어의 안지름(inch) • 4PR : 타이어의 강도(면사코드 4PLY에 해당)	• 10.00 : 단면 폭(inch) • 20 : 림 직경(inch) • 14PR : 플라이 레팅 수

⑤ 하중지수 : 하중지수는 타이어의 속도지수에 의해 표시되어진 속도에서 타이어 개당 운반 할 수 있는 최대 하중을 나타내는 수치적인 약호다.

• P 215/ 60 R 16 94H : 하중지수 기호 94는 670kg을 뜻한다.

하중지수	타이어 하중지수(kg)	하중지수	타이어 하중지수(kg)	하중지수	타이어 하중지수(kg)	하중지수	타이어 하중지수(kg)	하중지수	타이어 하중지수(kg)
50	190	76	400	102	850	128	1800	154	3750
51	195	77	412	103	875	129	1850	155	3875
52	200	78	425	104	900	130	1900	156	4000
53	206	79	437	105	925	131	1950	157	4125
54	212	80	450	106	950	132	2000	158	4250
55	218	81	462	107	975	133	2060	159	4375
56	224	82	475	108	1000	134	2120	160	4500
57	230	83	487	109	1030	135	2180	161	4625
58	236	84	500	110	1060	136	2240	162	4750
59	243	85	515	111	1090	137	2300	163	4875
60	250	86	530	112	1120	138	2360	164	5000
61	257	87	545	113	1150	139	2430	165	5150
62	265	88	560	114	1180	140	2500	166	5300
63	272	89	580	115	1215	141	2575	167	5450
64	280	90	600	116	1250	142	2650	168	5600
65	2990	91	615	117	1285	143	2725	169	5800
66	300	92	630	118	1320	144	2800	170	6000
67	307	93	650	119	1360	145	2900	171	6150
68	315	94	670	120	1400	146	3000	172	6300
69	325	95	690	121	1450	147	3075	173	6500
70	335	96	710	122	1500	148	3150	174	6700
71	345	97	730	123	1550	149	3250	175	6900
72	355	98	750	124	1600	150	3350	176	7100
73	365	99	775	125	1650	151	3450	177	7300
74	375	100	800	126	1700	152	3550	178	7500
75	387	101	825	127	1750	153	3650	179	7750

⑥ ECE 마크 : 유럽경제위원회(ECE)의 물리적 치수, 재질 조건, 고속 내구성 등에 대한 표준을 충족한 다는 의미이다. 대문자 'E'와 승인서를 발급한 국가를 표시하는 식별번호의 조합으로 이루어진다.

❖ ECE 마크

⑦ 타이어 강도 : 타이어의 강도는 플라이 레이팅으로 나타내며, 타이어에 사용된 보강제(코드)의 강도가 종전에 사용하던 면 코드지 몇 장에 해당되는가를 의미한다.

- LOAD RANGE D(50psi) COLD : 부하 범위는 D(50피에스아이)이다. 냉각상태에서 기준임.

❖ 타이어 강도

로드레인지(L, R)	플라이레이팅(P, R)	로드레인지(L, R)	플라이레이팅(P, R)
A	2	G	14
B	4	H	16
C	6	I	18
D	8	J	20
E	10	K	22
F	12	L	24

⑧ 최대 공기압 : 차의 안전과 승차감을 위해 제조사에서 최대로 넣을수 있는 압력을 정한 것으로, 이보다 적게 넣으면 연비하락의 원인이 되지만, 지나치게 많이 넣으면 노면 추종력이 떨어져 제동 불량이 일어나고, 심한 경우 코너에서 차가 접지력을 잃을 수도 있다.

- 100Kpa(44PSI) MAX. PRESSURE : 최대 공기압은 100키로 파스칼, 44피에스아이이라는 뜻이다.

- 일반적인 타이어의 공기압 : 규정 공기압은 승차정원을 다 태웠을 때이고 평상시는 혼자 승차하고 다니는 경우가 많으므로 최대 공기압보다 적게 넣고 다닌다. 승용치는 75~85%, 승합차는 80~90%, 화물차는 85~95%를 넣고 다닌다. 예를 들어 35PSI 타이어인 경우 28~32PSI, 44PSI 타이어인 경우 35~40PSI 정도 넣어 주면 적당하다고 볼 수 있다.

⑨ 최대 하중 : 최대 공기압에서 타이어가 견딜 수 있는 하중을 표시한다.

- MAX LOAD 670kg(1477LBS) AT : 최대 공기압 300kpa(44PSI)의 공기압에서 670kg (1477LBS)을 견딜 수 있다는 뜻이다.

❖ 최대하중 표시

⑩ 카카스 플라이수 : 타이어 내부의 섬유나 스틸로 구성된 코드층을 말하며, 하중을 지지하고, 충격에 견디며 주행 중 굴신운동에 대한 저항을 한다.

• TREAD SYEEL 2 + POLYESTER 2 + NYLON 2 : 트레드부는 총 6플라이수를 말하며, 철사 2층, 폴리에스터 2층, 나일론 2층으로 되어 있다는 뜻이다.

• SIDE WALL POLYESTER 2 : 사이드월부는 폴리에스터 2층으로 되어 있다는 뜻이다.

❋ 플라이수

⑪ 스노 타이어 마모 한계 표시 : 트레드 홈에 스노 타이어 마모 인디케이터를 표시한 위치를 알려준다.

⑫ 일반 타이어 마모 한계 : 트레드 홈에 마모 인디케이터를 표시한 위치를 알려준다.

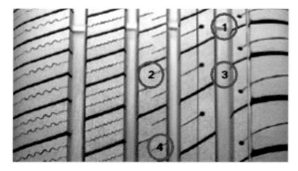

❋ 트레드의 명칭

❋ 스노 타이어 마모 인디케이터

⑬ 일본의 JIS 규격 : 일본 규격 획득함을 표시한다.

⑭ DOT(Department Of Transportation) safety standard codes : 세계 여러 나라에서는 타이어의 판매를 위해서 DOT(미연방 교통부) 마크를 요구한다.

• DOT AF 7V P1 H6 0509 : 생산공장(AF General, Portugal), 타이어의 규격, 제품 모델명, 제조사, 제조일자 등을 나타낸다.

• 제조일자를 읽는법 : 0509에서 앞 두자리 05는 타이어를 생산한 주, 뒤 두자리 09는 생산년도를 나타낸다.

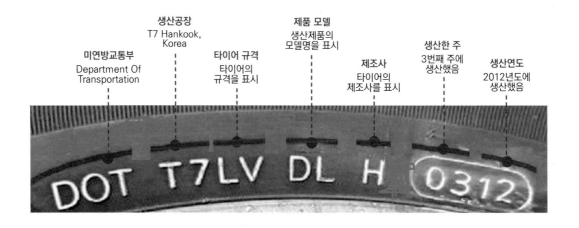

미연방교통부
Department Of
Transportation

생산공장
T7 Hankook,
Korea

타이어 규격
타이어의
규격을 표시

제품 모델
생산제품의
모델명을 표시

제조사
타이어의
제조사를 표시

생산한 주
3번째 주에
생산했음

생산연도
2012년도에
생산했음

(2) 타이어 형상에 의항 분류

① **레이디얼 타이어(RADIAL TIRE)** : 레이디얼 타이어는 카카스의 코드 방향이 중심선에 대해 약 90도 방향으로 배열되어 있고 또 그위에 강력한 벨트를 부착하여 고속 및 안전주행에 적합하도록 설계되어 있다.

- 타이어의 편평율을 크게 할 수 있어 접지 면적이 크다.
- 특수 배합한 고무와 발열에 따른 성장이 적은 레이온(rayon) 코드로 만든 강력한 브레이커를 사용하므로 타이어 수명이 길다.
- 브레이커가 튼튼해 트레드가 하중에 의한 변형이 적다.
- 선회할 때 사이드슬립이 적어 코너링 포스(cornering force 구심력)가 좋다.
- 전동 저항이 적고, 로드 홀딩(road holding)이 향상되며, 스탠딩 웨이브(stand ing wave)가 잘 일어나지 않는다.
- 고속 주행을 할 때 안전성이 크다.
- 브레이커가 튼튼해 충격 흡수가 불량하므로 승차감이 나쁘다.
- 저속에서 조향 핸들이 다소 무겁다.

② **비이어스 타이어 (BIAS TIRE)** : 카카스의 코드 방향이 타이어의 중심선과 약 35도의 각을 이루고 있는 타이어를 말한다.

③ **스노(snow) 타이어** : 스노 타이어는 눈길에서 체인을 감지 않고 주행할 수 있도록 제작한 것이며, 중앙부분의 깊은 리브 패턴이 방향성을 주고, 러그 및 블록 패턴이 견인력을 확보해준다. 스노 타이어는 제동성능과 구동성능을 발휘하도록 다음과 같이 설계되어 있다.

- 접지 면적을 크게 하기 위해 트레드 폭이 일반 타이어보다 10~20% 정도 넓다.
- 홈이 일반 타이어보다 승용차용은 50~70% 정도 깊고, 트럭 및 버스용은 10~40% 정도 깊다.
- 마멸에 견디는 성질, 조향 성능, 타이어 소음 및 돌 등이 끼워지는 것에 고려되어 있다.
- 바퀴가 고정(lock)되면 제동거리가 길어지므로 급제동을 하지 말 것

- 스핀(spin)을 일으키면 견인력이 급격히 감소하므로 출발을 천천히 할 것
- 트레드 부분이 50% 이상 마멸되면 체인을 병용할 것
- 구동바퀴에 걸리는 하중을 크게 할 것

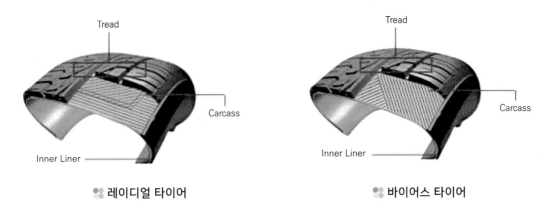

레이디얼 타이어   **바이어스 타이어**

(3) 타이어의 평편비

편평비는 타이어 단면 폭에 대한 높이의 비율이다. 과거에는 타이어의 높이와 폭이 같은 편평비 100이 주종을 이루었으나 현재는 80, 70, 65, 60, 55, 50 등으로 점점 낮아지고 있는 추세이다. 즉 최근 들어 폭이 넓은 타이어가 많이 사용되고 있으며 단위는 시리즈로 표시된다. 따라서 편평비가 60인 타이어는 60시리즈 타이어로 부른다.

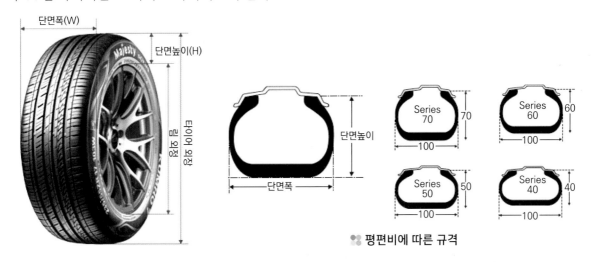

편편비에 따른 규격

(4) 타이어의 외경

타이어의 외경은 타이어 높이×2+타이어의 내경을 하면 된다.

타이어 높이(mm) = (단면폭 x $\frac{시리즈}{100}$) x 2 + (림 외경 x 25.4)   **예**   205/50R15 : (205 x $\frac{시리즈}{100}$ x 2) + (15 x 25.4) = 586m

※ 상기 계산법에 의한 수치는 이론상 수치로 실제 높이와는 약간의 오차가 있을 수 있습니다.

(5) 계절용 타이어

① **여름용 타이어** : 봄·여름·가을 동안 영상의 기온이 지속되는 시기에 사용되는 타이어로서, 영상의 기온에서 자주 접하는 마른 노면과 젖은 노면에서의 구동력 및 제동력이 우수한 타이어다. 타이어와 노면과의 마찰력은 강체와는 달리 접지면적이 넓을수록 높아지기 때문에 가능한 한 사이프 없이 단순한 블록 형태로 하여 순접지 면적을 넓힘과 동시에 젖은 비로 인한 젖은 노면의 배수성을 높여주기 위해 원주 방향의 직선 그루브 형태로 디자인하게 됩니다. 타이어에 별도의 표시가 없는 한 여름용 타이어다.

$$편평비 = (\frac{타이어\ 단면높이(H)}{타이어\ 단면폭(W)}) \times 100$$

예 $60시리즈 = (\frac{60mm\ 단면높이(H)}{100mm\ 단면폭(W)}) \times 100 = 60$

② **겨울용 타이어** : 겨울철 낮은 온도의 눈길, 빙판길에 적합한 타이어로, 트레드 패턴 모양은 많은 사이프에 의한 미세한 블록형이며 그루부를 깊고 넓게 하여 겨울철 노면에서 제동력 및 구동력이 우수하도록 설계된 타이어다. 또한 트레드 고무는 추위에 잘 견디도록 배합하여 저온에서도 부드러움과 높은 마찰력을 유지한다. 겨울용 타이어의 종류로는 빙판길에서 제동력 및 구동력을 높이기 위해 개발된 스터드 타이어와, *87년 이후 스파이크 핀으로 인한 소음·승차감·불량·분진 공해 등의 이유로 빙판길 성능은 약간 못미치지만 눈길과 마른 노면에서 승차감·소음감소 성능이 월등히 뛰어난 스터드러스 타이어가 많이 사용되고 있습니다. 최근에는 빙판길에서도 스파이크 타이어와 비교해 볼 때 패턴설계 기술 및 첨단 신소재(파이버 고무 등)의 개발로 성능이 크게 향상되었다.

③ **사계절용 타이어** : 겨울이 짧고 기온이 높은 지역에서 여름용과 겨울용 타이어를 교체하는 불편을 해소하기 위해서 사계절 구분없이 사용할 수 있도록 설계된 타이어다. 여름용과 겨울용의 중간정도의 특성을 갖는 타이어이며, 패턴 특징은 겨울철 사용을 위해 블록 모서리를 길게 하여 여름용보다 복잡한 형태다. 또 사이프를 여름용보다 많이 삽입하는데 이는 겨울철 눈길 등에서의 모서리 효과를 극대시켜 제동력과 구동력을 높여주기 위한 것이다. 그러나 기온이 낮고 강설이 많은 지역에서는 100% 제동성능을 발휘할 수 없으므로 겨울철 전용 타이어를 사용해야 안전하다.

❀❀ 여름용

❀❀ 겨울용

❀❀ 4계절용

(6) 타이어 패턴

1) **리브형** : 트래드 패턴에서 그루부가 원주방향으로 있는 타이어다.

  ① 장점

- 회전저항이 적다.
- 좌우로 잘 미끄러지지 않아 조종성, 안정성이 좋다.
- 발열이 낮아 고속용에 적합하다.
- 소음 발생이 적고 승차감이 우수하다.

  ② 단점

- 빗길의 제동력과 구동력이 약하다.
- 스트레스에 의한 균열이 생기기 쉽다.

  ③ 용도 : 포장도로용, 트럭 버스 전륜

2) **러그형** : 트래드 패턴에서 그루부가 원주방향과 직각방향으로 있는 타이어다.

  ① 장점

- 제동력, 구동력이 우수하다.
- 견인력이 우수하다.

  ② 단점

- 고속주행시 소음이 많다.
- 회전 저항이 커서 고속용으로 부적합하다.

  ③ 용도 : 비포장도로용 덤프트럭, 산업용 차량, 버스 후륜

3) **리브 러그형** : 트래드 패턴에서 리브형과 러그형 조합형태의 타이어다.

  ① 특징

- 가운데의 리브가 조종 안정성을 좋게하고 미끄럼을 방지한다.
- 숄더부의 러그는 구동력과 제동력을 좋게 한다.

  ② 용도 : 포장, 비포장도로 동시 사용한다. 트럭, 버스의 전·후륜에 주로 사용한다.

4) **블럭형** : 트래드 패턴에서 그루브가 서로 연결되어 독립된 블럭을 이루는 타이어다.

  ① 장점

- 제동력과 구동력이 우수하다.
- 눈길이나 빗길에서도 조종성, 안정성이 뛰어나다.
- 빗길에서 배수성이 좋다.

  ② 단점

- 그루브가 지지하는 면적이 많아 마모에 불리하다.

  ③ 용도 : 승용차의 사계절용 혹은 겨울용으로 적합하며, 상용차용 레이디얼 타이어의 후륜용

에 적합하다.

5) 비대칭형 : 트레드 패턴의 좌우가 서로 다른 모습을 한 타이어다.

  ① 장점

    • 코너링할 때 타이어 바깥측의 접지압을 높여주어 고속 코너링에 유리하다.

    • 타이어 바깥쪽이 마모되는 것을 보완해 준다.

  ② 단점

    • 차량에 취부시 안쪽과 바깥쪽의 위치를 준수해야 한다.

  ③ 용도 : 경주용 및 고성능 자동차용 타이어

6) 방향성형 : 그루브 패턴이 양쪽의 횡방향 그루브가 한 방향으로 된 타이어다.

  ① 장점

    • 제동성이 우수하다.

    • 배수성이 좋아 빗길에서의 안정성이 뛰어나다.

    • 고속주행에 적합하다.

  ② 단점

    • 타이어의 취부방향이 주행방향으로 고정되어 있다.

  ③ 용도 : 고속주행용 승용차 타이어

리브형

러그형

리브러그형

볼록형

방향성형

비대칭형

스탠딩 웨이브 현상의 결말

차 종	투싼 ix	연 식	-
주행거리	-	탑재일	2011.11.09
글쓴이	오분직분사(hyun****)	매 장	
관련사이트	네이버 자동차 정비 공유 카페 : https://cafe.naver.com/autowave21/198108		

1. 고장내용

투싼 ix 고객이 갑자기 타이어가 뻥하고 터져서 견인되어 입고됨. 고객님 차량 뽑은지 6개월도 안됐는데 타이어가 터졌다며, 타이어 불량이 아니냐고 이야기하심 ㅎ;;;

❖ 파손된 타이어

2. 점검방법 및 조치 사항

6개월 동안 공기압 한 번도 점검 안하시고, 고속주행만 다님. 당연히 스탠딩 웨이브 현상으로 타이어 히트 세퍼레이션이 됨.___; 스탠딩 웨이브: 차가 고속주행할 때 타이어 접지부에 열이 축적되어 변형이 나타나는 현상

● 하얀날개

자동차가 고속 주행할 때 일정속도 이상이 되면 타이어 접지부의 바로 뒷부분이 부풀어 물결처럼 주름이 잡히고 다시 수름이 펴지기 전에 다시 노면과 접지면이 다시 접히고를 반복해 타이어가 찌그러지는 현싱이 생기게 되는데, 이를 스탠딩 웨이브(Standing Wave)라 한다. 특히 공기압이 낮은경우 더욱 쉽게 스탠딩 웨이브 현상이 발생 된다. 이런 경우 타이어 내부에 고열이 생겨 변형이 커지며 끝내는 타이어가 파열되기도 한다.

● 하얀날개

자동차가 도로 위를 주행할 때 타이어가 노면과 맞닿는 부분은 곡선이 아니라 직선인 상태로 접촉하게 됩니다. 타이어는 탄성이 강하기 때문에 접지면에서 떨어지는 순간 복원력이 작용해 곧 회복됩니다. 그러나 타이어의 공기압이 적게 되면 속도가 높아지면서 찌그러진 타이어가 미처 원형으로 회복하지 못한 채 계속 찌그러진 형상으로 회전 하게 됩니다. 이렇게 공기압이 적은 상태에서 타이어가 고속회전하게 되면 노면과의 접지부 에서 일어나는 변형이 채 회복되기 전에 다음 변형을 맞게 되어 타이어가 물결 모양으로 떠는 현상이 발생됩니다. 이러한 현상을 스탠딩 웨이브(Standing Wave)현상 이라고 합니다.

● 차가조아

타이어의 공기압이 문제죠. 요사이 나오는 고급차량은 타이어 공기압 자동 감지 시스템 (TPMS : Tire Pressure Monitoring System) 장치가 설치되어 주행시 타이어 공기압이 적으면 경보음이 울려서 안전주행을 할 수 있는데 일반적인 차량은 주행시 타이어의 공기압이 적게 되면 초보 운전자는 그 느낌을 몰라서 위의 사진 같은 일이 생기게 되죠. 운전자 스스로 차량에 애착을 가지고 미리 예방정비를 안하시는 것이 문제입니다. 차량이 일반적인 도로 주행시에는 적정 공기압으로 주행하나 고속 주행시 에는 타이어 공기압을 조금더 많이 주입하여야 하는데 왜 타이어 공기압을 자동으로 제어하여 주는 장치는 없을까요?

● avt504455

차가 조아님이 말한 대로 그러한 장치가 있다면 좋겠지만 그러므로 인해 차량단가가 상승. 곧 소비자에게 전가, 효율성, 고속주행을 얼마나 많이 하느냐 등등… 이래저래 기업들은 따져 봐야겠지요.

● wbh0244, 류천비화, 김상선, 김실땅, 스피드, 한스119

감사합니다. 잘 보고 갑니다.

● dlwkd630

스탠딩 웨이브로 인해 터진 타이어는 처음보네요….와우

● 벤츠운전병

전문적인 용어까지 ~ 감사합니다!

등록

☺ 스티커　📷 사진

---

3. 관계지식

(1) 스탠딩 웨이브(Standing Wave)

　자동차가 고속 주행시에 타이어가 회전하면서 노면과 접촉하여 주행하므로 접지부가 변형되었다가 접지 면을 지나면 공기압력에 의하여 처음 형태로 되돌아오는 성질을 가지고 있다. 그러나 주행 중 타이어 접지 면에서의 변형이 처음의 형태로 되돌아오는 빠르기보다도 타이어의 회전속도가 빠르면 처음의 형태로 복원되지 않고, 파도(wave) 모양으로 변형된다. 또, 트레드부에 작용하는 원심력은 회전 속도가 증가할수록 커지므로, 복원력이 커지면서 지나친 진동파가 타이어 둘레에 전달된다. 이와 같이 물결 모양의 변형 및 흐름 속도가 타이어의 회전속도와 일치하면 진동파는 움직이지 않고 정지 상태로 된다. 이것을 스탠딩 웨이브 현상이라 한다.

❈ 스탠딩웨이브가 일어나고 있는 모습   ❈ 스탠드 웨이브 현상   ❈ 차상 작업중

1) 스탠딩 웨이브 방지법

① 과속을 금지한다. : 스탠딩 웨이브 현상은 150km/h 전후의 고속 주행에서 주로 발생하기 때문에 규정 속도를 준수하는 운전 습관을 갖는 것도 중요하다.

② 공기압을 주기적으로 점검한다. : 공기압이 부족하게 되면 내부의 공기가 타이어를 제대로 유지하지 못해 스탠딩 웨이브 현상이 발생하게 된다. 보통의 경우에는 변형이 생겨도 금방 원래 형태로 복원되지만 타이어 공기압이 부족한 경우에는 변형이 복원되지 않은 상태에서 다시 변형이 일어나게 되므로 주유할 때나 고속도로를 주행하기 전에 카센터나 주유소에서 점검, 보충하도록 한다.

요즘에는 주유소에도 공기 주입기를 설치하여 놓은 곳도 많다. 고속도로를 주행할 일이 많은 시기에는 적정 공기압보다 약 10~30% 정도 공기압을 높이면 도움이 된다. 요즘 출시되는 차량에는 타이어 공기압 자동 감지 시스템(TPMS : Tire Pressure Monitoring System)이 장착되어 있기 때문에 타이어 공기압이 부족할 경우 쉽게 알 수 있습니다.

공기압 30psi 상태	공기압 20psi 상태	공기압 10psi 상태
타이어 수명 1시간 47분	타이어 수명 1시간 11분	타이어 수명 43분

❈ 공기압력과 타이어 펑크 날 때까지의 시험 결과

③ 적재중량 초과 금지(과적 금지) : 적정 공기압을 주입하였다 하여도 과적을 하게 되면 타이어의 반복되는 변형으로 스탠딩 웨이브 현상이 발생하게 된다. 보통 차량에는 최대로 감당할 수 있는 무게가 정해져 있으며, 그보다 더 많은 인원이 탑승하거나 짐을 싣게 되면 타이어가 감당하기 어려워진다. 적정 적재량을 초과하지 않도록 하고 필요 없는 짐들은 싣고 다니지 않는 것이 좋다.

④ 고속으로 주행 시 노후된 타이어나 재생 타이어 사용 금지 : 노후된 타이어나 재생 타이어는 카카스, 캡 플라이어, 벨트 부분의 약해지므로 스탠딩 웨이브 현상이 발생하기 쉽다.

⑤ 고속 주행시 적당한 운행 후 타이어의 휴식시간을 준다 : 고속주행에서 스탠딩 웨이브 현상이 일어나므로 2~3시간 운행 후 열 받아 있는 타이어도 식힐 겸 휴식을 취하는 것을 권장한다. 또한 여름철 아스팔트 노면이 뜨거워진 상태에서는 더욱 타이어의 휴식이 필요하다. 스탠딩 웨이브 현상이란 결론적으로 타이어가 열을 받는다는 것이다. 아스팔트 표면에서 올라오는 지열도 만만치 않다.

2) 스탠딩 웨이브로 타이어가 펑크 났을 때 조치법

① 급브레이크를 금지한다. : 타이어가 펑크난 것을 인지하였으면, 급브레이크를 밟는 것은 금물이다. 펑크난 타이어 쪽으로 미끄러질 수가 있으며, 조종 안정성이 확보가 안 되어 더 큰 위험이 초래 될 수 있다. 또한 스핀 현상으로 차가 돌아가면서 더 큰 사고를 유발할 수 있다. 브레이크 페달을 가볍게 여러번 나누어 천천히 밟고, 차를 갓길에 바짝 대어 정지시킨다.

　　이렇게 밟는 브레이크를 펌핑 브레이크(단속 브레이크)라고 하며, 펌핑 브레이크를 이용하면, 스피드 컨트롤이 가능해짐과 동시에, 핸들의 조종 안전성과 순조로운 스피드 다운에 의해, 주의의 상황을 파악할 여유가 생긴다. 또한, 제동등이 점멸하므로, 후속 차에게 이상 발생을 알려 주의를 환기시킬 수 있다. 또한 다음으로는 차량의 돌발상황 발생이나 비상등을 바로 키서 주변에 신호를 보내고 차량에 이상이 있음을 바로 알려야 사고를 방지할 수 있다.

② 핸들을 놓치지 않는다. : 고속 주행 중에 핑크가 나서 타이어의 공기가 급격히 빠지거나 파열이 일어나면, 파열된 쪽으로 차체가 기울어져 급격히 핸들을 빼앗긴다. 또한 마찰력 증대로 핸들이 돌아가려는 힘이 발생한다. 이 때는 핸들을 단단히 잡고 직진방향으로 누르듯이 하고, 엔진 브레이크로 서서히 속도를 떨어뜨려 길가에 댄다.

③ 충분한 거리를 두고 삼각대를 설치한다 : 고속도로에서 사고가 발생하면 낮에는 후방 100미터, 밤에는 후방 200미터 지점에 안전 삼각대(고장자동차 표시, 자동차용 정지표지판)를 설치하도록 되어 있다. 만일 가까운 곳에 설치해도 인지가 가능한 상황이거나 운전자의 안전이 위협받는 상황이라면 보다 짧은 거리의 지점에 설치해도 무방하다. 안전 삼각대를 꼭 세워서 더 큰 사고를 미리미리 방지 하여야 한다.

④ 탑승자 전원 고속도로 밖 안전지대로 이동 : 고속도로 갓길이 안전지대가 아니기 때문에 가드레일 밖으로 고속도로를 벗어나야 한다. 고속도로 갓길 정차 중 후방 차량의 졸음운전, 눈·빗길 미끄러짐, 타이어 파손 등으로 인해 교통사고를 당하는 경우가 많고 심할 경우 교통 사망사고로 이어지게 된다.

⑤ 안전 조치 후 긴급 견인 서비스 신청 : 우선 한국도로공사 긴급무료 견인서비스(1588-2504)로 연락해 견인을 요청한 다음 가입한 보험사의 긴급 견인서비스를 요청한다. 한국도로공사의 긴급 견인서비스는 고속도로에서 고장 또는 사고로 2차 사고가 우려되는 소형차(승용차, 16인 이하 승합차, 1.4t 이하 화물차 등)를 인근 협력 구난업체를 이용하여 가까운 안전지대(IC, 휴게소, 졸음쉼터)까지 신속히 견인시키는 제도이다. 보험사 긴급 견인서비스는 통상 10km까지 무료이고 이를 초과할 경우 km당 2천 원 정도의 별도 요금이 발생하며, 도로공사 긴급 견인서비스를 받은 이후 보험사 긴급 견인서비스를 이용하시면 비용을 절감하면서 최대 20km까지 무료 견인 서비스를 이용할 수 있다.

3) 타이어 공기압 관리

타이어는 적정 공기압을 넣었을때 비로소 타이어로서 중요한 기능을 발휘할 수 있다. 그러나 공기압이 부족하거나 과다한 상태로 주행하면 기능이 떨어져 타이어의 손상과 직결되며 중대한 사고의 원인이 되므로 특히 고속도로 주행 전에는 반드시 공기압 점검을 해야 한다.

① 적정 공기압 : 타이어의 적정 공기압은 사용하는 차량마다 조금씩 상이하나, 승용차의 경우 대부분 28~32PSI 적용하며, 해당 차량에 적용되는 타이어의 권장 공기압은 차량의 사용자 매뉴얼 책자나, 차량 Door 안쪽에 부착되어 있다.

② 공기압 점검 : 공기압 점검은 주행직후가 아닌 장시간 주행이 없는 상태의 상온에서 점검해야 하며, 주행중 타이어 발열에 의해 공기압이 높아졌다고 해서 공기를 빼지 말아야 한다.

③ 고속도로 주행시 : 고속도로 주행시에는 통상적으로 공기압을 상향 조정하여(약 10%) 주행하는 것을 권장한다.

	공기압 부족	적정 공기압	공기압 과다
마모형태			
공기압의 과부족에 의한 영향	접지압이 숄더부에 치우쳐 양쪽 숄더 마모가 발생	정상 마모	접지압이 중앙부에 집중되어 중앙 마모가 발생

④ **타이어의 이상 마모와 원인** : 이상 마모의 원인은 차량의 측면에서 차륜, Brake 등의 고장, 취부불량 또는 잘못된 Alignment(Toe-in, Camber 등) 등에 기인하고, Tire 사용상의 공기압, 부하 하중, Rim 접촉상태 등의 부적정성 및 타이어 고무의 변질 또는 불량 등에 기인하여 발생할 수 있다. 이를 예방하기 위하여는 얼라인먼트, 브레이크 및 휠 등 차량의 정기 점검, 적정 공기압 유지 및 정기적 위치 교환 등 타이어의 올바른 사용, 급발진, 급정지 및 급 회전 등을 지양하는 올바른 운전방법이 필요하다. 이상 마모현상은 다음과 같다.

- 공기압 부족으로 주행하면 접지압이 숄더부위로 치우쳐 양 숄더 부위 마모가 발생한다.
- 이상 발열에 의해 고무 및 코드층이 분리되는 현상이 발생한다.
- 림 플랜지와의 이상 접촉에 의해 타이어 비드부가 파열되는 현상이 발생한다.
- 외부 충격과 심한 굴신에 의한 발열로 Cord 절단 현상이 발생 한다.
- 공기압 과다로 주행하면 접지압이 중앙부위에 집중되어 중앙 마모가 발생한다.
- 긴장 상태가 높아져 외부 충격을 받았을때 타이어가 쉽게 파열된다.
- 공기압 과다로 주행하면 박힌 돌들에 의해 입은 상처가 급격히 성장되어 타이어 파열로 이어진다.

■ **투싼 iX**

차종 \ 년도	00	01	02	03	04	05	06	07	08	09	10	11	12	13	14	15
2.0 DOHC MPI(VVT)																
G 1.5 DOHC																
G 2.0 DOHC																
G 1.6 DOHC																
D 1.5 TCI-U																

차 종	-	연 식	-
주행거리	-	탑재일	2010.10.25
글쓴이	루비(jjnw****)	매 장	
관련사이트			

1. 고장내용

오늘 빵꾸가 나서 거품 묻혀봤는데 빵구가~ㅋㅋ 한쪽으로 타이어가 많이 먹어서 그런지 박힌 건 없는데 거품이 뽀글뽀글 올라오네요.^^

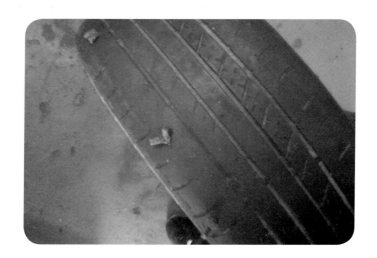

2. 점검방법 및 조치 사항

타이어 갈고 얼라인먼트 보시라고 했더니 나중에 한다고 해서 그냥 빵구 때우고 가셨네요.^^ 카메라 상에는 안보이지만 아래 부분에 빵구 하나 더 있어서 총 4개 때우고 2만 8천원 인데 2만 5천원 받고 출고 하였습니다. 저희 가게는 빵구 7천원씩 받거든요. ㅋㅋ 다른 곳은 아직도 5천원 씩 받나요??

● 풀사랑

몇일전 하이카 긴급출동하신 업체에서는 5천원 받더군요. 근데 저 타이어로는 고속도로 불안해서 나갈 수가 없겠군요^^
➥ 루비 - 작성자
긴급출동 하시는곳은 보험회사에서 또 5천원 받고 손님한테 또 5천원 받는 걸루 일고 있는데…

● 브리티쉬

타이어 하나 구입하는게 싸게 먹히겠는데요.
➥ 루비 - 작성자
빙고 맞는 말씀이신데요. ^^ 타이어 바꾸고 타이어 한 쪽만 먹으니깐 얼라인먼트 보라니깐 차 조만간 팔아야 한다고
안 바꾸시네요.^^ 뭐 파신 다는데 타이어 바꾸기엔 아깝죠.

● 감자탕에감자

차라리 타이어를 바꿔야겠습니다… 바꿀 때도 지났고;;
➥ 루비 - 작성자
차 파신다고 돈 들면 안 된데요.^^

● 포니카

보험회사에서 타이어 수리비는 지급하지 않는걸루 알고 있습니다.

● 브리티쉬

보험회사 긴급 출동은 타이어 수리 안 해주죠. 그냥 스페어(또는 템퍼러리) 타이어로 교체해 주는 것이 맞지요.

● 풀사랑

보험사 긴급출동 서비스는 타이어 교체만이죠. 펑크수리는 별도이므로 5천원을 받는거죠. 이렇기 때문에 대개 출동한 업체 기
사님은 웬만하면, 그냥 지렁이로 수리하는 것을 유도 하시더라구요. 타이어 탈, 부착 수고도 덜고, 또 적지만 수입도 올릴 수 있으
니까요.

● 아이우

저는 긴급출동 수리비로.1만원 받던데요.

● 붕붕

만원 받는 곳잇어여,,,@@ㅋㅋ 공기압 다 체크해 주고,, 펑크 때워 주고,,

● 보통남자, 황호준, 프로펠러 샤프트, suncloud003, wbh0244, 그냥 초보, chalton212, 류천비화, 기아차
공부중

잘 보고 갑니다.

● 즐거운하루님

그 가격이면 새 타이어 조금 더 보태면 하나 살 수 있을텐데요. 목숨을 담보로 돈을 아끼시네요.

● 장군

타이어 마모가 심해서 주행하기에 조금 어려울 것 같네요. 저분 이번 기회게 타이어를 교체하시는 것이 좋을 것 같은데요.

● 닉녹

큰일을 안 당해봐서 한번 큰일이 나봐야 아~~~기사님이 왜 그런지 알꺼예요. ^^

● 정비보조ㅋ

이 정도는 기본 아닌가요 ㅎㅎ?? 저희 회사 순칠도는 차는 음 지렁이 한번에 6 번 ㅎㅎㅎ
➥ 루비 - 작성사
헐 ㅋㅋ 정비 인생 10개월 동안 저는 4개 밖에 못봤슴ㅋ

● 파일럿

울 동네는 3천원 받더군요.

● 페르베이

학교에서 교수나 선생꺼 때워주면 공짜.ㅠㅠㅠ 으흑… ㅎㅎ;

● 가정교사

타이어에 꽃이 피어네요 ㅎㅎ

● pjw772

ㅎㅎㅎㅎ

● 정비매니아1

ㅋㅋㅋ 저희 샵은 펑크수리 10,000원입니다 ^^ 타이어 탈착해서 깔끔하게 해주면 손님들도 인정하시고 돈 주십니다.
ㅎㅎ

● 정비매니아1

그런데 한 타이어에 그렇게 많이 박을 경우는 경우가 다르죠;;ㅎㅎ

● chlrhkdgns2

잘보고 갑니다. 저도 빵구 한 번 때워보았는데 저렇게 많이는 죽어도 하기 싫네요. 승용차는 지렁이 넣고 때우면 휠 바란스 봐야 하나요?.

　↳ 루비 - 작성자

　휠 밸런스 안 봐도 되요. ^^

● 투투정비

헉.저상태로 어떻게 운행을 한다고.

● 레몬버베나

대박이다 ㅋㅋㅋㅋㅋ

● 벤츠운전병

차주 분. 오래 타시길 바랍니다.

● 뿌글이

위험하죠!!

● a073055

돈에 목숨 많이 들걸요.

● k3382s

긴급 출동하신 분이 그냥 펑크 때워주시고 그냥 가셨는데요? 그것도 2개나 때워주시고. 참고로 포항 살고 있습니다.

● 프아아

혹시 펑크난 부분에서 바람이 샐 경우 다시 때워도 상관없는 건가요. ?

　↳ 루비 - 작성자

　네 상관없어요. 때워서 바람 안 새면 상관없어요.^^

● Feel good

헉 저 같으면 타이어 갈겠습니다. 손님이 참 거시기 하네요. ㅎ ㅎ.

● 프아아

진짜 제가 차주라도 갈겠습니다.

● 쏘가리

고속도로 휴게소 정비소인데 빵구비 10,000원 받고 있습니다. 공기압, 오일, 패드 등 점검해 드리구요.어떤 양반은 동네서 5천원인데 왜 만원 받냐고 따지고 들길래 13년간 5천원 받았었습니다.~라고 ㅎㅎㅎ

　↳ 루비 - 작성자

　솔직히 맞는 말이에요. 펑크수리 쉽다고 생각하시는 분 많으신데 솔직히 펑크 찾을려고 겨울에 거품 물 묻히고 하면 손도 시렵고. 어떤 타이어는 겁나 안 들어가요. 그런걸 손님들이 잘 모르시니 원 ㅋㅋ 저희는 단골은 5천 첨오시는 분은 7천원 받아요.

● 숲에살다

5천원 받어요~~ 7천원 짜리두 있구낭.

● 오리진

앞바퀴 5천원 후륜 일만원 미용실도 남자 컷트를 5천원에서 지금은 8천원이나 9천원 받던데요…. 놀랐어요.

　　　　　　　　　　　　　　　　　　　　　　　　　　　　　　| 등록 |

☺ 스티커　📷 사진

3. 관계지식

(1) 펑크 수리 가능한 위치

타이어의 펑크 수리 위치는 트레드 부분에서만 가능하다. 타이어 숄더 부위 아래 사이드월 부분은 타이어 수리가 불가능하다. 이유는 타이어는 트레드 아래에 스틸 벨트가 있는데. 이 스틸벨트가 있어야만 고정이 되기 때문이다.

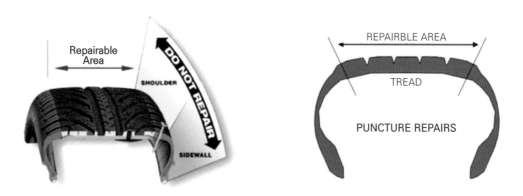

✂ 타이어 수리 가능 부분

(2) 펑크 수리 공구 및 재료

1) 슬림형(지렁이) 킷트

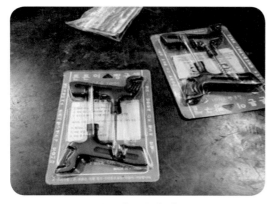

✂ 펑크 수리 키트

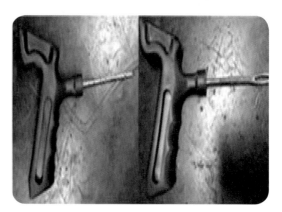

✂ 송곳과 귀바늘

2) 패치형

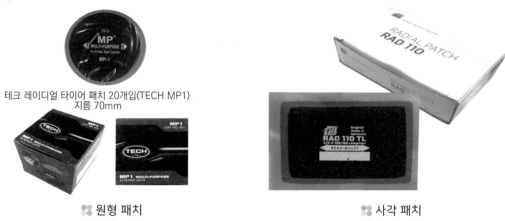

테크 레이디얼 타이어 패치 20개입(TECH MP1)
지름 70mm

❖ 원형 패치   ❖ 사각 패치

3) 플러그(버섯) 패치형

심굵기:8mm

지름 40mm

❖ 플러그(버섯)형 패치

(3) 펑크 수리 방법

1) 슬림형(지렁이) 수리 방법

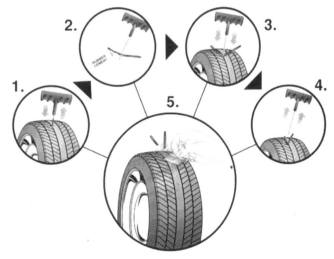

❖ 펑크 수리 순서

① 타이어에서 공기가 새어 나오는 곳을 찾는다. 육안으로 찾을수 없다면 물이나 비눗물을 묻혀보면서 거품이 올라오는 곳을 찾는다. 그래도 찾지 못하면 타이어를 물에 넣어 새는 곳을 찾는다.

② 타이어의 공기가 새는 부분에서 펑크 원인 물질(나사못, 못, 이쑤시게, 철사 등)을 찾아 뻰치나 니퍼로 제거하여 준다.

꿀벌 펑크 부분 찾기

꿀벌 못 뽑기

③ 펑크 수리 세트에 송곳으로 펑크난 구멍을 플러그(지렁이)가 들어갈수 있도록 넓혀준다.

④ 플러그(끈끈이)를 귀바늘 송곳에 끼워 플러그 정 가운데에 중심을 잡아 위치시킨 후 귀바늘 송곳 끝을 플러그(끈끈이)와 함께 펑크 구멍에 힘주어 밀어 넣는다.

꿀벌 귀바늘에 플러그 끼우기

꿀벌 펑크 구멍에 밀어 넣는다.

⑤ 귀바늘 송곳의 손잡이를 시계방향으로 조금 돌리면서 송곳을 다시 뽑는다.

⑥ 구멍 밖으로 돌출된 플러그(끈끈이)는 잘라 낸다.

❈ 돌출된 플러그 잘라낸다 　　　　　　　　 ❈ 잘라낸 모습

- 6mm 이상의 큰 펑크에는 사용하지 않는다.
- 타이어의 옆 부분이나 비드(휠과 접착된 원형부분) 부위의 펑크에는 사용하지 않는다.
- 본 제품은 시속 220km이상 계속 주행하는 타이어에는 사용할 수 없다.
- 작업 후에는 항상 잘 때워 졌는지 확인 후 운행한다.
- 잘 들어가지 않는다고 망치로 치면 안된다. 요즘은 전기 임팩을 이용하기도 한다.

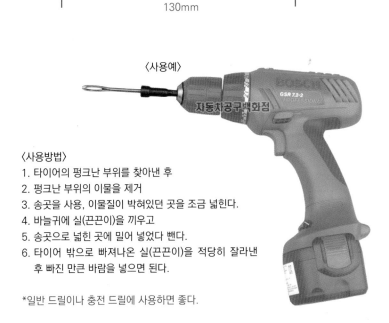

〈사용방법〉
1. 타이어의 펑크난 부위를 찾아낸 후
2. 펑크난 부위의 이물을 제거
3. 송곳을 사용, 이물질이 박혀있던 곳을 조금 넓힌다.
4. 바늘귀에 실(끈끈이)을 끼우고
5. 송곳으로 넓힌 곳에 밀어 넣었다 뺀다.
6. 타이어 밖으로 빠져나온 실(끈끈이)을 적당히 잘라낸
　 후 빠진 만큼 바람을 넣으면 된다.

*일반 드릴이나 충전 드릴에 사용하면 좋다.

❈ 펑크 수리용 전기 임팩

2) 패치형 수리 방법

① 자전거 펑크 났을 때 처럼 자동차 타이어 안쪽을 그라인더로 갈아낸 다음 패치를 붙인다.

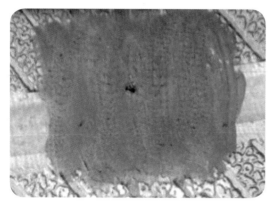

❂ 안쪽을 갈아낸 모습

❂ 패치를 붙인 모습

3) 플러그(버섯) 패치형 수리 방법

① 타이어를 탈거하고 그라인더로 펑크 난 부위를 갈아낸다.

② 버섯 패치에 본드를 바르고 펑크 난 구멍으로 심을 타이어 안쪽에서 바깥쪽으로 밀어 넣는다.

③ 타이어 바깥으로 튀어 나온 부분은 잘라낸다.

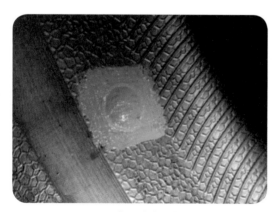

❂ 플러그 패치 장착 모습

❂ 밖으로 나온 플러그 모습

섀시

7. 현가장치
Suspension System

01. 스타렉스 판 스프링 파손

02. 뒤쪽에서 더득더득 소리가 나네요

03. 다이너스티 쇼버 개조

04. 트렁크 쪽에서 찌걱~ 찌걱~ 소리가 납니다.

05. 차량 주행 소음이 발생하고 핸들 조작이 힘들어요

06. 출발, 제동시 "뚝"하고 소음 발생함

07. 트라제 디젤 뒤 코일 스프링 파손

08. 견인차에 매달려 왔더라구요.

차 종	스타렉스	연 식	-
주행거리	-	탑재일	2009.06.29
글쓴이	일산일신(mjth****)	매 장	
관련사이트	네이버 자동차 정비 공유 카페 : https://cafe.naver.com/autowave21/104994		

1. 고장내용

스타렉스가 소음으로 입고 확인해 보니…

✦ 판 스프링이 부러진 모습

2. 점검방법 및 조치 사항

판스프링이 부러졌네요. 교체 후 출고수고하세요.

- 까치, 껄덕이, 최강의꿈, cmh9259, 지 슬, 청해, 120km, 주니, 초보 정비공, 류천비화
  잘 보았습니다. 수고하셨습니다.
- 수레버퀴
  화물을 너무 많이 실었겠죠. 너무 무리한 결과…
- jong1421
  승합 및 화물 차량은 판스링 U볼트 및 고무 부싱을 확인 하세요.
- 붕붕
  판 스프링이군요. 무게 과중과 오래 되면 두 동강이 납니다.
- 리얼
  리프 스프링 맞죠?
- 이정학
  판 스프링이 파손되면 덜거덕 덜거덕 거리는 소음이 나는게 맞나요? 판 스프링 장착 위치가 변형 되는 거랑은 관계없죠?
- chlrhkdgns2
  잘 보고 갑니다. 판 스프링이 잘 끊어 지나보내요.
- 개발뚱띠
  부러지는 부위가 항상 3번 앞 입니다. 스프링 문제가 아니고 가장 취약한 부분에 과도한 힘이 가해질 때만 발생되는 현상입니다.
- 정비인멤버
  이것도 3번 앞쪽이네요. 구조적 결함인가보군요.
- 마그루스
  똑. 부러졌네요.

| | **등록** |

☺ 스티커 📷 사진

3. 관계지식

(1) 절손 원인

판 스프링의 절손 원인은 노후 된 화물차(판 스프링 피로도가 한계 초과 시), 적재하중 초과 시, 요철부위 비포장도로에서 급제동 시, 스프링 고정 유볼트 풀림시지만, 대부분이 과적이 원인이다. 스프링이 절손 상태에서 운행을 하면 여러 가지 문제가 생길 수 있으므로 바로 교환하여야 한다. 절손된 판스프링이 밀려나와 쇼버 파손, 파킹 케이블 밀림으로 주행 중 편 제동, 연료 탱크와 간섭이 되면서 구멍이 나서 연료누출로 위험한 상황이 되기도 하고 고속도로에서는 다른 차량으로 튀면서 인명을 해치는 사고도 종종 있다. 판 스프링은 위에서 2번째는 보강용이라 부분교체가 가능하다. 다른 것은 어셈블리로 교환하여야 한다.

(2) 뒤 차축 현가장치의 구성부품(L 3.0S, D 2.5TCI-4D56, D 2,5 TCI-A 공통)

1) 스프링 탈착 방법

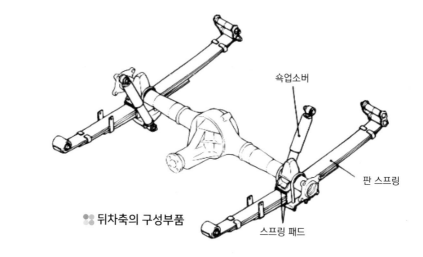

쇽업소버

판 스프링

스프링 패드

❊❊ 뒤차축의 구성부품

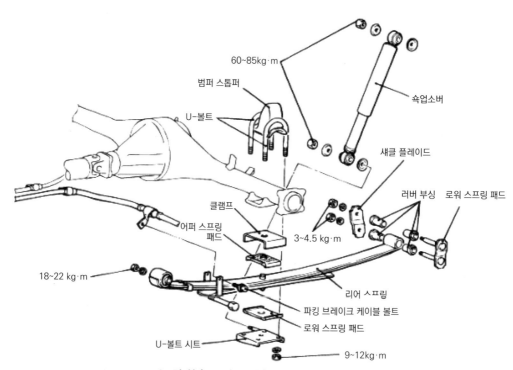

60~85kg·m

범퍼 스톱퍼

U-볼트

쇽업소버

섀클 플레이드

클램프

러버 부싱

로워 스프링 패드

3~4.5 kg·m

어퍼 스프링
패드

18~22 kg·m

리어 스프링

파킹 브레이크 케이블 볼트

로워 스프링 패드

U-볼트 시트

9~12kg·m

❊❊ 뒤 차축 분해도(번호 순서가 분해 순서임)

2) 리어 스프링 탈착 방법

① 차량을 들어 올려 지정된 부위에 리지드 잭을 받히고 휠을 탈거한다.

② 주차 브레이크 케이블을 탈거한다.

③ U-볼트 시트로부터 쇽업소버를 분리한다.

④ U-볼트를 탈거하고 시트와 범퍼 스톱퍼를 제거한다.

⑤ 리어 액슬 어셈블리를 들어 올려 리프 스프링으로부터 분리시킨다.

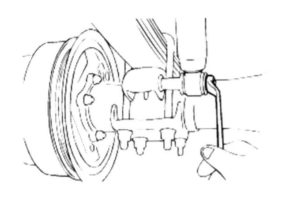

✖ 쇽업소버 분리

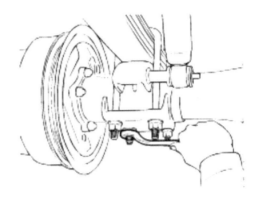

✖ U- 볼트 탈거

⑥ 볼트에 접해있는 스프링 핀을 제저한다.

⑦ 스프링을 빼내고 리프 스프링 앞쪽의 끝 부위를 내린다.

⑧ 섀클 어셈블리를 제거하여 스프링 어셈블리를 프레임으로부터 분리시킨다.

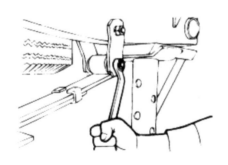

✖ 섀클 어셈블리 분리

✖ 클립을 편다

참고사항
- 사용 공구 그림이 옵셋 복스 렌치로 나와 있지만 현장에서는 소켓렌치와 힌지핸들을 사용하여야 풀 수 있다.

3) 리어 스프링 분해 방법

① 리프 스프링 클립을 편다.

② 센터 볼트를 빼내어 스프링을 분해한다.

③ 사일런스가 있으면 분리시킨다.

④ 필요한 경우 스프링에서 클립을 탈거한다.

⑤ 주차 브레이크 케이블을 탈거한다.

❖ 센터 볼트 분리

4) 리어 스프링 조립 방법

① 와이어 브러시로 스프링 판을 닦아 낸다.

② 스프링을 조립한다. 이때 센터 볼트에서 길이는 앞쪽이 짧다.

③ 사일런스가 있으면 접착제를 도포한다.

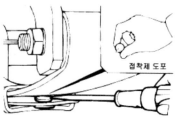

❖ 접착제 도포

참고사항

• U 볼트는 새것으로 교환하여 주는 것이 바람직하다.
• 차량을 들어 올릴 때 리프트가 아닐 경우는 에어 쇼버를 사용하는 것을 추천한다.

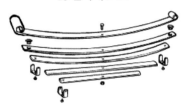

❖ 스프링 조립

(3) 스타렉스 현가장치 제원(L 3.0S, D 2.5TCI-4D56, D 2,5 TCI-A 공통)

항목(반원수 원판 스프링식/ 5링크 코일 스프링식)		단축 왜건	단축 밴	장축 왜건	장축 밴	4WD
리어 쇽업소버 형식		오일식	오일식	오일식	오일식	오일식
행정(mm)		191	206	206	206	231.5
감쇠력(kg)	팽창시	126±18	114±17	114±17	114±17	245±34
	압축시	52±10	51±11	55±11	55±11	72±14
판스프링	스프링 매수	–	4	4	4	–
	스프링 상수	–	7.5/ 15.1	3.52/ 8.38	7.5/ 15.1	–
	스프링 두께	–	9t(1.2.3), 16(4)	7t(1.2.3), 14(4)	9t(1.2.3), 16(4)	–
코일 스프링	스프링 자유고	347.8	–	–	–	376.2
	식별색	보라색 1줄	–	–	–	노란색 1줄

■ 스타렉스

년도 / 차종	00	01	02	03	04	05	06	07	08	09	10	11	12	13	14	15
L 3.0 SOHC																
D 2.5 TCI-4D56																
D 2.5 TCI-A																

뒤쪽에서 더득더득 소리가 나네요

차 종	마르샤2.0 DOHC	연 식	-
주행거리	-	탑재일	2009.06.16
글쓴이	kyw3967(kyw3****)	매 장	
관련사이트			

1. 고장내용

요철 주행시 더득더득 소리남.

❖ 부러진 코일 스프링과 더스트 커버 모습

2. 점검방법 및 조치 사항

쇼버 스프링 및 더스트 커버 파손되었음. 쇼버 어셈블리 교환하고 출고함.

● 으찌라고

우와~!! 완전히 서거하셨네…

● 힘찬출발, 보름달, 최강의꿈, hwang mi, 대성카, 라쿤, ps2ready, 돼지아빠, 꼴통준, villain21, 행복론, 120km, 응애, jujak9, 주니, 다크엔젤, 조가이버, 대박인생, chalton212, 오경선, 류천비화

잘보고 갑니다. 수고했습니다.

● 당진김기사

흐미~ 마르샤가 저 정도 돼다니…

● 임 부장

차주 분 운이 좋은듯… (사고)

● 곰

차주 분 큰일 날뻔… 고생 하셨네요.

● chlrhkdgns2

통째로 앗세이 교환 했을듯…

● 난 찍사

할 말 없네요.ㅎㅎ

● nadamser

그나마 쇼버가 말없이 힘쓰고 있었군요. 수고하셨습니다.

● 칠광

오래 쓰셨네요.^^

● 카테크니션

헐… 스프링이 부러진 건 처음 보는듯…

● 차닥터

하루 이틀 만에 나는 소리가 아닌데요?

● pringno1

아주 난리가 났네여~ ㅋㅋㅋ

● 축복의통로

저런 경우도 있습디다.~~~

● 팔불출

ㅎㅎㅎ 장난 아니네~ 여하튼 돈돈돈 이다.~

● 하울

저렇게 망가진건 첨 보네요.

● 세나

쏘나타. 누비라에서 많이 나오죠~

● europa

최근에 아토즈에서도 봤어요(완전 내려 앉아서 드득드득 ^^ 재생으로 몇 만원~~)

● 노력하자1

노후 차량인가봐요.

● md3134

사전 점검을 생활화 해야 합니다.

● 마린이

쇼버 스프링이 의외로 많이 부러지더라구요.

● parkdog1718

저도 저번에 아는 형 차도 저렇게 되어서 수리해 주었는데… 왜 저렇게 스프링이 부러지죠.

● 리얼

스프링이 저렇게 까지 되네여…

	등록

☺ 스티커 📷 사진

3. 관계지식

(1) 앞 차축 현가장치의 구성부품(G 2.0D, G 2.5D 공통)

1) 앞차축의 구조

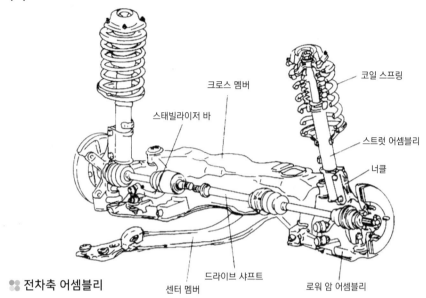

크로스 멤버

코일 스프링

스태빌라이저 바

스트럿 어셈블리

너클

❖ 전차축 어셈블리

드라이브 샤프트

센터 멤버

로워 암 어셈블리

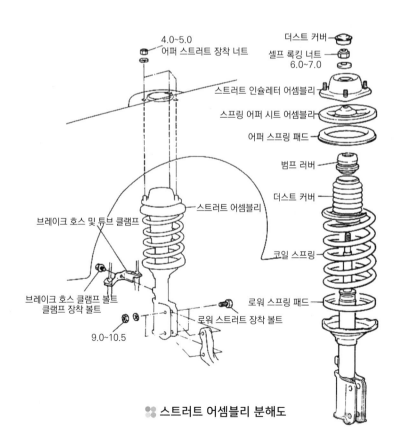

4.0~5.0
어퍼 스트럿 장착 너트

더스트 커버

셀프 록킹 너트
6.0~7.0

스트러트 인슐레터 어셈블리

스프링 어퍼 시트 어셈블라

어퍼 스프링 패드

범프 러버

더스트 커버

브레이크 호스 및 튜브 클램프

스트러트 어셈블리

브레이크 호스 클램프 볼트
클램프 장착 볼트

코일 스프링

로워 스프링 패드

로워 스트러트 장착 볼트

9.0~10.5

❖ 스트러트 어셈블리 분해도

2) 스트럿의 탈착 방법

① 휠 및 타이어를 탈거한다.

② 브레이크 호스 및 라인 클램프를 탈거한다.

③ 스트러트 상부 체결용 너트를 분리한다.

④ 휠 스피드 센서 와이어링 하니스 및 드라이브 샤프트를 튀어 나가지 못하도록 철사를 사용하여 너클에 묶는다.

⑤ 스트러트 하단부의 마운틴 볼트를 탈거하고 너클과 분리시킨 후 어셈블리를 탈거한다.

❖ 상부 체결용 너트 분리

❖ 마운팅 볼트 탈거

3) 스트럿의 분해 방법(스프링 압축기 사용)

① 더스트 커버를 (-) 드라이버로 탈거한다.

② 특수 공구를 사용하여 어퍼 스프링 시트를 잡고 셀프 록킹 너트를 푼다.(약간 풀기만 한다)

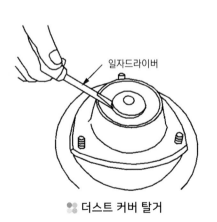

일자드라이버

❖ 더스트 커버 탈거

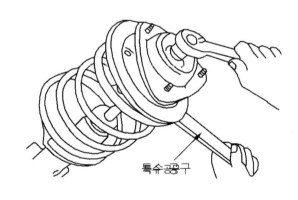

특수공구

❖ 셀프 록킹 너트 분리

③ 특수공구(스프링 압축기)로 코일 스프링을 양쪽에
　서 압착한다.

④ 스트러트 어셈블리에서 셀프 록킹 너트를 탈거한
　다.

⑤ 스프링을 분리 후 압착기를 풀어서 스프링을 점검
　한다.

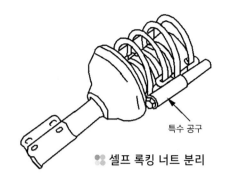

❇ 셀프 록킹 너트 분리

4) 스트럿의 장착 방법(스프링 압축기 사용)

① 조립은 분해의 역순이다.

② 로워 스프링 패드의 돌출부 부분이 스트럿 로워 시트에 끼워 지도록 장착한다.

③ 스프링을 압축기에 끼워서 설치 높이까지 압착한다.

④ 스트럿에 스프링을 설치하고 더스트 커버 및 범퍼 러버를 끼운다.

⑤ 피스톤 로드의 노치 부분을 스프링 시트 D형 구멍에 맞춰서 어퍼 시드를 조립한다.

⑥ 스프링 로워 시트의 홈과 어퍼 시트의 홈을 일치 시킨다. (이때 가이드 핀을 이용하면 편리하
　다.)

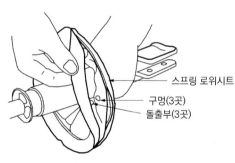

❇ 로워 스프링 패드 장착

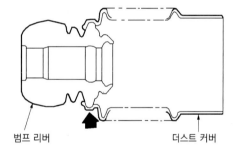

❇ 더스트 커버 설치

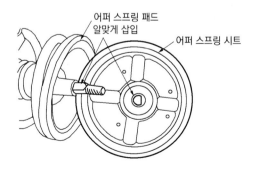

❇ D형 구멍 맞춰서 시트 조립

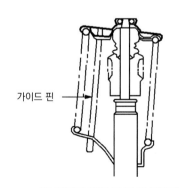

❇ 가이드 핀으로 구멍 맞추기

⑦ 셀프 록킹 너트를 스트러트 어셈블리에 끼운다.

⑧ 코일 스프링의 두 끝을 스프링 시트의 홈에 일치시킨다.

⑨ 특수 공구를 사용하여 스프링 어퍼 시트를 잡고 셀프 록킹 너트를 규정 토크로 조인다.

⑩ 그리스를 인슐레이터 베어링에 바른 후 더스트 커버를 설치한다.

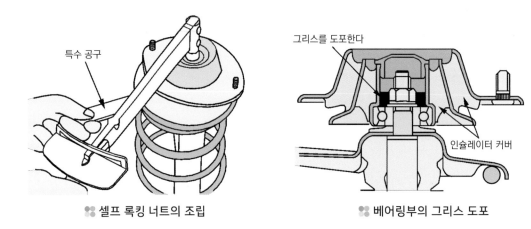

❖ 셀프 록킹 너트의 조립　　　　　　　　❖ 베어링부의 그리스 도포

5) 스트럿의 분해 방법(스탠드형 스프링 압축기 사용)

① 인슐레이터 더스트 커버를 (-) 드라이버로 분리한 후 도포되어 있는 방청유를 제거한다.

② 코일 스프링 압축기를 사용하여 어퍼 스프링 시트를 고정시키고 스프링에 약간의 장력이 생길 때까지 코일 스프링을 압축한다.

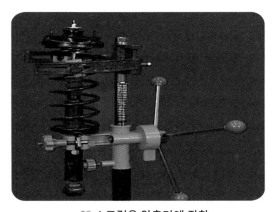

❖ 스트럿을 압축기에 장착　　　　　　　　❖ 훅크를 스프링에 설치한다

③ 스프링을 최대한 압축한 상태에서 상부의 셀프 록킹 너트를 탈거한다.

④ 스트러트에서 인슐레이터, 스프링 시트, 코일 스프링 및 더스트 커버, 고무 범퍼 등을 탈거한다.

❉ 셀프 록킹 너트의 분리

❉ 어퍼 더스트 커버 분리모습

❉ 탈거된 스프링

❉ 탈거한 모습

6) 스트럿의 조립 방법(스탠드형 스프링 압축기 사용)

① 코일 스프링을 스탠드식 코일 스프링 압축기에 장착한다.

② 돌출부가 스프링 아래 시트의 구멍에 끼워지도록 아래 스프링 패드를 설치한다.

③ 더스트 커버 및 고무 범퍼를 끼운다.

❉ 스프링 패드 설치

❉ 더스트 커버 범퍼 끼운다

③ 코일 스프링에 훅크를 걸은 후 스프링을 압축한다.

④ 로드의 노치를 스프링 시트의 D형 구멍에 끼워 스프링 어퍼 시트를 피스톤 로드에 조립한다.

⑤ 코일 스프링을 로어 시트의 홈과 어퍼 시트의 홈을 일치시킨다. 이때 가이드 핀(지름 8mm, 길이 227mm)을 이용하면 편리하다.

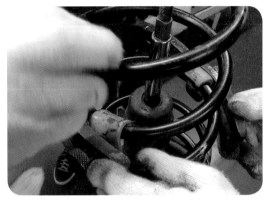

⠿ 스프링을 올리고 훅크건다

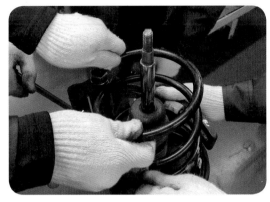

⠿ 스프링이 압축된 모습

⠿ D형 홀 맞춰 조립

⠿ 셀프 록킹 너트의 조립

(2) 고장진단(G 2.0D, G 2.5D 공통)

고장 현상	가능한 원인	조치 사항
조향이 어렵다.	부적절한 프런트 휠얼라인먼트	수리
	로워 암 볼 조인트의 과도한 회전저항	교환
	타이어 공기압의 부족	조정
	파워 스티어링 작동이 안된다.	수리 혹은 교환
스티어링 휠의 복원 불량	부적절한 프런트 휠얼라인먼트	수리
승차감의 불량	부적절한 프런트 휠얼라인먼트	수리
	쇽업소버의 작동 불량 수리 혹은 파손	교환
	스태빌라이저의 마모 혹은 파손	교환
	코일 스프링의 마모 혹은 파손	교환
	로워 암 부싱의 마모	어셈블리의 교환
비정상적인 타이어의 마모	부적절한 프런트 휠얼라인먼트	수리
	부적절한 타이어 공기압	조정
	쇽업소버의 작동 불량	교환
조향 핸들의 불안정	부적절한 프런트 휠얼라인먼트	수리
	로워 암 볼 조인트의 회전저항 부족	수리
	로워 암 부싱 마모 및 풀림	재조임 혹은 교환
차량이 한쪽으로 쏠린다.	부적절한 프런트 휠얼라인먼트	수리
	로워 암 볼 조인트의 과도한 회전저항	교환
	코일 스프링의 마모 혹은 파손	교환
	로워 암의 굽음	교환
스티어링 휠이 떨린다.	부적절한 휠얼라인먼트	수리
	로워 암 볼 조인트의 회전저항 불량	교환
	스태빌라이저의 마모 혹은 파손	교환
	로워 암 부싱의 마모	교환
	쇽업소버의 작동 불량	교환
	코일 스프링의 마모 혹은 파손	교환
차량이 내려 앉는다.	코일 스프링의 마모 혹은 파손	교환
	쇽업소버의 작동 불량	교환

(3) 마르샤 제원(G 2.0D, G 2.5D 공통)

항목			제원
프런트 서스펜션	형식		맥퍼슨 스트러트식
프런트 코일 스프링	2 ℓ	자유길이(mm)	398
		식별색	녹색 1줄, 적색 1줄
	TAXI (A/T) TAXI (A/T)	자유길이(mm)	373
		식별색	청색 1줄, 적색 1줄
	TAXI (M/T)	자유길이(mm)	366
	TAXI (M/T)	식별색	청색 2줄
프런트 쇽업소버	형 식		원통형 유압 복동식
	최대 길이(mm)		510
	압축 길이(mm)		356
	행 정(mm)		154
휠 및 타이어	타이어 사이즈		195/70 R14(2.0)
			205/60 R15(2.5)
	휠 사이즈	알루미늄	5.5JJ × 14(2.0)
			6JJ × 15(2.5)
	타이어 공기압(kg/㎠)		2.0
리어 서스펜션	형 식		코일 스프링 타입 듀얼 링크식
리어 코일 스프링	2.0	자 유 고(mm)	355
		식별색	녹색 2줄
	TAXI	자 유 고(mm)	340
		식별색	청색 2줄
리어 쇽업소버	형 식		유압식, 원통형, 2중 작동식
	최대 길이(mm)		503
	최소 길이(mm)		335
	행 정(mm)		168

■ 마르샤

차종 \ 년도	95	96	97	98	99	00	01	02	03	04	05	06	07	08	09	00
G 2.0 DOHC																
G 2.5 DOHC																

03 다이너스티 쇼버 개조

차 종	다이너스티	연 식	-
주행거리	-	탑재일	2009. 04. 29
글쓴이	하이테크(mari****)	매 장	
관련사이트	네이버 자동차 정비 공유 카페 : https://cafe.naver.com/autowave21/100505		

1. 고장내용

ECS 쇼버가 내려앉아 점검하니 컴프레서에 연결된 호스가 풀려있더군요. 연결해서 작동시켜보니 쇼버에서 에어가 샙니다.

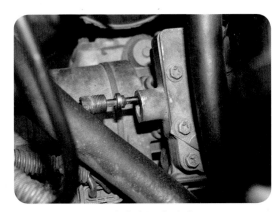

🔧 이탈된 공기 파이프

🔧 ECS 쇼버를 일반 쇼버로 교체

2. 점검방법 및 조치 사항

차고 센서와 압력 센서, 쇼버 등 몇 개 품목의 수리 견적이 만만찮아서 고객과 의논하에 일반 재생 쇼버로 교체합니다. 재생업체에 문의하니 쇼버 스프링 앗세이로 만들어서 판매를 한다기에 두말 않고 가져다가 장착합니다.

● **일산일신**
  비싼 고장이죠.

● **대박이야, steveperry, 대성카, 머슴, 산마니, 오렌지펄, 지현아빠, 생명카, 지 슬, qkdxorjs1010, 소주사랑, 영수짱, 투윈터보, volvo31, chalton212, 해종**
  잘 보고 갑니다. 수고 하셨습니다.^^

● **곰돌이**
  차주 분 수리해도 기분이 좀 찜찜하겠네요.~ ㅎㅎㅎ

● **꼬마**
  자주 고장 나는 한 부근이죠.~ ^^

● **jungsb77**
  초보라 뭐가 먼지 잘 모르겠네요. 잘 보고 갑니다.

● **cm1235**
  차주에게 저도 이렇게 수리하라 합니다.

● **스타렉스**
  정품으로도 쇼버와 스프링 어셈블리로 나오는 것 같은데… 잘 보고 갑니다.^^

● **달빛호야**
  차주 분께서 수리비의 압박으로 이렇게 수리하셨나 보네요.ㅎ 수고 하셨어요. 잘 보고 갑니다.~

● **forgive707**
  타다보니 돈이 없어 마이너스 옵션이 되면 차주는 기분이 안 좋데요. 저도 저렇게 했는데… 어쩔 수 없어요. 돈은 없고 좋아 보이는 차는 있어야 하고… 수고 하셨습니다.

● **바람사이하늘**
  음… 저렇게도 수리하는 군요… 초보라… 잘 보고 갑니다.

● **마호**
  뉴 그랜져 전자 쇼버에서 일반 쇼버 개조건. 모비스 대리점에 주문시
  전쇼버(품번 수량) : 1326212001 2EA, 5461026000 2EA, 5462037110 2EA, 5462421000 2EA, 5462731600 2EA, 5462637000 2EA, 5462837200 2EA, 5463037150 2EA, 5463337101 2EA, 5463437101 2EA, 5465037631 2EA
  후쇼버(품번 수량) : 1326210001 2EA, 5533928000 2EA, 5534236010 2EA, 5534336010 2EA, 5534536001 2EA, 5531628001 2EA, 5532028000 2EA, 5533728000 2EA, 5534137101 2EA, 5535037131 2EA, 5531037350 2EA, 5533037100 2EA, 5534837100 2EA

● **daein5954**
  승차감이 많이 차이나죠. 작업하기 전에 고객과 이야기는 필수입니다

● **qntkstlqnrrn**
  아우 너무 복잡 합니다. ――

● **김남철36**
  견적비가 어느 정도 길래 개조하는지 궁금합니다.

● **chlrhkdgns2**
  잘 보고 갑니다. ECS는 일반 코일 쇼버는 안되지 않나요? 에어 쇼버는 당연히 되는 걸로 알고 있지만,…

● **a6312212**
  가격차이 엄청납니다. 잘 보고 갑니다.

● **하얀톰과제리**
  ECS 정상으로 돌려보고 싶은 마음 일뿐~

	등록

☺ 스티커 📷 사진

(1) 전자제어 현가장치의 개요

이 장치는 컴퓨터, 각종 센서, 액추에이터 등을 설치하고 노면의 상태, 주행조건, 운전자의 선택 등과 같은 요소에 따라 자동차의 높이와 현가특성(스프링 상수 및 감쇠력)이 컴퓨터에 의해 자동적으로 제어되는 현가방식이다. 전자제어 현가장치를 AAS(Auto Adjusting Suspension)라고도 하며 다음과 같은 특징을 가지고 있다.

① 급 제동시에 노즈 다운(nose down)을 방지한다.

② 급 선회시 원심력에 의한 차체의 기울기를 방지한다.

③ 노면의 상태에 따라서 차량의 높이를 조정할 수 있다.

④ 노면의 상태에 따라서 승차감을 조절할 수 있다.

⑤ 고속 주행시 차량의 높이를 낮추어 안전성을 증대시킨다.

(2) 전자제어 현가장치의 구조와 기능(L 2.7D, G 2.0D, G2.7D, D2.0TCI-D 공통)

1) 회로도

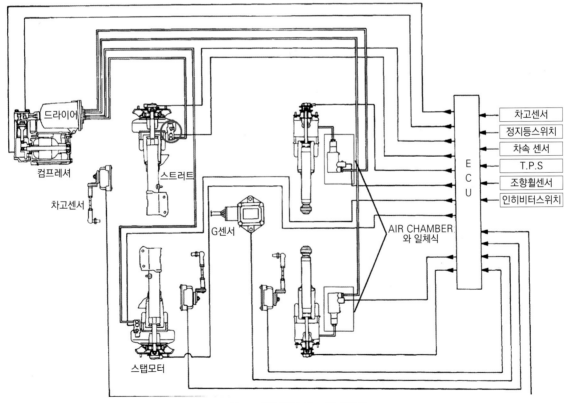

❖ 회로도(워 부분이 고장 부분)

2) ECS 구성품의 기능과 설치위치

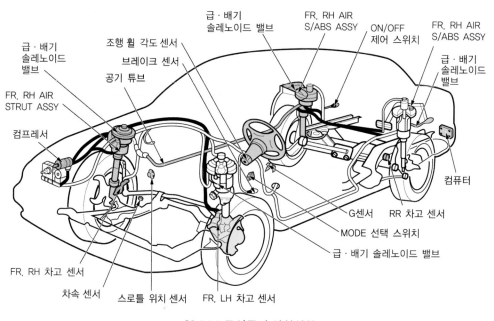

💥 **ECS 구성품의 설치위치**

① **공기 압축기 릴레이(Air Compressor Relay)** : 공기 압축기 모터의 전원을 연결하거나 차단한다.

② **앞 솔레노이드 밸브(Front Solenoid Valve)** : HARD, SOFT 선택 에어 밸브와 차고 조절 에어 밸브로 구성되며 차고 조정 중 공기 압력의 조절 및 솔레노이드 밸브를 개폐시킴으로서 현가 특성을 HARD(안락한 승차감), SOFT(안정된 조향성)로 선택하는 기능을 한다.

③ **앞 스러스트 유닛(Front Strut Unit)** : 스프링(메인 및 보조)과 감쇠력 2단 절환 밸브가 내장되어 있으며 스프링 상수 및 감쇠력을 HARD 또는 SOFT로 선택하는 기능과 차고를 조정하는 기능이 있다.

④ **차속 센서(VSS : Vehicle Speed Sensor)** : 차량 속도를 감지하여 컨트롤 유닛으로 신호를 전송시킨다.

⑤ **조향 휠 각도 센서(Steering Wheel Sensor)** : 조향 휠의 작동을 감지하여 ECU로 신호를 전송시킨다.

⑥ **뒤 솔레노이드 밸브(Rear Solenoid Valve)** : 앞 솔레노이드 밸브와 같은 역할을 한다.

⑦ **에어 액추에이터 & 스텝 모터(Air Actuator & Step Motor)** : 앞, 뒤 스트러트 유닛 상부에 장착되며 유닛의 스위칭 로드를 회전시켜 HARD 또는 SOFT 등 현가 특성을 선택하게 한다.

⑧ 뒤 쇽업소버 유닛(Rear Sack absorber Unit) : 스프링(메인 및 보조)과 감쇠력 2단 절환 밸브가 내장되어 있으며 스프링 상수 및 감쇠력을 HARD 또는 SOFT로 선택하는 기능과 차고를 조정하는 기능이 있다.

⑨ ECU(Electronic Control Unit) : 각종 센서로부터 입력 신호를 받아 차량 상태를 파악하여 각종 액추에이터를 작동시킨다.

⑩ 뒤 차고 센서(Rear Hight Sensor) : 차량 뒤쪽의 높이를 감지하여 ECU로 신호를 전송시킨다.

⑪ 전조등 릴레이(Head Lamp Relay) : 전조등이 "ON" 또는 "OFF" 되었는가를 ECU로 신호를 전송시킨다.

⑫ 스로틀 포지션 센서(TPS : Throttle Postion Sensor) : 액셀러레이터 페달의 작동 속도를 나타내는 신호를 ECU로 전송한다.

⑬ 앞 차고 센서(Front Hight Sensor) : 차량 앞쪽의 높이를 감지하여 컨트롤 유닛으로 신호를 전송시킨다.

⑭ 배기 솔레노이드 밸브(Exhaust Solenoid Valve) : 공기 압축기에 장착되어 차고를 낮출 때 공기를 배출시키기 위하여 밸브를 개방한다.

⑮ 압력 스위치(Pressure Switch) : 공기 탱크에 장착되며, 탱크 내의 공기 압력을 감지하여 압축기 릴레이를 ON, OFF 한다.

⑯ ECS 인디케이터 패널(ECS Indicator) : 운전석에서 현가 특성 절환 신호와 차고 조정 모드 변환 신호를 ECU로 전송하며 각 기능의 제어 상태를 나타낸다.

⑰ 공기 압축기(Compressure) : 전동기를 사용하여 차고를 높이고 HARD, SOFT로 변환시키기 위한 압축 공기를 발생한다.

⑱ 공기 공급 밸브(Air Supply Valve) : 공기 탱크에 장착되며 차고를 높일 때 공기 밸브를 개방하여 압축 공기를 공급한다.

⑲ 공기 탱크(Reservoir Tank) : 압축 공기의 수분 제거용 건조기가 내장되어 있고 압축 공기를 저장하는 역할을 한다.

⑳ AC 발전기(AC Generator) : L단자에서 ECU로 엔진 작동 또는 가동 정지 여부를 전송한다.

㉑ 제동등 스위치(Brake Lamp Switch) : 브레이크 페달의 작동을 ECU로 전송한다.

㉒ 자기 진단 커넥터(Self Diagnosis Connector) : 자기 진단 코드의 신호를 출력한다.

㉓ 도어 스위치(Door Switch) : 도어의 개폐를 ECU에 전송한다.

㉔ G-센서(Gravity Sensor) : 차량의 요철 노면을 검출하는 센서로 차체의 상·하 진동을 검출한다.

㉕ ECS 스위치(ECS Switch) : 운전자에 의해 차고를 선택하는 스위치다.

㉖ 컷 오프 스위치(Cut Off Switch) : 고장발생, 잭 작업 및 차량을 리프트로 올릴 때 시스템 제어를 강제 중단 시킬 수 있는 스위치.

㉗ 드라이어(Drier) : 컴프레서와 같이 장착되어 차고 조절시 컴프레서로부터 토출되는 압축공기에 있는 수분을 제거하여 녹 방지 및 동절기 시스템 내부 빙결을 방지한다. 이 내부엔 흡수제(Silicagel)에 의해 수분을 제거토록 되어 있다. 드라이어는 컴프레서가 작동되면 흡습제의 성능이 떨어지므로 차고 하향 조절 공기 스프링의 배기 공기(고온 건조)에 의해 재생되는 구조로서 드라이어를 교환하지 않고 계속해서 사용할수 있다.

3) ECS 입, 출력 선도

❖❖ 전자제어 현가장치의 입·출력 다이어그램

4) ECS의 기능과 작동 요소

ECS의 기능		센서류							
		ECS모드 스위치	차고 센서	G-센서	조향 휠 각속도 센서	T.P.S	제동등 스위치	차속 센서	인히비터 스위치
차고 조정		●	●	●				●	
감쇠력 가변	차속 응답							●	
	ANTI-ROLL				●			●	
	ANTI-DIVE						●	●	
	ANTI-SQUAT					●		●	
	ANTI-SHIFT SQUAT								●
	악로 주행시 지상고 확립			●				●	

5) 차고 조절 블록 선도

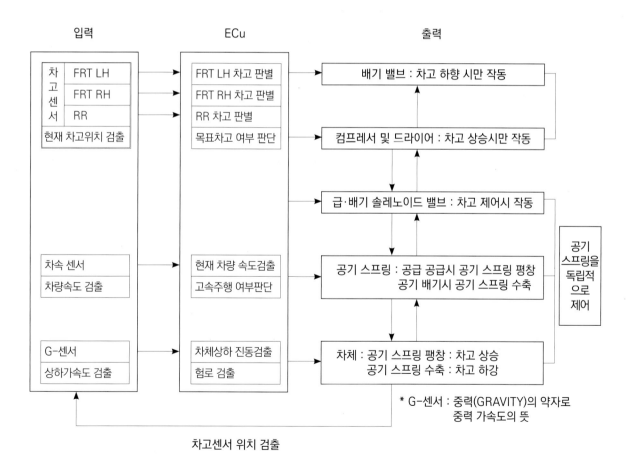

❖ 차고조절 블록 선도

6) 감쇠력 제어 블록 선도

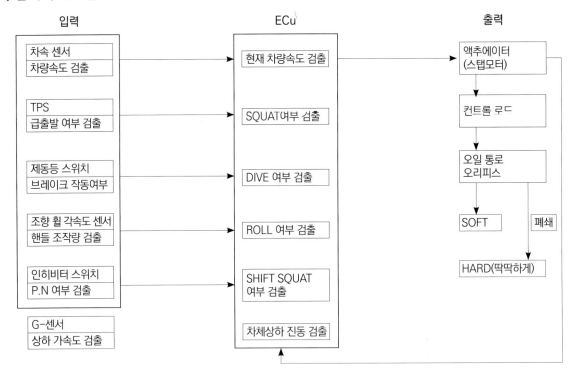

입력

차속 센서 차량속도 검출

TPS 급출발 여부 검출

제동등 스위치 브레이크 작동여부

조향 휠 각속도 센서 핸들 조작량 검출

인히비터 스위치 P.N 여부 검출

G-센서 상하 가속도 검출

ECu

현재 차량속도 검출
SQUAT여부 검출
DIVE 여부 검출
ROLL 여부 검출
SHIFT SQUAT 여부 검출
차체상하 진동 검출

출력

액추에이터 (스탭모터)
컨트롤 로드
오일 통로 오리피스
SOFT · 폐쇄
HARD(딱딱하게)

● 감쇠력 제어 블록 선도

7) 쇽업소버의 구조

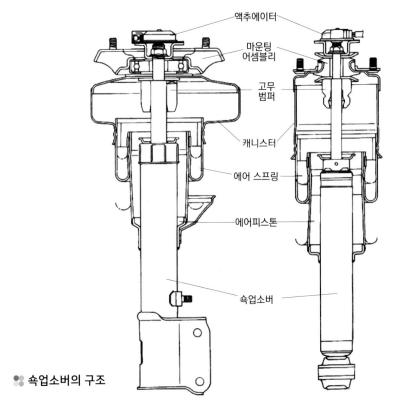

- 액추에이터
- 마운팅 어셈블리
- 고무 범퍼
- 캐니스터
- 에어 스프링
- 에어피스톤
- 쇽업소버

● 쇽업소버의 구조

8) 쇽업소버의 유압 회로

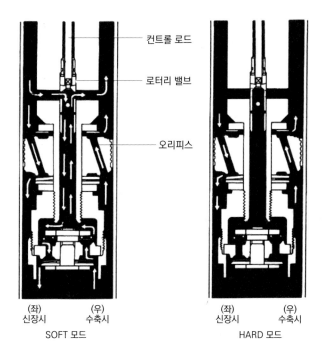

컨트롤 로드
로터리 밸브
오리피스

(좌)   (우)
신장시   수축시
SOFT 모드

(좌)   (우)
신장시   수축시
HARD 모드

(3) 전자제어 현가장치의 제어방식

① **앤티 롤링 제어(Anti-rolling control)** : 이것은 선회할 때 자동차의 좌우 방향으로 작용하는 가로 방향 가속도를 G센서로 감지하여 제어하는 것이다. 즉 자동차가 선회할 때에는 원심력에 의하여 중심 이동이 발생하여 바깥쪽 바퀴쪽은 목표 차고보다 낮아지고 안쪽 바퀴는 높아진다. 이에 따라 바깥쪽 바퀴의 스트럿의 압력은 높이고 안쪽 바퀴의 압력은 낮추어 원심력에 의해서 차체가 롤링하려고 하는 힘을 억제한다.

② **앤티 스쿼트 제어(Anti-squat control)** : 이것은 급출발 또는 급가속할 때에 차체의 앞쪽은 들리고, 뒤쪽이 낮아지는 노스 업(nose-up)현상을 제어하는 것이다. 작동은 컴퓨터가 스로틀 위치 센서의 신호와 초기의 주행속도를 검출하여 급출발 또는 급가속 여부를 판정하여 규정 속도 이하에서 급출발이나 급가속 상태로 판단되면 노스 업(스쿼트)을 방지하기 위하여 쇽업소버의 감쇠력을 증가시킨다.

③ **앤티 다이브 제어(Anti-dive control)** : 이것은 주행 중에 급제동을 하면 차체의 앞쪽은 낮아지고, 뒤쪽이 높아지는 노스 다운(nose down)현상을 제어하는 것이다. 작동은 브레이크 오일 압력 스위치로 유압을 검출하여 쇽업소버의 감쇠력을 증가시킨다.

④ **앤티 피칭 제어(Anti - Pitching control)** : 이것은 자동차가 요철 노면을 주행할 때 차고의 변화와 주행속도를 고려하여 쇽업소버의 감쇠력을 증가시킨다.

⑤ **앤티 바운싱 제어(Anti-bouncing control)** : 차체의 바운싱은 G센서가 검출하며, 바운싱이 발생하면 쇽업소버의 감쇠력은 Soft에서 Medium이나 Hard로 변환된다.

⑥ **주행속도 감응 제어(vehicle speed control)** : 자동차가 고속으로 주행할 때에는 차체의 안정성이 결여되기 쉬운 상태이므로 쇽업소버의 감쇠력은 Soft에서 Medium이나 Hard로 변환된다.

⑦ 앤티 쉐이크 제어(Anti-shake control) : 사람이 자동차에 승하차할 때 하중의 변화에 따라 차체가 흔들리는 것을 쉐이크라고 하며, 자동차의 속도를 감속하여 규정 속도 이하가 되면 컴퓨터는 승차 및 하차에 대비하여 쇽업소버의 감쇠력을 Hard로 변환시킨다. 그리고 자동차의 주행속도가 규정값 이상되면 쇽업소버의 감쇠력은 초기 모드로 된다.

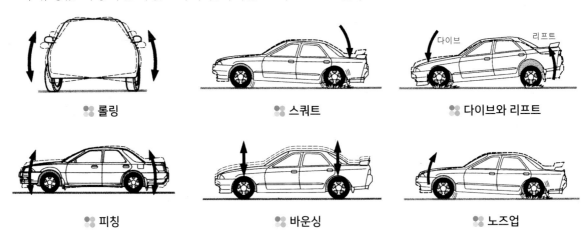

롤링	스쿼트	다이브와 리프트
피칭	바운싱	노즈업

(4) 제어기능(L 2.7D, G 2.0D, G2.7D, D2.0TCI-D 공통)

1) 차고 조절(Hight Control) 기능

① 승차인원, 화물량의 변화에 의한 차고에 대하여 목표차고(High, Nomal, Low)로 되도록 공기 스프링 내의 압력을 자동으로 조절한다.

② 차고는 프런트 2개와 리어 1개의 차고 센서에 의해 검출하여 차고 조정의 개시 및 정지 결정은 ECU가 자동적으로 행한다.

③ 각 모드의 차고 조절기능(Anti-Roll, Anti-Dive, Anti-Squat) 제어시는 차고제어를 일시 중단)

작동 특성	주행시	특징
기본제어	① 기본 제어 : 차고가 기준차고와 상이한 상태로 10±3초 이상 계속될 경우 급·배기 솔레노이드 밸브를 작동하여 목표 차고로 조정 ② 목표차고 보다 높을 경우 : 급기 솔레노이드 밸브와 컴프레서를 작동시켜 공기 공급 개시 ③ 목표차고 보다 낮을 경우 : 급기 솔레노이드 밸브와 컴프레서를 작동시켜 공기 공급 개시	HIGH, NORMAL, LOW
AUTO 모드	① 가속시 : 차속이 약 120km/h 이상으로 주행하면 NORMAL에서 LOW로 조정 ② 감속시 : 차속이 약 100kg/h 이하로 되면 LOW에서 NORMAL로 조정	NORMAL, LOW
HIGH 모드	① 가속시 : 차속이 50km/h 이상이면 HIGH 에서 NORMAL로 조정 ② 감속시 : 차속이 30km/h 이하가 되면 NORMAL에서 HIGH로 조정	HIGH NORMAL
험로 주행	차속이 30km/h이하에서 3초동안 0.32Gkg이상 가속도 3번 이상 검출시 악로로 판성하여 차고 HIGH호 조정 및 감쇠력 HARD 변경 조절	HIGH NORMAL
점화 스위치 OFF제어	점화스위치 OFF후 약 10분 동안 승차인원 및 화물량의 변화로 목표차고 보다 높아지면 목표차고가 되도록 차고를 일정하게 낮추어 차체의 미관을 향상시킨다.	HIGH 혹은 NORMAL

④ 목표 차고

차고모드	앞차고	뒤차고
HIGH	NORMAL+20mm	←
NOFMAL	398±5mm	366.5±5mm
LOW NORMAL	−20mm	←

2) 감쇠력 제어 기능(Damping Force Control)

① 승용4륜 쇽업소버의 감쇠력 가변은 노면 상황과 조건에 따라 2단 (Soft, Hard)으로 제어한다.

② 감쇠력 가변은 쇽업소버 상단에 장착된 액추에이터(스텝모터)를 구동하여 쇽업소버 상단부의 컨트롤 로드를 회전시켜 쇽업소버 내부의 유로를 개폐시킨다.

③ Anti-Squat 제어 : 액셀러레이터 개도(TPS)와 차속 정보에 의해서 급출발 여부를 조기에 검출해서 쇽업소버의 감쇠력을 높여 차량의 Squat를 억제한다. (TPS와 차속 센서 작동)

④ Anti-Dive 제어 : 제동등 스위치와 차속 정보에 의해서 제동여부를 검출하여 감쇠력을 높여 차량의 Dive를 억제하여 차체의 전·후 진동을 억제한다. 즉 급제동시 전·후 진동을 억제한다.(제동등 스위치와 차속 센서 작동)

⑤ Anti- Roll 제어 : 조향 휠 각속도 센서와 차속 정보에 의해 Roll 상태를 조기에 검출해서 일정 시간 감쇠력을 높여 차량이 선회 주행시 Roll을 억제토록 한다. 감쇠력을 높인 상태에서 조향 휠을 다시 조작할 경우 감쇠력을 높여서 계속 유지된다. 즉 선회 주행시 좌우 진동을 억제한다. (조향휠 센서와 차속 센서 작동)

⑥ Anti-Shift Squat 제어 : 변속기 인히비터 스위치 "P"와 "N"위치를 검출해서 승하차시 및 변속 레버 조작시 차체의 진동이 발생될 때 감쇠력을 높혀서 차의 흔들림을 억제한다.(변속기 인히비터 스위치 작동)

⑦ Vehicle Speed Response 제어(차속 감응) : 고속 주행시에 감쇠력을 높여 고속 직진성과 조정 안전성을 향상 시킨다. (차속 센서 작동)

⑧ 악로 주행시 지상고 확립 : 악로 주행시 감쇠력을 높혀 지상고를 확립한다. (G-센서와 차속 센서 작동)

(5) 차종별 전자제어 현가 시스템의 비교

형식		EF쏘나타 쏘나타 II, III	다이너스티 3.0 ECS(II)	그랜저 XG 에쿠스 3.0, 3.5	다이너스티 3.5 에쿠스 리무진 4.5
		감쇠력 가변식	액티브 ECS ECS(II)	세미 - 액티브 ECS (솔레노이드밸브방식)	액티브 ECS ECS(III)
감쇠력 전환		3단계 제어 • SOFT • MIDIUM • HARD	4단계 제어 • SOFT • SOFT(AUTO) • MIDIUM • HARD	무단 제어	4단계 제어 • SUPER SOFT • SOFT • MIDIUM • HARD
차고 조절		기능 없음	4단계 제어 • LOW • NORMAL • HIGH • EX-HIGH	기능 없음	4단계 제어 • LOW • NORMAL • HIGH • EX-HIGH
차고 높이	EX-HIGH	기능 없음	N + 50	기능 없음	N + 50
	EX-HIGH		N + 50		N + 50
	HIGH		N + 30		N + 30
	NORMAL(전륜)		398 ± 5		396 ± 5
	NORMAL(후륜)		366.5 ± 5		397 ± 5
	LOW		N - 10		N - 10
감쇠력 제어 기능	앤티 롤 제어	있음	있음	있음	있음
	앤티 다이브 제어	있음	있음	있음	있음
	앤티 스커트 제어	있음	있음	있음	있음
	피칭 제어	없음	있음	없음	있음
	바운싱 제어	있음	있음	있음	있음
	앤티 쉐이크 제어	있음	있음	있음	있음
	앤티 시프트 스커트 제어	없음	있음	없음	있음
자세제어	차속 감응 제어	있음	있음	있음	있음
	앤티롤 제어	있음	있음	있음	있음
	앤티 다이브 제어	없음	있음	없음	있음
	앤티 스커트 제어	없음	있음	없음	있음
	피칭 제어	없음	있음	없음	있음
	바운싱 제어	없음	있음	없음	있음

■ 다이너스티

차종 \ 년도	95	96	97	98	99	00	01	02	03	04	05	06	07	08	09	00
G 3.0 SOHC																
G 3.5 SOHC																
G 3.0 DOHC																

04

트렁크 쪽에서 찌걱~ 찌걱~ 소리가 납니다.

차 종	로체 택시	연 식	2005
주행거리	43만km	탑재일	2009.12.27
글쓴이	써지전압(bsjc****)	매 장	
관련사이트	네이버 자동차 정비 공유 카페 : https://cafe.naver.com/autowave21/118906		

1. 고장내용

추운 날씨입니다. 감기 조심하시구요.

증상은 트렁크 쪽에서 찌걱~ 찌걱~ 소리가 난다고 합니다. 시운전을 해보니 속도 방지턱 정도의 굴곡을 넘으면 소리가 나고 요철 구간에 뒤쪽에서 덜걱덜걱 소리가 났습니다. 상하 바운싱을 해봐도 소리가 나더군요. 아래 부분에 귀를 대고 들어 보면 꼭 쇼버에서 나는 소리로 들립니다.

2. 점검방법 및 조치 사항

대 드라이버로 각 부싱류를 점검해보니 어시스트 암 당첨~!!! ^_^ 그리고 덜걱덜걱 소리는 스태빌라이저 링크(RH) 부싱 미세유격 발생하였음. 대상 차량은 05년 로체 택시 적산거리 43만km 어시스트 암은 뒤 바퀴 얼라이어먼트 조정하는 곳입니다, 눈금의 위치 잘 확인하시고 탈거, 가급적 얼라이어먼트 보시면 좋겠지만 , 공임이… 좋은 하루 보내세요

어시스트 암 설치 볼트

어시스트 암

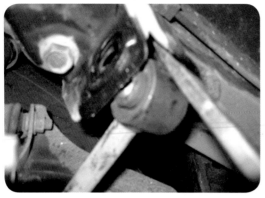

❖ 분리된 어시스트 암

❖ 분리된 스태빌라이저

❖ 볼 조인트 풀러

❖ 분리된 어시스트 암

❖ 부싱부분이 파손된 모습

❖ 조립된 어시스트 암

❈ 조립중인 어시스트 암(우측)

❈ 조립된 어시스트 암(좌측)

회원님들의 댓글

| 등록순 ▼ | 조회수 | 좋아요 ▼

● 생명카, 9690756, GM, 형제카, 1950322, 해종, 프로펠러 샤프트, 인간크레인, 머슴, 봉슬기, 기술자, 류천비화
잘 보고갑니다. 정말 수고 하셨습니다.

● 전주집, 박팀장, mj440001, 전병인
추운 날씨 에 수고 하셨습니다.

● gjjung2
좋은 내용 감사합니다. 어시스트 암은 타다보면 휘든가 늘어나든가 해서 신품과 미세한 차이가 납니다.그래서 얼라인먼트는 꼭
보는게 좋다고 차주에게 말씀해 두세요.

● chlrhkdgns2
잘 보고 갑니다. 좋은 정보 감사드립니다.

● autowave
삽소리…오너 혼자서 잡기엔 너무나 버겁죠. 2인1조가 되어 한명은 운전대를, 또 한명은 리프트 밑에서….수고가 많네요.

● cm1235
주행거리가…

● 쌩돌팔이
역시 택시 군여. 40만이나.ㅎㅎㅎㅎ 소음 발생~! 손님이 짜증을 내니 수리를 하고 돈이 덜 들어가야 하구여… 님은 손님에게 잘
맞추어 주시는군요.

● 하나
휠얼라인먼트는 봐 주는게 좋을 듯 싶네요.

● 느린거북
킬로수가 엄청 나군요

● 대장
ㅋㅋ 택시라… 수고 하셈

● gjjung2
마크를 해놓으셔도 얼라인먼트가 틀어지더군요. 신품과 고품의 길이가 변하기 때문이더군요. 어차피 택시니깐 보라
해도 그냥 갔겠지만요.

| | 등록 |

☺ 스티커 📷 사진

3. 관계지식

(1) 뒤 차축 현가장치의 구성부품과 탈·부착 방법(L 2.0D, G 1.8D, G2.0D, G 2.4D, D2.0TCI-D, G 2.0D-세타, G 2.4D-세타 공통)

1) 뒤 차축 현가장치의 구성부품

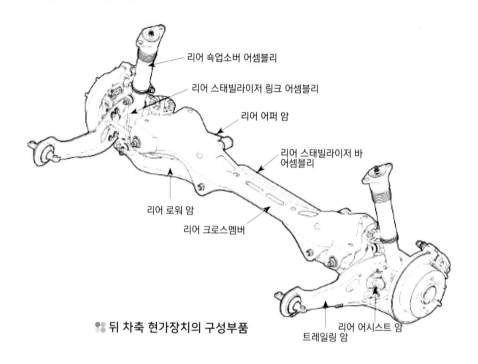

리어 쇽업소버 어셈블리

리어 스태빌라이저 링크 어셈블리

리어 어퍼 암

리어 스태빌라이저 바 어셈블리

리어 로워 암

리어 크로스멤버

트레일링 암

리어 어시스트 암

뒤 차축 현가장치의 구성부품

2) 어시스트 암의 탈거·장착

① 차량을 리프트에 올리고 리어 휠 너트를 느슨하게 풀고 들어 올린다.
② 휠 너트를 분리하고 휠과 타이어를 분리한다.
③ 브레이크 캘리퍼 어셈블리(A)와 체결 볼트(B)를 탈거하여 어셈블리를 차체에 와이어로 고정한다.

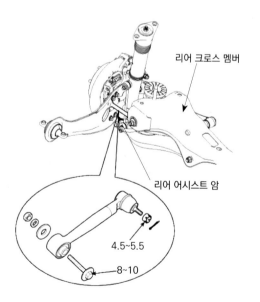

리어 크로스 멤버

리어 어시스트 암

4.5~5.5

8~10

어시스트 암의 위치

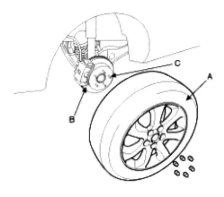

❖ 휠과 타이어 탈거

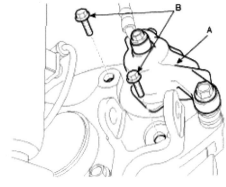

❖ 캘리퍼 분리

④ 리어 어시스트 암과 너클 체결 너트(B) 및 분할 핀을 탈거하고 볼 조인트 풀러로 볼 조인트를 탈거한다.

⑤ 리어 어시스트 암과 크로스 멤버 체결 너트(B)를 탈거한다.

⑥ 장착은 분해의 역순이다.

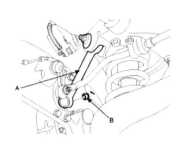

❖ 체결 너트 분리

❖ 볼 조인트 탈거

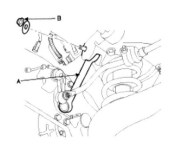

❖ 멤버 체결 너트 분리

3) 어시스트 암의 검사

① 부싱의 마모 및 노화상태를 점검하여 불량이면 교환한다.

② 리어 어시스트 암의 휨 또는 손상 상태를 점검하여 불량이면 교환한다.

③ 볼 조인트 더스트 커버 균열이나 찢어짐을 점검하여 불량이면 교환한다.

④ 모든 너트의 이상 유무를 점검하여 불량 너트는 교환한다.

⑤ 리어 어시스트 암 볼 조인트의 회전 토크를 점검하여 불량이면 교환한다. (기준 10~30kgf·m)

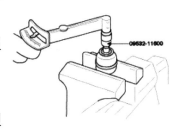

❖ 회전 토크 점검

(2) 로체 뒤 차축 현가장치의 제원(L 2.0D, G 1.8D, G2.0D, G 2.4D, D2.0TCI-D, G 2.0D-세타, G 2.4D-세타 공통)

항목			제원
형식			멀티 링크
쇽업소버 (ECS미적용)	형식		가스식
	행정 mm		173
	팽창 mm		550 ± 3
	압축 mm		377 +3, -무한대
	식별색		백색
	감쇠력 (피스톤 속도 : 0.3 m/s)	팽창 kgf	96 ± 14
		압축 kgf	25 ± 6
쇽업소버 (ECS적용)	행정 mm		173
	팽창 mm		550 ± 3
	압축 mm		377 +3, -무한대
	식별색		황색(LH), 청색(RH)
	감쇠력 (피스톤 속도 : 0.3 m/s)	하드/소프트 하드/소프트 팽창 kgf	195 ± 29
		하드/소프트 하드/소프트 압축 kgf	26 ± 5
		소프트/소프트 소프트/소프트 팽창 kgf	47 ± 8
		소프트/소프트 소프트/소프트 압축 kgf	25 ± 5
		소프트/하드 소프트/하드 팽창 kgf	47 ± 8
		소프트/하드 소프트/하드 압축 kgf	103 ± 21
스프링	가솔린 / 디젤	자유고 mm	320.5
		식별색	청색-백색
	LPI	자유고 mm	330
		식별색	청색-황색

■ 로체

차종 \ 년도	00	01	02	03	04	05	06	07	08	09	10	11	12	13	14	15
L 2.0 DOHC																
G 2.4 DOHC																
G 2.0 DOHC																
G 1.8 DOHC																
D 2.0 TCI-D																
G 2.0 DOHC(세타2)																
G 2.4 DOHC(세타2)																

05

차량 주행 소음이 발생하고 핸들 조작이 힘들어요

차 종	베라크루즈	연 식	-
주행거리	-	탑재일	2010.01.25
글쓴이	꼬맹이정비사(ehdd****)	매 장	
관련사이트	네이버 자동차 정비 공유 카페 : https://cafe.naver.com/autowave21/121422		

1. 고장내용

차주 분께서 배추작업을 하시는 분인데 차를 험하게 타고 다니시는 편입니다. 비포장도로를 운행하던 도중 쿵 하는 소리와 함께 차가 돌에 부딪쳤답니다. 그 후 차량 주행시 소음이 발생하고 핸들 조작시 문제가 있는 차량입니다. 전륜 스트럿이 휘었습니다. 사진 상으로는 잘 모르겠지만 첫번째 사진에서는 손가락으로 가리킨 부근에 확 휘어졌습니다.

2. 점검방법 및 조치 사항

언급은 없었겠지만 스트럿 어셈블리를 교환 한 것이 아닌 것 같습니다. 스프링은 제사용으로 하고 쇼버만 교환하고 출고 하지 않았나 생각이 듭니다.

● 산적, 카울, 전북 부안 무공해, 지포, 류천비화

대단 하십니다. 수고 하셨습니다.

● 지우니아빠

같이 연결된 너클은 어떤지…

● md3134

SUV 디젤차량으로 고속 주행시 웅덩이와 요철부분을 조심하세요. 위와 같이 쇼버 및 하체의 무리가 옵니다.

● 돌세, 동지달, 전주집, lennon0310, hwang mi, 해종, 이찬희, vltjfl12, YT제일, 최고의 엔지니어, k7221, 쭈은이, 악동이, KSC, 행복한서비, 호랭이, 지멘스, dodoki

잘 보고갑니다. 좋은 정보 감사합니다.

● 로드맨

차량 자체의 무게, 영향도 있는 것 같습니다.

● 박상일

베라크루즈 쇼버는 저렇게 생겼군요^^ 차가 비싼만큼 쇼버도 비싼제품이 들어가겠죠??

● 붕붕

가스식 쇽업쇼버죠?~~

● leewooo

쇼버도 휘네요.

● chlrhkdgns2

잘보고 갑니다… 베라쿠르즈에 에어 서스가 아니였나요? 베라쿠르즈는 tod타입보다 오프로드가 분리하다는 말이 있던데 맞나요? 베라쿠르즈가 4WD LOCK가 있다는 것은 압니다.

● 카마스타

다른 고장은 없던가요?

● 꼬맹이정비사작성자

물론 타이어 편마모가 심하게 있어서 얼라인먼트 조정해야 하나 저희업소 얼라인먼트 기계가 휠(사제휠) 에 장착이 안되는 관계로 다른곳에서 빨리 얼라인먼트 점검 하시기를 권하고 보냈습니다.

● 날라아삼

잘 봤습니다. 저런걸 바로 알아차리는 분들이 진정 오너입니다. !

● 제로니모

오호 저렇게도 되는 구나.

	등록

● 스티커 📷 사진

3. 관계지식

(1) 전륜 현가장치의 구성부품(G 3.8MPI, D 3.0TCI-S, D3.0TCI-S2 공통)

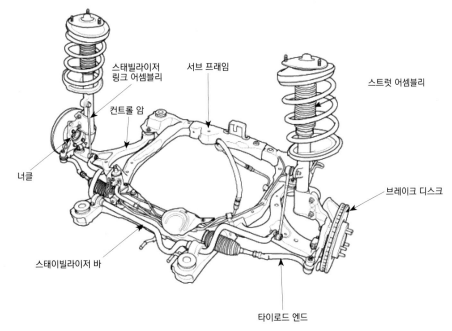

스태빌라이저
링크 어셈블리

서브 프래임

스트럿 어셈블리

컨트롤 암

너클

브레이크 디스크

스태이빌라이저 바

타이로드 엔드

❈ 전륜 현가장치의 구성요소

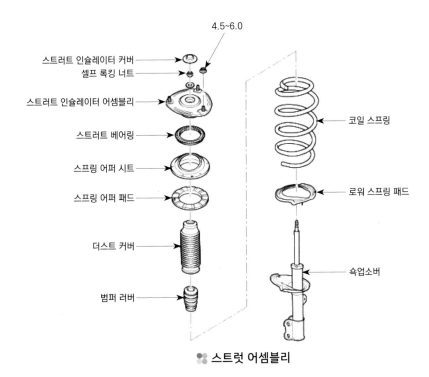

4.5~6.0

스트러트 인슐레이터 커버

셀프 록킹 너트

스트러트 인슐레이터 어셈블리

스트러트 베어링

스프링 어퍼 시트

스프링 어퍼 패드

더스트 커버

범퍼 러버

코일 스프링

로워 스프링 패드

쇽업소버

❈ 스트럿 어셈블리

(2) 탈거 장착 방법(G 3.8MPI, D 3.0TCI-S, D3.0TCI-S2 공통)

1) 스트럿 어셈블리 탈거, 장착 방법

① 프런트 휠 및 타이어를 분리한다.

② 휠 스피드 센서 케이블을 스트럿 어셈블리에서 분리한다.

③ 스드릿에서 너트를 풀어 스태빌라이저 링크를 분리한다.

④ 너클과 연결된 스트럿 어셈블리 설치 볼트를 풀어서 너클과 분리한다.

⑤ 본넷을 열고 고정너트를 분리하고 스트럿 어셈블리를 하우징 패널에서 분리한다.

⑥ 장착은 분해의 역순이다.

| 센서 케이블 분리 | 스태빌라이저 링크 분리 | 스트럿 고정 볼트 분리 |

2) 스트럿의 분해 방법(섀시-25 트라제 디젤 뒤 코일 스프링 파손 참조)

주의사항

코일 스프링 압축시 코일 스프링의 도장부분 손상으로 인하여 부식 문제가 발생할 수 있으므로 주의한다. 이러한 손상을 방지하기 위하여 폐 호스 등을 스프링에 덧대어서 압축한다.

3) 스트럿의 폐기 방법

① 피스톤 로드를 완전히 늘린다.

② 드릴을 이용하여 실린더 구간 A에서 구멍을 뚫어 가스를 배출시킨다.

③ 배출되는 가스는 무색, 무취이며, 무해하다.

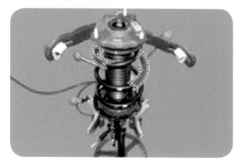

보호 튜브 설치모습

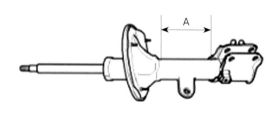

구멍 뚫는 구간

(3) 베라쿠르즈 전륜 현가장치의 제원(G 3.8MPI, D 3.0TCI-S, D3.0TCI-S2 공통)

항목			제원
서스펜 형식			맥퍼슨 스트럿
쇽업소버	형식		가스식
	행정		161mm
	식별색		핑크색
코일 스프링	2WD 2WD	자유고	381.0mm
		식별색	청색-백색
	4WD 4WD	자유고	386.2mm
		식별색	파란색-노란색

■ 베라크루즈 EN

차종 \ 년도	03	04	05	06	07	08	09	10	11	12	13	14	15	16	17	18
G 3.0 SOHC					▨	▨	▨	▨	▨	▨	▨	▨				
G 3.5 SOHC						▨	▨	▨	▨	▨	▨					
G 3.0 DOHC										▨	▨	▨	▨			

06 출발, 제동시 "똑"하고 소음 발생함

차 종	그레이스	연 식	-
주행거리	58,000km	탑재일	2010.07.12
글쓴이	나무늘보(pgy8****)	매 장	
관련사이트	네이버 자동차 정비 공유 카페 : https://cafe.naver.com/autowave21/121422		

1. 고장내용

핸들을 끝까지 돌리거나 출발, 제동시(특히 급하게) "똑"하고 소음 발생함.

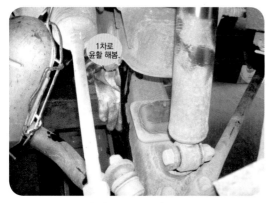

❊ 로워 암 부싱부 윤활유 뿌려 점검

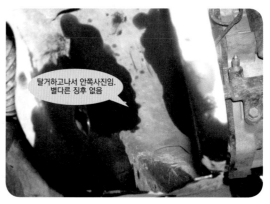

❊ 로워 암 안쪽 부분 점검 중

❊ 로워 암 부싱 이탈됨

❊ 로워 암 부싱 장착부 마모됨

😎 이탈되어 마모된 모습

😎 이탈된 부싱 조립하여 본 상태

😎 신품(부싱이 장착되어 있음)

😎 신품과 고장품의 비교

2. 점검방법 및 조치 사항

1) 점검

① 주행 테스트 – 소음 확인 정차 후 급제동, 출발로 재현

② 리프팅후 하체 육안점검 – 별다른 문제점 없음.(타 업소에서 볼트, 너트 재체결 흔적 보임.)

③ 서브 잭으로 앞부분 잭업 – 소음 발생("끼익"), 서브잭 리프팅 반복하면서 확인, 운전석 토션바 쪽에서 발생 손으로 잡고 현상 재현시 진동 느껴짐

④ 타이어 탈거 후 로워 암(캠버 볼트 체결된 곳)을 대 드라이버로 찔러 넣고 축 방향(앞, 뒤)으로 유격 검사시 – 이상 징후 보임(소리는 안남.)

⑤ 동승석 쪽 로워 암 동일 조건 검사시 미소 움직임뿐 유격 없음 – 운전석 로워 암 탈거하니 부싱이 이탈(분해)됨 간섭된 부위 확인됨.

2) 정비사항

운전석 로워 암 교환 – 소리 재현 안됨

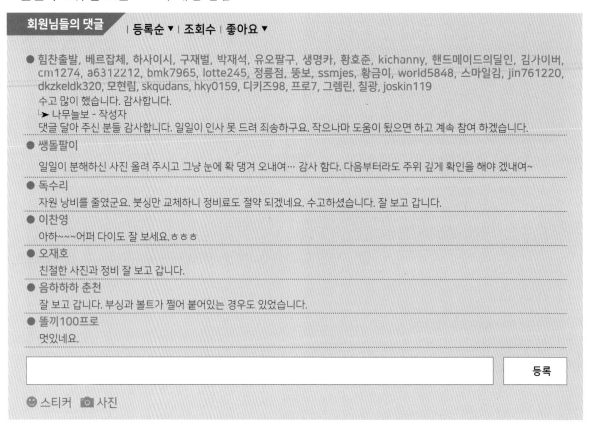

회원님들의 댓글 | 등록순 ▼ | 조회수 | 좋아요 ▼

● 힘찬출발, 베르잡체, 하사이시, 구재별, 박재석, 유오팔구, 생명카, 황호준, kichanny, 핸드메이드의딜인, 김가이버, cm1274, a6312212, bmk7965, lotte245, 정릉점, 뚱보, ssmjes, 황금이, world5848, 스마일김, jin761220, dkzkeldk320, 모현림, skqudans, hky0159, 디키즈98, 프로7, 그렘린, 칠광, joskin119
수고 많이 했습니다. 감사합니다.
┗▶ 나무늘보 – 작성자
댓글 달아 주신 분들 감사합니다. 일일이 인사 못 드려 죄송하구요. 작으나마 도움이 됐으면 하고 계속 참여 하겠습니다.

● 쌩돌팔이
일일이 분해하신 사진 올려 주시고 그냥 눈에 확 댕겨 오내여… 감사 함다. 다음부터라도 주위 깊게 확인을 해야 겠내여~

● 독수리
자원 낭비를 줄였군요. 붓싱만 교체하니 정비료도 절약 되겠네요. 수고하셨습니다. 잘 보고 갑니다.

● 이찬영
아하~~~어퍼 다이도 잘 보세요.ㅎㅎㅎ

● 오재호
친절한 사진과 정비 잘 보고 갑니다.

● 음하하하 춘천
잘 보고 갑니다. 부싱과 볼트가 떨어 붙어있는 경우도 있었습니다.

● 똘끼100프로
멋있네요.

| | 등록 |

☺ 스티커 📷 사진

---

3. 관계지식

(1) 전륜 현가장치의 구성부품(D 2.5 SOHC, D 2.6SOHC, L 2.5 SOHC 공통)

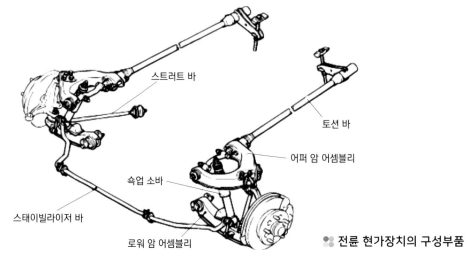

스트러트 바
토션 바
어퍼 암 어셈블리
쇽업 소바
스태이빌라이저 바
로워 암 어셈블리

❀ 전륜 현가장치의 구성부품

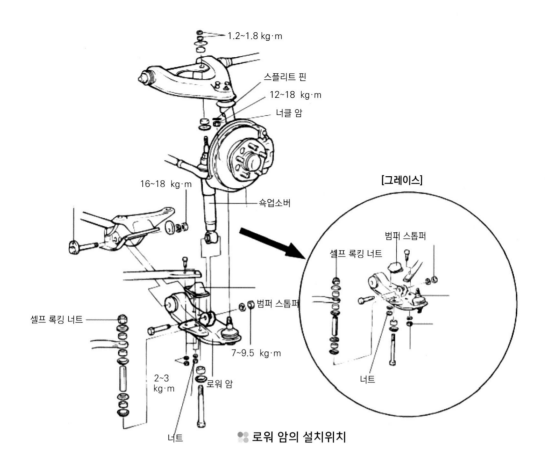

1.2~1.8 kg·m

스플리트 핀

12~18 kg·m

너클 암

[그레이스]

16~18 kg·m

쇽업소버

범퍼 스톱퍼

셀프 록킹 너트

셀프 록킹 너트

범퍼 스톱퍼

너트

7~9.5 kg·m

2~3 kg·m

로워 암

너트

❈ 로워 암의 설치위치

(2) 로워 암 탈거 장착 방법(D 2.5 SOHC, D 2.6SOHC, L 2.5 SOHC 공통)

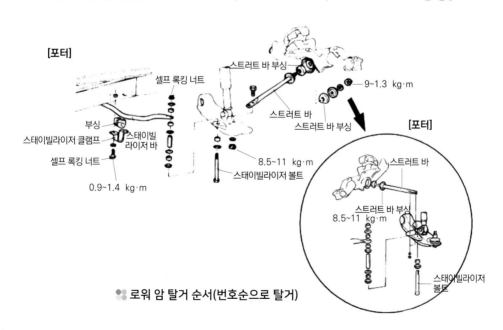

[포터]

셀프 록킹 너트

스트러트 바 부싱

9~1.3 kg·m

부싱

스트러트 바

스태이빌라이저 클램프

스태이빌라이저 바

스트러트 바 부싱

[포터]

셀프 록킹 너트

스트러트 바

0.9~1.4 kg·m

8.5~11 kg·m

스태이빌라이저 볼트

8.5~11 kg·m

스트러트 바 부싱

스태이빌라이저 볼트

❈ 로워 암 탈거 순서(번호순으로 탈거)

① 프런트 휠 및 타이어를 분리한다.

② 스태빌라이저 바를 분리한다.

③ 스트러트 바를 분리한다.

④ 쇽업소버를 분리한다.

⑤ 로워 암과 크로스 멤버 설치 볼트에 일치마크를 표시하고 특수공구를 사용하여 너클에서 로워 볼 조인트를 분리한 후 로워 암을 분리한다.

⑥ 장착은 분해의 역순이다.

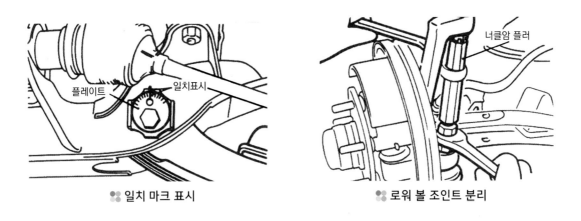

❇ 일치 마크 표시   ❇ 로워 볼 조인트 분리

(3) 점검 방법(D 2.5 SOHC, D 2.6SOHC, L 2.5 SOHC 공통)

① 로워 암의 변형, 손상 등을 점검한다.

② 고무부품의 갈라짐 소손 등을 점검한다.

③ 쇽업소버 오일누유의 점검을 한다.

④ 쇽업소버의 작동을 점검한다 : 쇽업소버를 눌렀다 당겼다 하면서 동일 저항에서 부드럽게 신장, 수축되는가를 점검하고 이상 소음이 있으면 교환한다.

⑤ 볼 조인트의 회전 저항을 점검한다. : 볼 조인트 너트를 조립하고 4~5회 회전시킨 후 토크 렌치를 볼 조인트 너트에 연결하고 기동 토크를 측정한다. 표준치를 넘으면 교환한다.

❇ 쇽업소버 점검   ❇ 기동 토크 점검

(4) 로워 암 부싱 교환 방법(D 2.5 SOHC, D 2.6SOHC, L 2.5 SOHC 공통)

① 특수공구를 사용하여 로워 암 부싱을 탈거한다.

② 새 부싱을 플랜지 부분이 로워 암에 접속 할 때까지 압입한다.

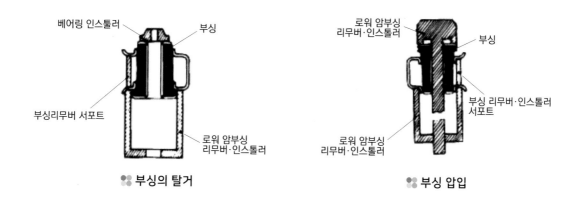

❖ 부싱의 탈거　　　　　　　　　**❖ 부싱 압입**

(5) 그레이스 전륜 현가장치의 제원(D 2.5 SOHC, D 2.6SOHC, L 2.5 SOHC 공통)

1) 쇽업소버의 제원

항목				제 원			
				독립식 더블 위시본 타입/역 댈리옷 I빔 타입 (1.25톤)			
				포터		그레이스	
	형식			유압 복동식		유압 복동식	
	행정			130, 185 : 1.25 톤		130	
프런트 쇽업소버	감쇠력	팽창시	일반/슈퍼/저상	1640±230N (164±23 kg)	장축 장축	왜건	1700±240N (170±24kg)
			고상/더블캡	1310±190N (131±19 kg)		밴	1330±190N (133±19kg)
			1.25 톤 1.25 톤	1500±210N (150±21 kg)	초장축	왜건	1680±240N (168±24kg)
						밴	1950±270N (195±27kg)
		압축시	일반/슈퍼/저상	590±110N (59±11 kg)	장축 장축	왜건	1150±200N (115±20kg)
			고상/더블캡	650±120N (65±12 kg)		밴	310±70N (31±7 kg)
			1.25 톤 1.25 톤	740±138N (74±13.8 kg)	초장축	왜건	640±120N (64±12kg)
						밴	750±140N (75±14kg)

2) 전차륜 정렬의 제원

항 목	포터	그레이스
토인mm	0 ± 3/ 1-3 (1.25 톤)	0 ± 3
캠버	30' ± 30'/ 1° ± 30' (1.25 톤)	30' ± 45'
캐스터	3° ± 1°/ 1°30' ± 30' (1.25 톤)	3° ±1°
킹 핀 경사각	10°30' ± 30'/ 8° (1.25 톤)	10°30' ± 30'

(6) 현가장치의 고장진단(D 2.5 SOHC, D 2.6SOHC, L 2.5 SOHC 공통)

고장 현상	가능한 원인	조치 사항
핸들이 무겁다	서스펜션 관계의 불량	점검,조정 또는 부품 교환
	볼조인트	
핸들이 떨린다	토션 바	
한쪽으로 쏠린다	휠 얼라인트	
차체의 롤링	스태빌라이저 바의 파손, 쇠손	교환
	프런트 쇽업소버의 기능 불량	교환
승차감이 나쁘다	타이어의 공기압 과대	조정
	프런트 쇽업소버의 기능 불량	교환
	토션 바의 변형	교환
	토션 바의 파손, 쇠손	교환
차체가 기움	앵커 암 어셈블리의 조립 불량	재조임/교환
	앵커 볼트 조임 부족	
	크로스 멤버의 변형	교환
	토션 바의 파손, 쇠손	교환
소음	앵커 볼트의 헐거움, 변형	재조임/교환
	토션 바 세레이션의 마모	교환
	쇽업소버의 오일 누유	교환
	각 부의 급유 부족	급유
	부시의 마모, 변형	교환
	프런트 쇽업소버의 기능 불량	교환

■ 그레이스

년도 차종	95	96	97	98	99	00	01	02	03	04	05	06	07	08	09	00
D 2.5 SOHC																
D 2.6 SOHC																
L 2.5 SOHC																

07 트라제 디젤 뒤 코일 스프링 파손

차 종	트라제디젤	연 식	-
주행거리	-	탑재일	2009.06.02
글쓴이	anjh5861(anjh****)	매 장	
관련사이트	네이버 자동차 정비 공유 카페 : https://cafe.naver.com/autowave21/103029		

1. 고장내용

트라제 디젤 뒤 코일 스프링 파손. 오일 교환하러 오셔서 차주 분 깜짝 놀라시네요.

 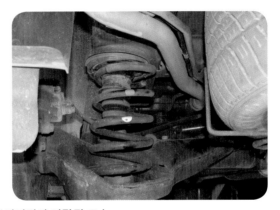

❈❈ 코일 스프링이 부러지면서 이탈된 모습

2. 점검방법 및 조치 사항

언급은 없으나 새 스프링 사진이 있는 것을 보니 교환 후 출고 하였겠지요.

❈❈ 부러진 모습과 새 스프링   ❈❈ 헤드 탈착

● 청해, 대성카, 팔불출, 부산갈매기, hwang mi, 필중, inyoung9834, 박재철, ir386, 소주사랑, 주니, 공도, jujak9, 시나브로, 중고차, 선도, inyoung9834, 류천비화
잘 보았습니다. 수고 하셨습니다.

● 정명이
저도 작업 한적 있어요.

● 물개
별일이 다있네

● bagume2
저는 트라제 LPG 했었는데~

● 한국이
차주 분은 목숨을 구하신거네요.~~~^^

● 임 부장, DoRUN
우째~~~ 저런 일이…

● 일산일신
절단 났네요.

● 시큼한참새
오프로드 하신것 같진 않아 보이는데… 어떻게 저런 경우가 발생했을까요? 장거리 운행을 많이 하셨나?

● 동지달
수고 하셨네요. 정비를 하다보면 이해가 안 되는 일이 종종…

● 홍석현
잘 봤습니다. 어찌 저런 일이 있지…

● 새롭게
절손이 되는군요.~ㅠㅠ

● 뉘루부르크리, 전자돌
저런 경우가… 잘 보고 갑니다.

● 주땍
가끔 저런 경우가 있지요. ^^

● 즐기는자
하여간 별일 다 있죠…

● 마린이
운전자 분 씩겁 하셨겠네요.

● 이현관
큰일 날 뻔했네요.

● sp347
저도 몇 번 경험했어요. 정말 위험하죠…

● rudwns4019
스프링도 절단이 나나요?? 몰랐던 사실입니다. 튼튼한 줄 알았는데ㅋㅋㅋ

● 슝탱
세상에…이런 경우도…

● nadamser
그래도 운행 중에 안 빠져서 다행이네요.

● cp2085, 마구리
수고 하셨어요. 항상 점검은 꼼꼼히…ㅎ

● chlrhkdgns2
굿이네요. 이럴 경우 큰일 나겠습니다. 서스 관리도 필요한 시대…

● 응가쩌
며칠 전 쇼버 교환하러 오셨는데 운전석 앞쪽 스프링이 저렇게 부러졌더라구요. 그래도 모르고 꽤 운행 하셨던것 같았습니다. 보시더니 기겁하셨다는…

3. 관계지식

(1) 뒤 차축 현가장치의 구성부품(L 2.7D, G 2.0D, G2.7D, D2.0TCI-D 공통)

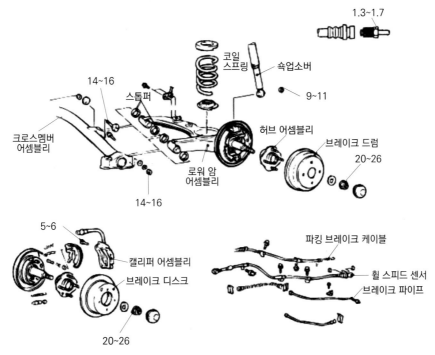

🔹 뒤 차축 현가장치의 구성 부품

1) 스프링 탈착 방법

① 휠 및 타이어를 탈거한다.

② 휠 스피드 센서 하니스를 분리한다.

③ 브리더 스크루를 탈거한 후 브레이크 오일을 배출시킨다.

④ 클립을 제거한 후 브레이크 호스를 탈거한다.

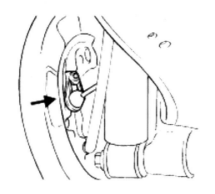

❧ 휠스피드 센서 하니스 분리

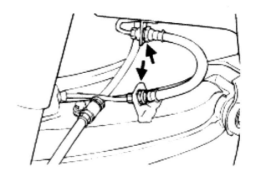

❧ 브레이크 호스 클립 탈거

⑤ 핀을 탈거한 후 주차 브레이크 케이블을 분리한다.

⑥ 스태빌라이저 바를 탈거한다.

⑦ 로워 암이 처지지 않도록 잭으로 받치고 쇽업소버를 탈거한다.

⑧ 특수 공구(스프링 압축기)를 이용하여 스프링을 압축한다.

⑨ 로워 암을 아래로 밀면서 스프링을 탈거한다.

⑩ 조립은 분해의 역순이다.(스프링의 상, 하 끝단부가 시트 홈에 일치 하도록 조립한다.

❧ 잭을 받치고 쇼버 탈거

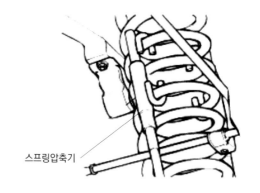

스프링압축기

❧ 스프링압축로 스프링 압착

(2) 고장진단(L 2.7D, G 2.0D, G2.7D, D2.0TCI-D 공통)

고장 현상	가능한 원인	조치 사항
조향이 어렵다.	부적절한 프런트 휠얼라인먼트	수리
	로워 암 볼 조인트의 과도한 회전저항	교환
	타이어 공기압의 부족	조정
	파워 스티어링이 작동이 안된다.	수리 혹은 교환
스티어링 휠의 복원 불량	부적절한 프런트 휠얼라인먼트	수리
승차감의 불량	부적절한 프런트 휠얼라인먼트	수리
	쇽업소버의 작동 불량 수리 혹은	교환
	스태빌라이저의 마모 혹은 파손	교환
	코일 스프링의 마모 혹은 파손	교환
	로워 암 부싱의 마모	어셈블리의 교환
비정상적인 타이어의 마모	부적절한 프런트 휠얼라인먼트	수리
	부적절한 타이어 공기압	조정
	쇽업소버의 작동 불량	교환
조향 핸들의 불안정	부적절한 프런트 휠얼라인먼트	수리
	로워 암 볼 조인트의 회전저항 부족	수리
	로워 암 부싱 마모 및 풀림	재조임 혹은교환
차량이 한쪽으로 쏠린다.	부적절한 프런트 휠얼라인먼트	수리
	로워 암 볼 조인트의 과도한 회전저항	교환
	코일 스프링의 마모 혹은 파손	교환
	로워 암의 굽음	교환
스티어링 휠이 떨린다.	부적절한 휠얼라인먼트	수리
	로워 암 볼 조인트의 회전저항 불량	교환
	스태빌라이저의 마모 혹은 파손	교환
	로워 암 부싱의 마모	교환
	쇽업소버의 작동 불량	교환
	코일 스프링의 마모 혹은 파손	교환
차량이 내려 앉는다.	코일 스프링의 마모 혹은 파손	교환
	쇽업소버의 작동 불량	교환
비정상적인 소음 발생	조립의 풀림	재조립
	휠 베어링 손상 또는 마모	교환
	쇽업소버 불량	교환
	타이어 불량	교환
충격이 직접 전달 됨	타이어 공기압 과다	공기압 조정
	쇽업소버 불량	교환
	휠너트 풀림	규정 토크로 재조임
	코일 스프링 파손 또는 처짐	교환
차량의 보디가 한쪽으로 쏠림	타이어 불량	교환
	부싱의 마모	교환
	드라이브 샤프트 및 어셈블리의 변형	교환
	코일 스프링의 파손 또는 처짐	교환

(3) 트라제 뒤 차축 현가장치의 제원(L 2.7D, G 2.0D, G2.7D, D2.0TCI-D 공통)

1) 리어 서스펜션 제원

항목			제원
리어 서스펜션 시스템			세미 트레일링 암 타입
코일 스프링	자유고		345.7mm
	식별색		청색(Blue) 1줄
쇽업소버	형식		가스식
	행정(mm)		119.5
	감쇠력	팽창시	123±22
		압축시	33±6

2) 휠 얼라인먼트

항목		제원
토인mm	프런트	0±3mm(기준 타이어 직경 Φ660mm
	리어	3±3mm(기준 타이어 직경 Φ660mm
캠버	프런트	0°±30′(좌우 바퀴의 차이는 0° 30′이내
	리어	-0° 30′±30′(좌우 바퀴의 차이는 0° 30′이내
캐스터	프런트	3.4°±30′(좌우 바퀴의 차이는 0°30′이내
킹 핀 경사각	프런트	13° 32′

■ 트라제 XG

차종 \ 년도	00	01	02	03	04	05	06	07	08	09	10	11	12	13	14	15
L 2.7 DOHC	■	■	■													
G 2.7 DOHC	■	■	■	■												
G 2.0 DOHC	■	■	■			■	■	■								
D 2.0 TCI-D	■	■	■	■	■											
G 2.0 DOHC(지멘스)					■											
G 2.0 DOHC(멜코)					■											

4. 2020년도 수도권 노후 경유 자동차 조기 폐차 사업안내

(1) 주관부서 사이트 주소

한국자동차환경협회(http://www.aea.or.kr)와 지자체에서 실시한다.

(2) 2020년도 수도권 노후 경유 자동차 조기 폐차 사업안내

1) 사업개요

* 노후 경유 자동차는 미세먼지 및 질소산화물 등 각종 폐질환을 유발하는 대기오염물질을 많이 배출하는 자동차로 정상적인 운행이 가능함에도, 조기에 폐차하도록 유도하여 배출 오염원을 원천적으로 차단하고자 조기 폐차 보조금을 지원하고 있습니다. 조기 폐차 사업관련 자주하는 질문 바로가기

※ 전화문의가 많아 연결이 어려우니 통화 전에 자주하는 질문을 미리 확인바랍니다.

2) 사업 시행일

① 각 지자체 홈페이지 참고

- 사업 시행일 이전 제출된 서류는 반송 되오니 반드시 지자체별 시행 일자를 확인 바람

3) 지원 대상 (아래 사항을 모두 충족하는 경유자동차 및 도로용 3종 건설기계)

지역구분		지역범위
대기관리권역	서울특별시	전지역
	인천광역시	옹진군(영흥면 제외)를 제외한 전지역
	경기도	고양시, 과천시, 광명시, 광주시, 구리시, 군포시, 김포시, 남양주시, 동두천시, 부천시, 성남시, 수원시, 시흥시, 안산시, 안성시, 안양시, 양주시, 여주시, 오산시, 용인시, 의왕시, 의정부시, 이천시, 파주시, 평택시, 포천시, 하남시, 화성시
기타 지역		인천 옹진군(영흥면 제외), 경기 가평군, 양평군, 연천군

* 상기 기타 지역은 해당 지역에서 2년 이상 연속하여 등록되어야 함
* 수도권 외 지역은 해당 지자체에 문의

① 배출가스 5등급 경유자동차 및 2005년12월31일 이전 제작된 도로용 3종 건설기계
  - 「자동차 배출가스 등급 산정방법에 관한 규정」별표1 및 별표2에 따른 등급기준
  - 도로용 3종 건설기계 : 덤프트럭, 콘크리트믹서트럭, 콘크리트펌프트럭(자동차로 등록여부와 관계없이 「대기환경보전법시행규칙」별표5 기준에 따른 자동차의 정의를 따름)- 자동차 배출가스 등급 확인 조회 바로가기

② 신청서 제출일로부터 역산하여 대기관리권역 또는 신청지역에 2년 이상 연속하여 등록된 경유 자동차 및 도로용 3종 건설기계

③ 최종 소유기간이 보조금 신청일전 6개월 이상인 경유 자동차 및 도로용 3종 건설기계

④ 「자동차관리법」 제43조의2제1항제1호에 따른 관능검사 결과 적합 판정을 받은 경유 자동차 및 도로용 3종 건설기계

　- 도로용 3종 건설기계는 「건설기계관리법」 제13조제1항제2호에 따른 정기검사 결과 적합 판정을 받은 경우

⑤ 한국자동차환경협회가 발급한 조기폐차 대상차량 확인서상 정상가동 판정이 있는 경유 자동차 및 도로용 3종 건설기계

⑥ 정부 및 지방자치단체 지원을 통해 배출가스 저감장치를 부착하거나 저공해 엔진으로 개조한 사실이 없는 경유 자동차 및 도로용 3종 건설기계

　- 지자체별 지원 대상에 차이가 있을 수 있으니, 세부내용은 각 지자체 홈페이지를 참고 바랍니다.

　- 영업용 및 대여용(이력 포함)의 경우 차령을 초과하지 않는 차량

　　(단, 자가용으로 용도변경 후 일정(2년)기간 경과한 차량은 지원 가능)

4) 조기폐차 보조금 지원

- 단, 기본 지원금과 추가 금액의 합은 상한액을 초과 할 수 없음

① 조기 폐차 지급대상확인서 발급 후 2개월 이내에 대상차량 확인을 받고 말소(차령초과, 수출 말소 제외)하여 보조금 지급 청구서(별지 5호서식)를 제출한 차량에 한해 아래표의 상한액 및 지원율에 따라 보조금 지원

(단, 도로용 3종 건설기계 등은 행정안전부에서 발생하는 시가표준액 기준으로 산정 가능)

구분		상한액(만원) (기본 + 추가 지원)	지원율	
			기본	신차구매시 추가지원
총중량 3.5톤 미만		300	70%	30%
총중량 3.5톤 이상	3,500cc 초과	440	100%	200%
	3,500cc 초과 5,500cc 초과	750		
	5,500cc 초과 7,500cc 이하	1,100		
	7,500cc 이하	3,000		
도로용 3층 건설기계 (덤프트럭, 콘크리트믹서트럭, 콘크리트펌프트럭)		3,000		

5) 조기 폐차 후 신차 구매 시 보조금 지원

- 조기 폐차 한 후 아래의 조건에 맞는 차량을 신규로 등록한 차량의 소유자가 차량 구매 보조금 지급 청구서를 먼저 제출한 순서로 지원 - 단, 기본 지원금과 추가 금액의 합은 상한액을 초과할 수 없음

> - (총중량 3.5톤 미만)
> **경유 자동차(중고차, 이륜자동차)를 제외**한(20.1.1일 이후 출고차량)을 신규로 구매 시 기존 조기 폐차한 차량의 **차량기준 가액의 30%를 추가로 지원** 할 수 있음
>
> - (총중량 3.5톤 이상)
> - 신규로 구매(중고차 제외)하는 자동차가 **제작차 배출허용기준에 맞게 제작**된 자동차 중 **총중량 3.5톤을 초과하는 대형·초 대형 화물**자동차(대기규칙 별표17제2호 아목규정(20.1.1 이후 출고) 및 대기규칙 별표5제1호 바목 참조)
> - 폐차한 자동차와 **배기량 또는 최대적재량이 같거나 작은 차량**을 신규로 구매하는 경우
> - 도로용 3종 건설기계는 폐차한 건설기계와 10%이내 범위의 규격 증감은 동일 규격으로 인정
>   *「건설기계관리법 시행령」제2조 및 건설기계관리업무처리규정(국토교통부 훈령)에 따름
>
> ※ 지급대상확인서 교부일로부터 **4개월 이내에(별지7호서식)의 보조금 지급청구서와 첨부서류를 제출**하여야 함.
> ※ 폐차한 자동차와 신차 구매 차량 소유자가 일치 하여야 함.
> ※ 대기법 제58조4항 및 대기규칙 제79조3에 따른 **의무운행기간(2년)을 준수**하여야 함.

*지자체별 지원 조건이 상이 할 수 있으며, 예산에 따라 조기 소진 될 수 있습니다.

6) 지원금액 (조기 폐차 기본 지원 보조금만 해당됨)

- 2020년 1분기 조기 폐차 보조금 지원 예상금액 바로가기

7) 사업 절차

- 조기 폐차 진행 단계

STEP 1. 신청(폐차전) : 자동차 소유자
신청서(별지3호서직) 작성 후 구비서류와 함께 등기 또는 E-mail 발송 ※ 신청서는 가급적 우편으로 접수바라며, E-mail로 접수 시 반드시 스캔 파일로 발송
• 우편주소 : 인천광역시 부평구 길주로 635, 엘림타워 11층 한국자동차환경협회 • E-mail 주소 : 1577-7121@aea.or.kr

↓

STEP 2. 보조금 지급 대상 확인서 발급 : 한국자동차환경협회
담당자는 신청서류 전산 등록 후 보조금 지급대상 여부 확인 및 보조금 산정 ※ 근무일 기준 10일 이내 지급대상 확인서 발급 단, 접수량이 많을 시 지연 될 수 있음
• 접수 완료된 차량은 진행내역 전산조회 기능 조기 폐차 진행내역 조회 바로가기 • 보조금 대상 여부 확인 및 신청 후 자동차 소유자에게 문자(SMS) 발송

↓

STEP 3. 지정폐차업체 확인 후 차량 입고 : 자동차 소유자

조기 폐차 대상차량확인(성능검사)은 지정폐차업체에서 실시
※ 폐차업체 입고 시 조기폐차 보조금 지급 청구서 제출 기한을 고려하여 입고 필요

- 조기 폐차 지정폐차업체 확인 바로가기
- 차량 입고 이후 절차는 지정폐차업체에서 진행

STEP 4. 대상차량확인(성능검사) 실시 : 한국자동차환경협회

입고된 차량에 대해 대상차량확인(성능검사)을 실시
※ 종합검사결과와 상관없이 정상 가동 여부를 확인

- 대상차량확인 완료 후 합격한 차량에 대해서 보조금 지급 가능
- 대상차량확인 완료 후 자동차 소유자에게 확인 결과 문자(SMS) 발송

STEP 5. 보조금 지급청구서 등기 발송 : 자동차 소유자 등

보조금 지급 청구서(별지5호서식) 작성 후 구비서류와 함께 등기 우편 발송
※ 지급대상 확인서 발급일로부터 2개월 이내에 청구서가 도착하여야 함

- 우편주소 : 인천광역시 부평구 길주로 635, 엘림타워 11층 한국자동차환경협회
- 조기 폐차 청구서는 반드시 원본 제출

STEP 6. 차량(신차) 구매 보조금 지급청구서 등기 발송 : 자동차 소유자 등

차량구매 보조금 지급 청구서(별지7호서식) 작성 후 구비서류와 함께 등기
※우편 발송 : 지급대상 확인서 발급일로부터 4개월 이내에 청구서가 도착 하여야 함

- 우편주소 : 인천광역시 부평구 길주로 635, 엘림타워 11층 한국자동차환경협회
- 차량구매 청구서는 반드시 원본 제출

STEP 7. 청구서 등록 및 지자체 발송 : 한국자동차환경협회

서류 검토(미비사항 확인) 및 전산 등록 후 해당 지자체로 등기 발송
※ 청구서상 미비사항 발생 시 보조금 청구가 지연 될 수 있음

STEP 8. 보조금 지급 : 지자체

청구서 검토 후 자동차 소유자에게 보조금 지급
※ 지방세 및 환경개선부담금 등 체납차량 등을 보조금 지급이 불가 할 수 있음

(8) 서류

(별지 제3호 서식)

노후차량 조기폐차 보조금 지급대상 확인 신청서				처리기간 10일	
소유자	①성 명		②주민등록번호		
	③주 소				
	④휴대전화		⑤FAX 이메일(법인)필수		
대 상 자동차	⑥자동차번호		⑦차대번호		
	⑧자동차제원	□ 연식( )년 □ 배기량( )CC			
		정원(승합)	명		
		중량(화물)	□적재중량( )톤 □총중량( )톤		
	⑨차명 및 형식	/	⑩용 도		
	⑪등록일자(차령)	년 월 일 (년 월)			
	⑫주행거리		⑬사용 연료		
운행 상태	⑭검사 일자		⑮검사 기관		
	⑯검사 결과	□ 운행차 배출가스 매연수치( )% (운행차배출허용 기준 수치( )%			

위와 같이 차량을 조기폐차 하고자 하오니 조기폐차 보조금 지급이 가능한 지 여부를 확인하여 주시기 바랍니다.

※ 참고사항 : 말소등록일 까지 소유자정보(성명, 사용본거지) 변경 시 보조금 지급이 불가 할 수 있습니다.

년 월 일

신청자 : (서명 또는 인)

시장(지사) 또는 절차대행자 귀하

구 비 서 류	신청인 제출서류	담당공무원 또는 절차대행자 확인사항 (담당 공무원 또는 절차대행자의 확인에 동의하지 아니하는 경우 신청인이 직접 제출하여야 하는 서류)	수 수 료
	1. 자동차 소유자의 주민등록증 이나 운전면허증 사본 또는 운송사업자등록증 사본	1. 자동차등록증 또는 건설기계등록증 (사본) 1부 2. 경유자동차 검사결과 증빙서류 1부	없 음

본인은 이 건 업무처리와 관련하여 「전자정부법」 제38조제1항에 따른 행정정보의 공동 이용을 통하여 담당 공무원 또는 절차대행자가 위의 '담당 공무원 또는 절차대행자 확인사 항'을 확인하는 것에 동의합니다.

신청인 (서명 또는 인)

210㎜×297㎜[일반용지 60g/㎡(재활용품)]

* 접수처 : 인천광역시 부평구 길주로635, 엘림타워 11층 한국자동차환경협회 부평센터 우편번호 : 21344
* e-mail 접수 : 1577-7121@aea.or.kr

자주하는 질문(신청서 작성 전 꼭 읽어주세요)

1. 신청서 작성 시 주의 사항이 있나요?

• 신청 등록후 대상여부 및 조기폐차 보조 금액 등 중요정보가 문자(SMS)로 발송 되오니 반드시 차량 소유자 본인의 연락처를 기재하시기 바랍니다.

  * 보조금 상한액 보장 등을 조건으로 수수료를 요구하는 허위/과장 영업행위로 인한 피해가 발생될 수 있으니 유의바람

2. 대상조건이 무엇인가요?

• 배출가스 5등급 경유차 및 2005년 12월 31일 이전 제작된 도로용 3종 건설기계(덤프트럭, 콘크리트 믹서트럭, 콘크리트펌프트럭)

  * 지자체별로 대상 조건이 상이할 수 있으니, 반드시 해당 지자체 사업 공고를 확인해주시기 바랍니다.

3. 배출가스 등급은 어디서 확인할 수 있나요?

https://emissiongrade.mecar.or.kr/에서 확인가능합니다.

4. 보조금은 얼마나 지원되나요?

• 신청등록 후 서류 검토를 통하여 정확히 알 수 있으며, 대상여부와 함께 문자(SMS)가 발송됩니다.

  * 접수등록일로부터 3일 이내 문자 발송되며, 신청 접수량이 폭주할 경우 지연될 수 있습니다.

  * 홈페이지 정보마당 → 자료실 → 조기폐차 지원 예상금액에서 보조금 지원 예상 금액을 확인할 수 있습니다.

5. 조기폐차 신청 후 절차가 어떻게 되나요?

• 신청서 제출 → 대상여부 확인 및 보조금 산청 → 차량입고(지정폐차장) 및 성능검사 → 차량말소 → 보조금청구서 제출(신차 청구서 포함) → 보조금 입금

6. 지급대상확인 및 보조금 안내문자를 받았는데 다음에 무엇을 해야하나요?

• 홈페이지에 안내되어 있는 지정폐차업체에 문의 후 차량을 입고하여 이후 절차를 진행하시면 됩니다.

7. 보조금 지급까지 얼마나 걸리나요?

• 조기폐차 보조금을 지급하기 위해서는 일련의 과정(신청서 접수, 지급대상확인, 보조금 산정, 대상확인검사(정상운행이 가능한지 확인하는 검사), 청구서 내용(계좌번호 등) 입력 및 자치단체 서류이송 등)이 필요하므로 신청서 접수일로부터 약 2~3개월 정도 소요되고 있습니다.(단, 지연될 수 있음)

  * 조기폐차 보조금 지급은 「조기폐차 보조금 지급 청구서(별지5호서식)」, 신처 구매에 대한 보소금 지급은 「차량 구매 보조금 지급 청구서(별지7호서식)」을 제출 하여야 지급이 가능합니다.

  * 지방세 및 환경개선부담금 체납 차량에 대하여 보조금 지급이 제한될 수 있습니다.

8. 접수한 뒤 차량 소유자가 사망한 경우 어떻게 해야 하나요?

• 신청자가 사망한 경우 가족이 대신하여 보조금을 받을 수 있으며, 가족관계증명서 및 가족관계 증명서에 기재되어 있는 모든 사람의 상속포기각서, 인감증명서를 제출해야 합니다.(원본 제출)

9. 차량 소유자가 사망한 경우 조기폐차 접수가 가능한가요?

• 가족이 상속 이전하여 가족관계증명서 및 신청서류와 함께 제출하여 주시면 됩니다.

  * 상기 서류를 제출하는 경우 최종소유자 6개월 이내라도 예외적으로 인정함

10. 개명한 경우 어떤 증빙서류를 제출해야 하나요?

• 주민등록 초본(원본)을 제출해 주시면 됩니다.

9) 조기 폐차 대상에서 제외 되는 차량

① 정부 보조를 받아 저감장치(DPF)를 장착한 차량

② 연료를 LPG 사용으로 개조한 차량

③ 정기검사때 불합격된 차량(단, 매연이 많이 나와서 불합격을 받았을 경우 대상이 될 수도 있음)

④ 외관상 심각한 파손 및 정상운행이 불가능한 차량

⑤ 차주가 소유한지 6개월이 안되거나, 수도권에 2년 이상 거주하지 않았을 때

10) 2020년 1월 1일부터 바뀐 사항

① 작년도와 다르게 지원금을 두번 나누어 지급한다. 정부에서는 노후 경유차를 폐차한 후 받은 지원금으로 다시 경유차를 구매하는 경우가 많아 미세먼지 감소 정책에 합당치 않다는 판단을 내렸다며, 2020년 1월 1일부터 조기 폐차 지원금의 70%를 말소가 된 후에 지급한다. 나머지 30%는 2020년 1월1일 이후에 출고된 신차를 구매할 때 지급하는 정책으로 변경되었다.

② 구입 차량은 휘발유, LPG를 사용하는 차량이어야 한다.

③ 말소 차량의 명의와 신차 구입 명의가 같아야만 30%를 받을 수 있다.

차 종	아반떼 XD	연 식	-
주행거리		탑재일	2011.07.19
글쓴이	ssc7970(ssc7****)	매 장	
관련사이트	네이버 자동차 정비 공유 카페 : https://cafe.naver.com/autowave21/184905		

1. 고장내용

주행 중 뭔가 상당히 불안 하셨나봐요. 견인차를 불러서 매달려 왔더라구요.

🔩 부식된 로워 암(좌측)

🔩 부식된 로워 암(우측)

🔩 신, 구품 로워 암의 비교

🔩 새로이 장착한 로워 암

2. 점검방법 및 조치 사항

   확인하니 로워 다이가 요모양이네요.~ 신품 장착해서 낼 출고합니다.~ 아무 이유 없이 이렇게까지 부식이 된다면 제품에 문제가 있는게 아닌가 하는 생각을 해봅니다.~

회원님들의 댓글 | 등록순 ▼ | 조회수 | 좋아요 ▼

● 차가조아
  이에프 멤버랑 같은방식이네요. 물이 배출되는 구멍이 없었나??
● 정릉점
  부식이 넘 심한데요.
● 류천비화, 황호준, 정비하고자하는이, 봉고레이싱, 기아차공부중
  좋은 정보 잘 보고 갑니다.
● 무쇠
  부식이 심하네여~! 페인팅이 덜됐나요????
● 저승사인
  저렇게 부식되는 경우도 있군요.
● avt504455
  아반떼는 부식이 많아요.~~~

| | 등록 |

☻ 스티커   📷 사진

3. 관계지식

(1) 전륜 현가장치의 구성부품(G 1.5DOHC, G 1.6DOHC, G 2.0DOHC, D 1.5TCI-U 공통)

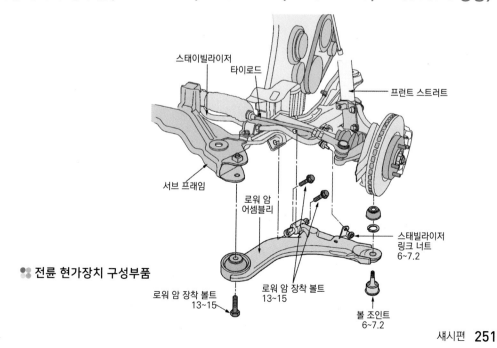

❖ 전륜 현가장치 구성부품

스태이빌라이저
타이로드
프런트 스트러트
서브 프래임
로워 암 어셈블리
스태빌라이저 링크 너트 6~7.2
로워 암 장착 볼트 13~15
로워 암 장착 볼트 13~15
볼 조인트 6~7.2

(2) 탈거 장착 방법(G 1.5DOHC, G 1.6DOHC, G 2.0DOHC, D 1.5TCI-U 공통)

① 프런트 휠 및 타이어를 분리한다.

② 분할핀, 캐슬 너트 및 와셔를 탈거한다.

③ 로워 암 볼 조인트 너트(A)를 푼다. (탈거는 하지 않는다.)

④ 스트러트 어셈블리(B)에서 스트러트 하부 체결 볼트(A)를 탈거한다.

⑤ 액슬 허브(A)를 바깥쪽으로 밀면서 볼 조인트 리무버를 장착할 수 있는 공간을 확보하고 볼 조인트를 분리한다.

⑥ 스태빌라이저 링크(A)를 분리한다.

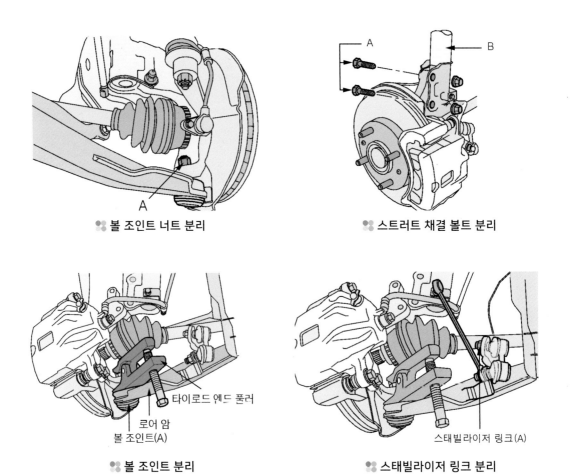

❀ 볼 조인트 너트 분리   ❀ 스트러트 체결 볼트 분리

❀ 볼 조인트 분리   ❀ 스태빌라이저 링크 분리

⑦ 스트러트 하부 체결 볼트를 임시로 체결한다.

⑧ 로워 암 마운팅 볼트를 탈거하기 위해 동승석 사이드 커버(A)를 볼트(B)를 분리하고 탈거한다.

⑨ 마운팅 볼트(A), (B), (C)를 풀고 로워 암을 탈거한다.

⑩ 장착은 분해의 역순이다.

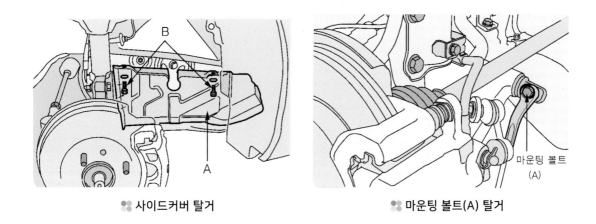

❁ 사이드커버 탈거   ❁ 마운팅 볼트(A) 탈거

(3) 아반떼 XD 전륜 현가장치의 제원(G 1.5DOHC, G 1.6DOHC, G 2.0DOHC, D 1.5TCI-U 공통)

1) 현가장치 제원

항 목			프런트 서스펜션	리어 서스펜션
형식			맥퍼슨 스트러트 타입	듀얼 링크 타입
쇽업소버	형식		원통형 유압 복동식	원통형 유압 복동식
	행정(mm)		163.8	203.7
	감쇠력	팽창시	105±16	43±8
		압축시	26±6	21±6

2) 코일 스프링 자유고 및 식별색

	모델	자유고(mm)	식별색
프런트	1.5GL M/T/ 1.5GL M/T (A/C 미장착) 1.5GLS M/T/ 1.5GLS M/T (A/C 미장착)	329.2	흰색(White)
	1.5GL A/T/ 1.5GLS A/T (A/C 장착) 2.0GL M/T (A/C 미장착)	335.0	파란색(Blue)
	2.0GLS M/T (A/C 장착) 2.0GL A/T (A/C 미장착)	344.4	녹색(Green)
	2.0GLS A/T (A/C 장착)	354.0	보라색(Videt)
리어	모두	344.2	흰색(White)

3) 얼라인먼트 제원

항 목	프런트	리어
토인mm	±2	4(-1, +3)
캠버	0°±30′	55°±30′
캐스터	2° 49′±30′	–
킹핀 옵셋(mm)	-1.0	2-9
사이드 슬립(mm)	±3	
타이어 사이즈	175/70R14, 185/65R15, 195/60R15	
휠 사이즈	5.0J×14, 5.5J×15	
타이어 공기압(kg·cm²(PSI)	2.1(0, 0.07) (30(0,+1)	

■ 아반떼 XD

차종 \ 년도	00	01	02	03	04	05	06	07	08	09	10	11	12	13	14	15
2.0 DOHC MPI(VVT)																
G 1.5 DOHC																
G 2.0 DOHC																
G 1.6 DOHC																
D 1.5 TCI-U																

섀시

8. 조향장치 & 전차륜 정렬
Steering System & Wheel Alignment

01. 조향할 때 무거움과 뚜뚜뚝 소음 발생

02. 방지턱 넘을시 뒤쪽 하체에서 고무 비비는 듯한 소음 발생

03. 방지턱 넘어갈 때 차량 앞쪽에서 더더덕 소리 발생

04. 운행중 핸들 조작시 소리남

05. 브레이크 액 리저버 탱크에 파워오일이…

06. 사고로 핸들의 한쪽으로 돌아갔어요.

07. 주행 중 타이로드 엔드 이탈(조향 불능)

08. 파워 스티어링 펌프 파손으로 인한 타이밍 벨트 교환

차 종	렉스턴	연 식	-
주행거리	-	탑재일	2009.10.09
글쓴이	anjh5861(anjh****)	매 장	
관련사이트	네이버 자동차 정비 공유 카페 : https://cafe.naver.cc autowave21/112028		

1. 고장내용

고장내용은 간단하게 "렉스턴 조향시 소음발생…" 으로만 기록하여 놓으셨습니다.

❈ 로워 샤프트 설치위치

❈ 탈거된 로워 샤프트

❈ 망가진 조인트

2. 점검방법 및 조치 사항

언급은 없었겠지만 로워 샤프트 어셈블리를 교환 한 것 같습니다.

회원님들의 댓글 | 등록순 ▼ | 조회수 | 좋아요 ▼

● rkawhd2, 생명카, 카렉스, lennon0310, 청해, 물개, sordin77, 우럭이, chlrhkdgns2, jangsikpum, smm4118, 류천비화, 현짱
잘 보고 갑니다. 감사합니다.
● 중구청
정보 감사합니다.
● 정비인멤버
완전 썩었네요.^^
● 대마초
주행거리 몇 Km 에서 저리되는 건가요?
● md3134
랙스턴 핸들 조인트 일반 조인트와 달리 옵셋 방식으로 되어 있습니다.
● 호야
아 그렇구나 굿~
● 유성
정비사례 감사합니다.^^

| | 등록 |

☺ 스티커　📷 사진

3. 관계지식

(1) 조향장치의 구성부품(렉스턴 2006년)

리턴 호스 & 튜브
로워 샤프트
칼럼 & 샤프트
파워 스티어링 펌프 & 탱크
스티어링 휠
고압 호스
기어 박스

❖❖ 로워 샤프트의 위치

❈ 아래에서 본 조향장치(조향기어 박스)

(2) 탈거 장착 방법

① 엔진룸 측에서 로워 샤프트와 칼럼 샤프트에 조립 마크(A)를 표기한다.

② 로워 샤프트의 상부 고정 볼트(12mm-1개)를 풀어 스티어링 칼럼 샤프트와 로워 샤프트를 이격시킨다.

❈ 로워 샤프트 설치위치

❈ 조립마크 표시(위)

③ 스티어링 로워 샤프트와 스티어링 기어 박스에 조립 마크(A)를 표기한다.

④ 스티어링 로워 샤프트(하부)의 조인트 볼트(12mm-1개)를 풀어 스티어링 기어 박스와 로워 샤프트를 분리한다.

⑤ 스티어링 로워 샤프트를 탈거한다.

⑥ 장착은 분해의 역순이다.

❄ 상부 고정너트 분리

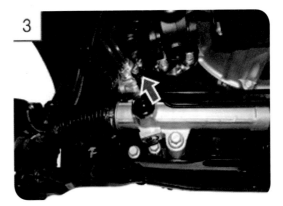

❄ 하부 고정너트 위치

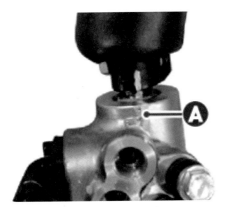

❄ 조립마크 표시(아래)

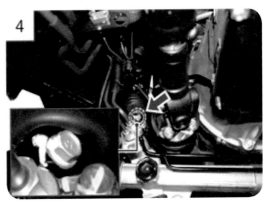

❄ 하부 고정 너트 분리

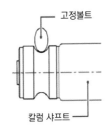

❄ 칼럼 샤프트와 볼트 체결상태

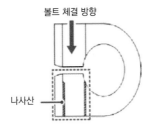

❄ 볼트 체결 방향

❄ 로워 샤프트 탈거

(3) 조향장치 고장진단

고장 현상	가능한 원인	조치 사항
스티어링 휠의 조작이 무겁다.	윤활부족, 이물질 침입에 의한 스티어링 볼 조인트의 비정상적 마모 또는 고착	윤활 또는 교환
	스티어링 기어 손상 또는 불량	기어 어셈블리 교환
	스티어링 피니언 프리로드 부적절	조정
	스티어링 샤프트 조인트 불량	교환
	스티어링 오일 누설	수리 또는 교환
	스티어링 오일 부족 또는 공기 혼입	오일보충 또는공기빼기 작업
	파워 스티어링 펌프 불량	교환
	파워 스티어링 펌프 구동 벨트의 손상 또는 이완	조정 또는 교환
	오일 라인의 막힘	수리 또는 교환
	휠 또는 타이어의 손상	수리 또는 교환
	서스펜션 불량	수리 또는 교환
스티어링 휠이 한쪽으로 쏠린다.	스티어링 링케이지의 손상	교환
	휠 또는 타이어의 손상	수리 또는 교환
	브레이크 장치 불량	수리 또는 교환
	서스펜션 불량	수리 또는 교환
스티어링 휠의 유격이 과대하다.	스티어링 기어의 마모 기어 어셈블리	교환
	스티어링 볼 조인트의 마모 또는 손상	교환
	스티어링 기어 박스 마운팅 볼트의 이완	재조임
스티어링 휠이 적절히 복원되지 않는다.	스티어링 볼 조인트의 손상 또는 고착	교환
	스티어링 피니언 프리로드 부적절	기어 어셈블리 교환
	휠 또는 타이어의 손상	수리 또는 교환
	서스펜션 불량	수리 또는 교환
스티어링 휠의 진동이 심하다. (시미현상)	스티어링 링케이지 손상	교환
	스티어링 기어 박스 마운팅 볼트 이완	재조임
	스티어링 볼 조인트의 손상 또는 고착	교환
	프런트 휠 베어링의 마모 또는 손상	교환
	휠 또는 타이어의 손상	수리 또는 교환
	서스펜션 불량	수리 또는 교환
스티어링 시스템으로부터 비정상적 소음이 발생한다.	스티어링 기어 박스 마운팅 볼트의 이완	재조임
	스티어링 기어 불량	기어 어셈블리 교환
	스티어링 칼럼부에 간섭 발생	수리
	스티어링 링케이지의 이완	재조임
	파워 스티어링 펌프 구동 벨트의 손상 또는 이완	조정 또는 교환
	파워 스티어링 펌프 브래킷의 이완	재조임
	파워 스티어링 펌프 마운팅 볼트의 이완	재조임
	시스템 내에 공기 혼입	공기빼기 작업
	파워 스티어링 펌프 불량	교환
스티어링 휠 작동시 이음	스티어링 칼럼 고정너트의 풀림 또는 조임불량	너트 재조임
	스티어링 샤프트 베어링의 마모 또는 손상	스티어링 칼럼 교환
	인텀 샤프트 핀치 볼트의 풀림 또는 조임불량	볼트 재조임
스티어링 휠 조향력 과다	스티어링 샤프트 베어링의 마모 또는 손상	스티어링 칼럼 교환
시동 스위치가 잘 들어가지 않음	록 실린더 내부 결함 스티어링 칼럼	교환
	시동 스위치 내부 결함	시동 스위치 교환

(4) 렉스턴 조향장치 제원

1) 조향장치 제원

항 목			제원
스티어링 휠	형식		4 스포크 타입
	외경(mm)		390
스티어링 기어 박스	형식		랙 및 피니언
	기어비		∞
	조향각도	내측	36°7'
		외측	32°0'
오일 펌프	형식		베인식
	최대 압력 (kgf/cm2)		85 ~ 92
	토출량 (ℓ/min)		10.5
	풀리 사이즈 (mm)		124
틸트 칼럼 조절 각도	상		4°
	하		8°
최소 회전 반경 (m)			5.7
오일	종류		ATF 덱스론 II 또는 III
	용량 (ℓ)		1.1
로워 샤프트	형식		더블 카단 등속 조인트 타입
	각도(°)		62~68°
	구성		등속 조인트(상단) 훅크 조인트(하단) 일레스틱 슬리브

2) 현가장치 제원

항 목		프런트 서스펜션
현가 방식		더블 위시본
스프링 방식		코일 스프링
쇽업소버 형식		통형 복동식(가스 타입)
스태빌라이저 형식		토션바식
휠 얼라인먼트	토우-인	2±2mm
	캠버	0°±30′ (단 좌우 차는 30′ 이하)
	캐스터	3°±30′ (단 좌우 차는 30′ 이하)

3) 파워 스티어링 조임 토크

항목		kgf·m	N·m
스티어링 칼럼 샤프트	스티어링 칼럼 마운팅 볼트(상부)	2.0 ~ 2.5	20 ~ 25
	스티어링 칼럼 마운팅 볼트(하부)	1.8 ~ 2.5	18 ~ 25
	스티어링 휠과 스티어링 칼럼 샤프트 록 너트	4.0 ~ 6.1	40 ~ 60
	스티어링 휠과 에어백 모듈 체결 볼트	0.7 ~ 1.1	7.0 ~ 11
	스티어링 칼럼과 로워 샤프트 체결 볼트	2.5 ~ 3.0	25 ~ 30
파워 스티어링 기어 박스	스티어링 기어 박스와 기어 박스 크로스 멤버 마운팅 볼트	10.0 ~ 13.0	100 ~ 130
	스티어링 기어 박스와 로워 샤프트 체결 볼트	2.5 ~ 3.0	25 ~ 30
	타이로드 엔드와 스티어링 너클 체결 너트	3.5 ~ 4.5	35 ~ 45
	타이로드 엔드 록 너트	6.5 ~ 8.0	65 ~ 80
	스티어링 기어 박스와 압력 호스 체결 너트	1.2 ~ 1.8	12 ~ 18
	스티어링 기어 박스와 리턴 라인 체결 너트	1.2 ~ 1.8	12 ~ 18
파워 스티어링 펌프	파워펌프 브래킷과 타이밍 기어 케이스 커버 마운팅 볼트	2.0 ~ 2.3	20 ~ 23
	파워 펌프와 압력 호스 체결 너트	4.0 ~ 5.0	40 ~ 50
파워 스티어링 라인	리턴라인과 클립 체결 너트	0.9 ~ 1.4	9.0 ~ 14

방지턱 넘을시 뒤쪽 하체에서 고무 비비는 듯한 소음 발생

차 종	그랜저 XG	연 식	-
주행거리	-	탑재일	2010.06.15
글쓴이	엔카쫑(top7****)	매 장	
관련사이트	네이버 자동차 정비 공유 카페 : https://cafe.naver.com/autowave21/137884		

1. 고장내용

현대 자동차 그렌져 XG 뒤쪽 하체 방지 턱 넘을시 고무 비비는듯한 소음 발생한다고 입고합니다.

❄ 스태빌라이저 설치위치

❄ 분해된 스태빌라이저 고무

❄ 설치한 스태빌라이저 고무

❄ 스태빌라이저 고무 확대모습

2. 점검방법 및 조치 사항

활대(스태빌라이저) 부싱 고무 교환입니다.

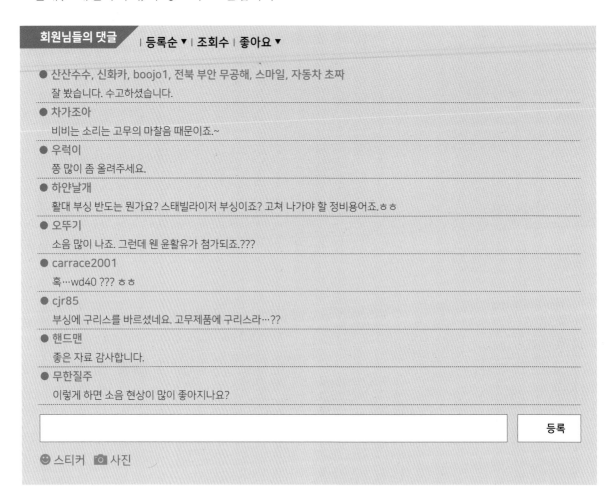

회원님들의 댓글 | 등록순 ▼ | 조회수 | 좋아요 ▼

● 산산수수, 신화카, boojo1, 전북 부안 무공해, 스마일, 자동차 초짜
  잘 봤습니다. 수고하셨습니다.
● 차가조아
  비비는 소리는 고무의 마찰음 때문이죠.~
● 우럭이
  쫑 많이 좀 올려주세요.
● 하얀날개
  활대 부싱 반도는 뭔가요? 스태빌라이저 부싱이죠? 고쳐 나가야 할 정비용어죠.ㅎㅎ
● 오뚜기
  소음 많이 나죠. 그런데 웬 윤활유가 첨가되죠.???
● carrace2001
  혹…wd40 ??? ㅎㅎ
● cjr85
  부싱에 구리스를 바르셨네요. 고무제품에 구리스라…??
● 핸드맨
  좋은 자료 감사합니다.
● 무한질주
  이렇게 하면 소음 현상이 많이 좋아지나요?

| | 등록 |

☺ 스티커 📷 사진

※**필자 의견** : 고무에 그리스가 묻은 것 같이 보이는데…. 털거할 내 방청제(WD-40)를 뿌려서 탈거한 것 같기는 하지만 어느 현가장치의 고무 부품에 그리스를 바르는 것은 절대 금해야 합니다. 스태빌라이저의 기능(롤링을 방지하고 코너링에서 안정감을 확보)을 완수하지 못합니다.

3. 관계지식

(1) 후륜 현가장치의 구성부품(G 2.0D, G 2.5D, G 3.0D, L 2.7D 공통)

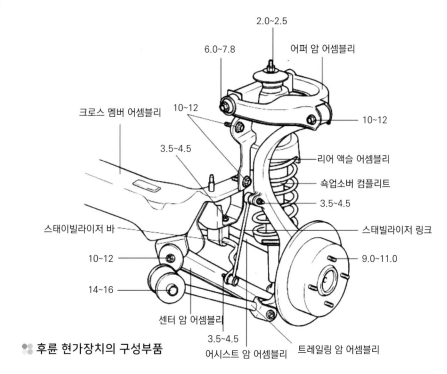

후륜 현가장치의 구성부품

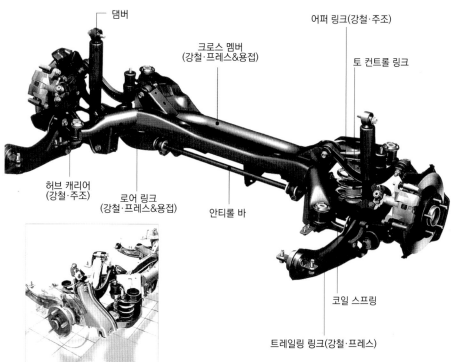

트레일링 멀티링크 형식의 스태빌라이저(Mazda ATENZA)-모터팬-20-031

(2) 그랜저 XG 후륜 현가장치의 제원(G 2.0D, G 2.5D, G 3.0D, L 2.7D 공통)

1) 현가장치 제원

항 목		프런트 서스펜션	리어 서스펜션
형식		더블 위시보운 형식	멀티 링크 형식
쇽업소버	형식	가스식	가스식
	행정(mm)	132.5	170
	감쇠력 팽창시	111±17	62±10
	압축시	69±	30±7
스프링	자유고mm	전륜 코일 스프링 제원 참조	371.6/ 381.0(택시)
	식별색	전륜 코일 스프링 제원 참조	파란색-노란색/ 파란색-오랜지색(택시)

2) 전륜 코일 스프링 제원

	모델	자유고(mm)	실별색
프런트	2.0 GL-M/T, 2.0 GLS-M/T	389.6	적색(Red) - 흰색(White)
	2.0 GL-A/T, 2.0 GLS-A/T 2.0 TOP, 2.5(2.7) GLS-M/T, 2.0 TOP, 2.5(2.7) TOP-M/T	398.0	오랜지색(Orange)- 흰색(White)
	2.5(2.7) GLS-A/T, 2.5(2.7) TOP-A/T	404.3	오랜지색(Orange)- 노란색(Yellow
	3.0	398.1	녹색(Green)- 오랜지색(Orange)
	2.7 택시	390.7	녹색(Green)-노란색(Yellow

3) 휠 얼라인먼트 정비기준

항 목	프런트	리어
토인mm	0±3mm(기준 타이어 직경 Φ660mm	2±2mm(기준 타이어 직경 Φ660mm
캠버	0°±30′(좌우 바퀴의 차이는 0° 30′이내	55°±30′
캐스터	2°49′±30′	-0°30′±30′(좌우 바퀴의 차이는 0° 30′이내
킹핀 경사각	8°29′	-

■ 그랜저 XG

차종＼년도	95	96	97	98	99	00	01	02	03	04	05	06	07	08	09	00
G 2.0 DOHC																
G 2.6 DOHC																
G 3.0 DOHC																
L 2.7 DOHC																

(4) 조임 토크

항목	kgf•m
휠너트	9.0~11.0
프런트 어퍼 암 볼 조인트 셀프 록킹 너트	3.5~4.5
프런트 어퍼 암 새프트 너트	5.5~6.5
프런트 어퍼 암 장착 너트	8.0~10.0
로워 암 볼 조인트와 셀프 록킹 너트	7.5~9.0
너클과 로워 암 볼 조인트 장착 볼트	10.0~12.0
로워 암과 커넥터 조립너트	10.0~12.0
서브 프레임과 로워 암 부싱(A) 장착 볼트	10.0~12.0
로워 암 커넥터와 포크 조립 너트	12.0~14.0
프런트 쇽업소버 로워 마운팅 너트	4.5~6.0
프런트 쇽업소버와 포크 조립너트	6.0~8.0
프런트 쇽업소버 어셈블리 조립 셀프 록킹 너트	2.0~2.5
스태빌라이저 링크 장착 셀프 록킹 너트	3.5~4.5
크로스 멤버와 스태빌라이저 바 브래킷 장착 볼트	3.0~4.2
리어 쇽업소버 컴플리트 로워 장착 볼트	8.0~9.0
리어 쇽업소버 어셈블리 조립 셀프 록킹 너트	2.0~2.5
캐리어와 리어 어퍼 암 조절 너트	10.0~12.0
보디와 리어 쇽업소버 마운팅 브래킷 장착 볼트	10.0~12.0
리어 쇽어소버 마운팅 브래킷와 리어 어퍼 암 장착 너트	6.0~7.8
캐리어와 어시스트 암 장착 너트	10.0~12.0
크로스 멤버와 어시스트암 장착 너트	8.0~10.0
캐리어와 센터 암 장착 너트	6.0~7.2
크로스 멤버와 센터 암 장착 너트	10.0~12.0
보디와 트레일링 암 장착 너트	14.0~16.0
캐리어와 트레일링 암 장착 너트	10.0~12.0
보디 크로스 멤버 장착 볼트	10.0~12.0
타이로드 엔드 로크 너트	5.0~5.5
리어 스태빌라이저 마운팅 너트	3.5~4.5

차 종	뉴 프라이드	연 식	2006
주행거리	-	탑재일	2009.02.21
글쓴이	배선구(bae6****)	매 장	
관련사이트	네이버 자동차 정비 공유 카페 : https://cafe.naver.com/autowave21/95114		

1. 고장내용

뉴 프라이드 06년식 동승석 스태빌라이저 링크 손상으로 요철 넘어갈때 퍽 하체 잡음이 있었습니다.

❈ 분해된 스태빌라이저 링크

2. 점검방법 및 조치 사항

링크 예상….

써스가 일체형이라 좀 낮아서 링크 연결시에 좀 많이 꺽여서 껴지더군요.

3. 관계지식

(1) 전륜 현가장치의 구성부품(G 1.4D G 1.6D, D 1.5TCI-U 공통)

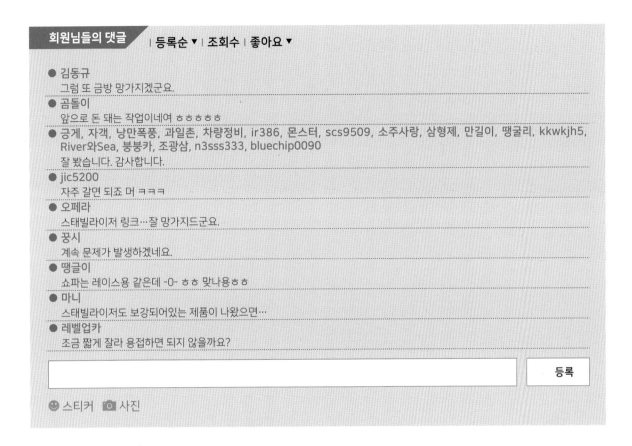

허브 캐리어
안티 롤 바 링크
타이로드
안티롤 바
EPS용 모터
코일 스프링 & 댐퍼 유닛
스티어링 기어 박스
드라이브 샤프트
로어 암
(강철·프레스)
크로스 멤버(강철)

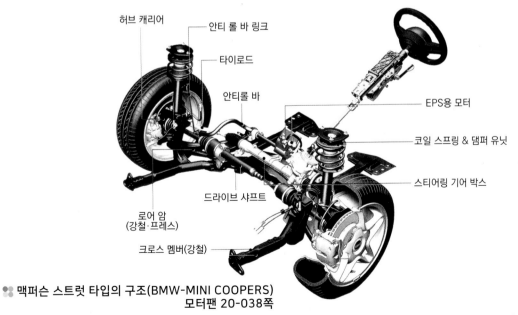

🔩 맥퍼슨 스트럿 타입의 구조(BMW-MINI COOPERS)
모터팬 20-038쪽

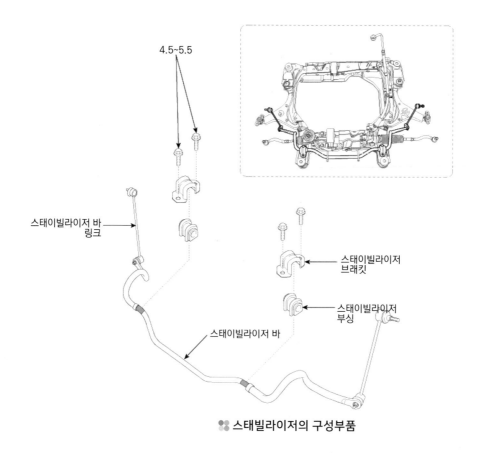

4.5~5.5

스태이빌라이저 바 링크

스태이빌라이저 브래킷

스태이빌라이저 부싱

스태이빌라이저 바

✽✽ 스태빌라이저의 구성부품

(2) 탈거 장착 방법(G 1.4D G 1.6D, D 1.5TCI-U 공통)

1) 스태빌라이저 탈거, 장착 방법

① 프런트 휠 너트를 느슨하게 푼다. 차량을 안전하고 확실하게 받친 후 앞쪽을 들어 올린다.

② 프런트 휠 및 타이어(A)를 프런트 허브(B)에서 분리한다.

③ 스태빌라이저 링크(A)에서 너트(B)를 분리한다.

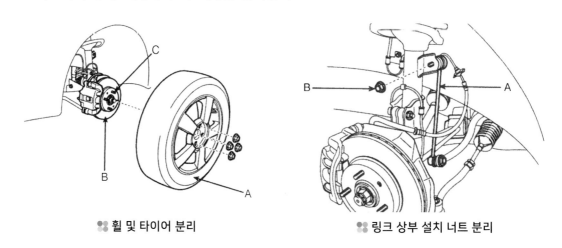

✽✽ 휠 및 타이어 분리

✽✽ 링크 상부 설치 너트 분리

④ 특수 공구(타이로드 엔드 풀러)를 사용하여 타이로드 엔드를 너클 암에서 분리한다.

⑤ 로워 암 볼 조인트 체결 볼트(A)를 분리한다.

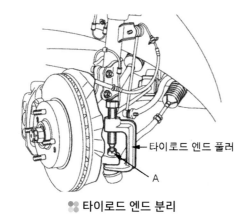

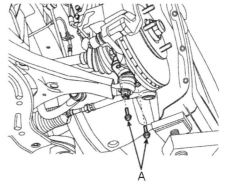

타이로드 엔드 분리

로워 암 체결 볼트 분리

⑥ 파워 스티어링 액을 배출한 후 압력 튜브(A)를 분리한다.

⑦ 리턴 튜브(A)를 분리한다.

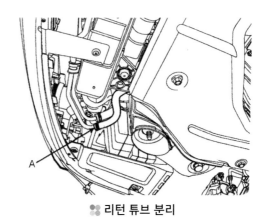

압력 튜브 분리

리턴 튜브 분리

⑧ 엔진 마운팅 볼트(A, B)와 서브 프레임 고정 볼트들을 제거한 후 서브 프레임을 분리한다.

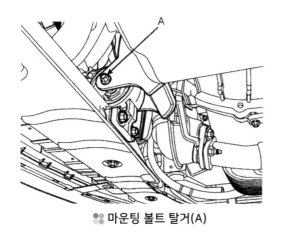

마운팅 볼트 탈거(A)

마운팅 볼트 탈거(B)

⑨ 스태빌라이저 브래킷(A)과 부싱을 분리한 후 스태빌라이저를 분리한다.

⑩ 조립은 분해의 역순이다. 오일 보충하고 공기 빼기 작업을 한다.

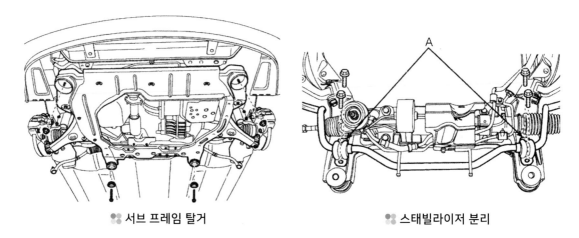

❇ 서브 프레임 탈거 ❇ 스태빌라이저 분리

2) 스태빌라이저 점검

① 스태빌라이저 바의 변형 및 손상 여부를 점검한다.

② 볼트의 손상 여부를 점검한다.

③ 스태빌라이저 더스트 커버의 균열 및 손상여부를 점검한다.

(3) 공기 빼기 작업 순서(G 1.4D G 1.6D, D 1.5TCI-U 공통)

① 파워 스티어링 기어 박스 조립 후 이와 관련된 부품의 연결 및 장착 상태를 확인한다.

② 스티어링 휠을 좌우 끝까지 여러 번 돌린 다음 오일 탱크에 MAX 까지 오일을 보충한다.

③ 크랭킹만 되고 시동이 되지 않도록 한다.

* 점화 코일 커넥터 분리
* 배전기/점화코일에서 고압 케이블 분리
* CAS/ #TDC 센서 커넥터 분리
* ECU로 가는 퓨즈 분리 – 권장

※ 주의사항

* 시동 상태에서 에어빼기 작업을 실시하면 공기가 분해되어 오일이 흡수 되므로 크랭킹을 하면서 공기 빼기 작업을 하여야 한다.
* 크랭킹 상태를 만들 때 1차/ 2차 전압을 차단하고 크랭킹 하면 연료는 분사되므로 많은 시간 작동 시 연료가 촉매 컨버터에 쌓여 시동걸 때 연소로 인하여 촉매 컨버터가 고장날 수 있으므로 ECU로 가는 퓨즈를 분리하는 것이 가장 좋다.

④ 크랭킹을 시키면서 스티어링 휠을 좌우로 끝까지 멈추지 말고 돌리면서 리저버 탱크에서 공기

방울이 없어질 때 까지 반복한다.(약 5~6회)

⑤ 오일 수준을 재점검한다.

※ 주의사항

• 공기빼기 중에 오일 수준이 MIN 아래 부분으로 떨어지지 않도록 주의한다.

⑥ 시동을 걸고 오일 탱크에서 공기 방울이 없어질 때까지 스티어링 휠을 좌우로 끝까지 계속하여 돌린다.

⑦ 스티어링 휠을 좌우로 돌렸을 때 오일 수준이 약간 변하는지 점검한다.

※ 주의사항

• 오일 수준이 5mm 이상 차이가 나거나. 엔진 정지 후 갑자기 오일 수준이 증가하면 공기 빼기 작업을 재실시 한다.

• 공기 빼기 작업을 완전하게 하지 않으면 소음 발생 및 스티어링 펌프의 수명이 단축된다.

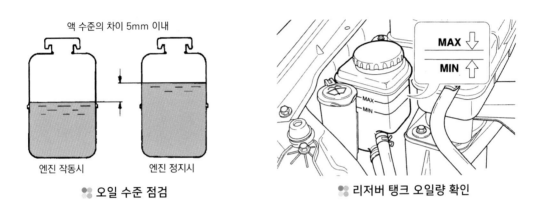

❖ 오일 수준 점검　　　　　**❖ 리저버 탱크 오일량 확인**

(4) 뉴프라이드 전륜 현가장치 관련 제원(G 1.4D G 1.6D, D 1.5TCI-U 공통)

1) 현가장치 제원

항 목			프런트 서스펜션		리어 서스펜션
형식			맥퍼슨 형식		토션 액슬빔 형식
쇽업소버	형식		가스식		가스식
	행정(mm)		162.5		213
	팽창		492		606±3
	압축		329.5		393+3, – Free
	감쇠력(0.3m/s)	팽창시	97 ± 15kgf		44±8
		압축시	32 ± 7kgf		18±5
스프링	1.4 GSL M/T		자유고mm	348	자유고 : 338.4 식별색 : 흰색-흰색
			식별색	녹색-흰색	
	1.4 GSL A/T, 1.6 GSL M/T		자유고mm	355.1	
			식별색	녹색-노랑	
	1.6 GSL A/T		자유고mm	357.5	
			식별색	녹색-녹색	

2) 휠 얼라인먼트 정비기준

항목		프런트		리어
		파워	메뉴얼	
캠버		0°±0.5°		-0°±0.5°
캐스터	바닥에 대해서	4°±0.5°	0.58°±0.5°	–
	차체에 대해서	4.5°	1.08°	–
토인mm(도탈/ 개별)		-0.2°~0.2°/ -0.1°~0.1°		-0.2°~0.6/ -0.1°~0.3°°
킹핀 경사각		13°±0.5°		–
윤거(TREAD)mm	185, 195 타이어	1470	–	1460
	175 타이어	1484	1484	1474

3) 조임 토크

항목	kgf•m
휠 너트	9 ~ 11
드라이브 샤프트 너트	20 ~ 26
프런트 스트러트 상부 장착 너트	2 ~ 3
프런트 스트러트와 너클	10 ~ 12
프런트 스트러트 마운팅 셀프 록킹 너트	5 ~ 7
프런트 서브 프레임 마운팅 볼트	9.5 ~ 12
프런트 휠 스피드 센서 장착 볼트	1.3 ~ 1.7
로워 암 볼 조인트와 너클	6.0 ~ 7.2
서브 프레임과 로워 암 부싱(A) 장착 볼트	10 ~ 12
서브 프레임과 로워 암 부싱(G) 장착 볼트	12 ~ 14
엔진 마운팅 볼트	5 ~ 6.5
스태빌라이저 브래킷 체결 볼트	4.5 ~ 5.5
타이로드 엔드 볼 조인트 셀프 록킹 너트	2.4 ~ 3.4
스태빌라이저 바 링크 너트	3.5 ~ 4.5
리어 쇽업소버 상부 체결 너트	5 ~ 6.5
리어 쇽업소버 하부 체결 너트	10 ~ 12
리어 토션 액슬 빔 체결 볼트	10 ~ 12
리어 쇽업소버 셀프 록킹 너트	4 ~ 6
리어 캘리퍼 장착 볼트	6.5 ~ 7.5
리어 허브 유닛 베어링 장착 볼트	5 ~ 6
브레이크 호스 고정 볼트	0.9 ~ 1.4
휠 스피드 센서 케이블 체결 볼트	0.7 ~ 1.1

■ 뉴 프라이드 JB

년도 \ 차종	00	01	02	03	04	05	06	07	08	09	10	11	12	13	14	15
G 1.4 DOHC																
G 1.6 DOHC																
D 1.5 TCI-U																

274 자동차 정비정보 공유카페 1下

04 운행중 핸들 조작시 소리남

차 종	포터	연 식	1996
주행거리	165,000km	탑재일	2010.06.18
글쓴이	kyw3967(kyw3****)	매 장	
관련사이트	네이버 자동차 정비 공유 카페 : https://cafe.naver.com/autowave21/138246		

1. 고장내용

포터 96년식, 165,000km, 운행 중 핸들 조작시 소리남.

❈ 오일 펌프 설치위치

❈ 오일 펌프 탈거

2. 점검방법 및 조치 사항

파워 스티어링 오일 펌프 베어링 파손, 파워펌프 교환함.

3. 관계지식

(1) 파워 스티어링 오일 펌프의 설치위치

파워 스티어링
오일 리저버 탱크

파워 스티어링
오일 펌프

스티어링 기어 박스

쿨러

압력 호스

✂ **유압식 파워 스티어링의 구조**

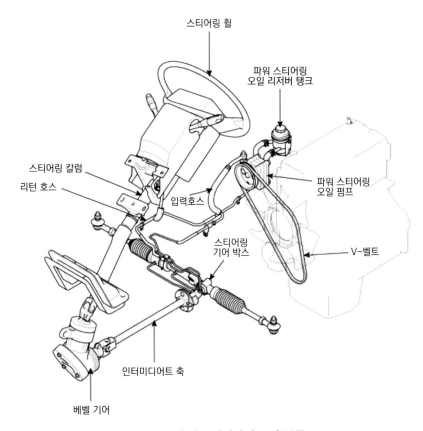

스티어링 휠

파워 스티어링
오일 리저버 탱크

파워 스티어링
오일 펌프

스티어링 칼럼

리턴 호스

입력호스

스티어링
기어 박스

V-벨트

인터미디어트 축

베벨 기어

❖ 파워 스티어링의 구성 부품

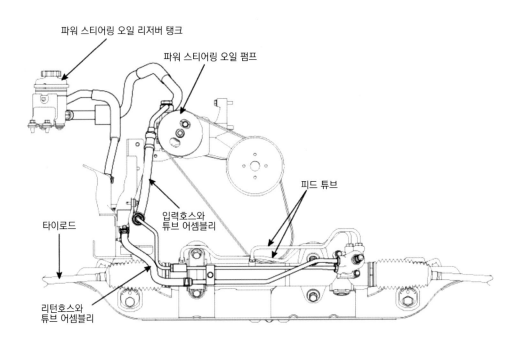

파워 스티어링 오일 리저버 탱크

파워 스티어링 오일 펌프

피드 튜브

타이로드

입력호스와
튜브 어셈블리

리턴호스와
튜브 어셈블리

❖ 파워 스티어링 오일 펌프 설치 위치

(2) 오일 펌프 탈거, 장착 방법

① 파워 벨트 텐션 조정 볼트(A)를 푼다.

② 오일 펌프에서 압력호스(A)를 탈거하고, 석션호스(B)를 분리하여 오일을 배출 시킨다.

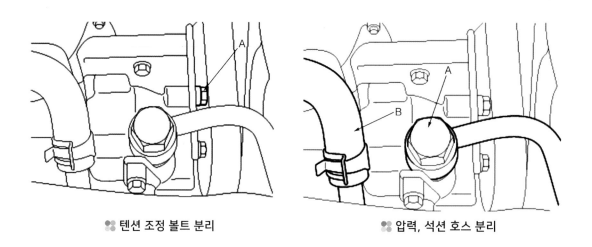

텐션 조정 볼트 분리 　　　　　　　　압력, 석션 호스 분리

③ 파워 스티어링 오일 펌프 플리로부터 V 벨트(A)를 이탈시킨다.

④ 파워 스티어링 오일 펌프 마운팅 볼트와 장력 조정 볼트를 푼 후 파워 스티어링 오일 펌프를 탈거한다.

⑤ 장착은 분해의 역순이다. 벨트의 장력을 맞춘다.

⑥ 장착후 오일주입 한 다음 공기빼기를 한다.(참조

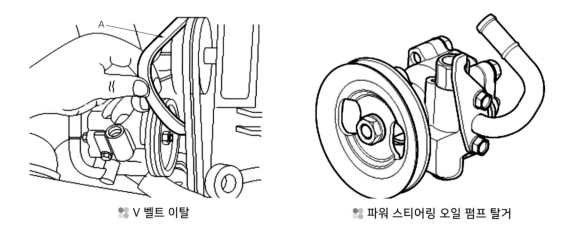

V 벨트 이탈 　　　　　　　　파워 스티어링 오일 펌프 탈거

(3) 오일 펌프 분해

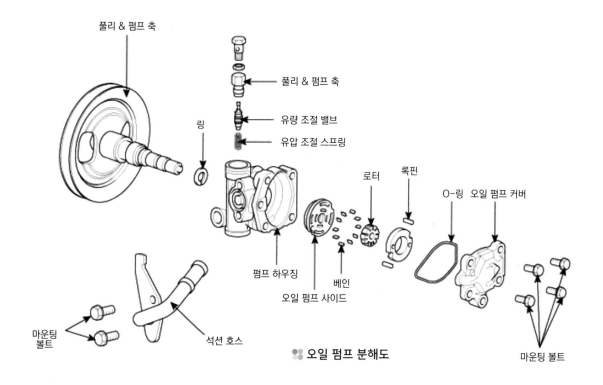

풀리 & 펌프 축

풀리 & 펌프 축

유량 조절 밸브

유압 조절 스프링

링

로터

록핀

O-링   오일 펌프 커버

펌프 하우징

베인

오일 펌프 사이드

마운팅 볼트

석션 호스

마운팅 볼트

🔆 **오일 펌프 분해도**

(4) 조향장치 제원

1) 조향장치 제원

항목			제 원
수동 스티어링	스티어링 휠 외경		385
	최대 회전수		4.31
	스티어링 기어 형식		랙 및 피니언 방식
	스티어링 기어비		∞
	랙 행정		146(o, -3)
파워 스티어링	시프트 및 조인트 형식		접점식
	기어 박스	스티어링 기어 형식	파워랙 및 피니언 방식
		스티어링 기어비	∞
	오일 펌프	형식	베인(Vane)방식
		배출량	9.6㎤/rev(0.586 cu.in/rev)
		릴리프 압력	7.85 MPa(80kg/㎠, 1138psi)

2) 규정 토크

항목		kg•m
오일 펌프	오일 펌프와 압력 호스	5.5~6.5
	오일 펌프 마운팅 볼트	2,0~2,7
	오일 펌프 브래킷 마운팅 볼트	2,0~2,7
	컨트롤 밸브 커넥트와 오일 펌프 보디	7.0~8.0
	펌프 커버와 보디 고정 볼트	3.3~4.3
	석션 호스 커넥트와 오일 펌프 보디	1.4~1.8
파워 스티어링 기어 박스	타이로드 앤드와 너클 고정 너트	3.4~4.5
	타이로드 앤드 록크 너트	5,0~5,5
	타이로드와 랙	8.0~10.0
	기어 박스 하우징 및 클램프 고정 볼트	9.0~11.0
	피니언 및 밸브 어셈블리 셀프 록킹 너트	5.0~7.0
	피드 튜브	1.2~1.8

3) 윤활유 제원

항목	윤활유	용량
스티어링 휠 혼 접촉링	CENTOPLX 278(KLUBER KOREA)	1.5g
스티어링 샤프트 베어링	ALVANIA #2 & #3(한국 SHELL)	소요량
타이로드 앤드 볼 조인트	SHOWA SUNLIGHT MB-2 상당	4g
스티어링 기어 하우징	ONE-LUBER RP GREASE(KYODOYUSHI, JAPEN)	소요량
기어 박스 인너 볼 조인트	LONG TIME PD 2(UPTIMAL GERM AN)	소요량
기어 박스 벨로우즈와 타이로드 접촉 부위	SILICON GREASE(MS 511-41)	소요량
파워 스티어링 오일	PSF-2	0.75~0.8 lit

(5) 포터 조향장치의 제원(D 2.5TCI, D 2.5TCI-A)

항목	제원
수동 시티어링	
스티어링 휠 외경	365mm
최대 회전수	4.31
스티어링 기어 형식	랙 및 피니언 방식
스티어링 기어비	∞
랙 행정	146(0.3)mm
파워 스티어링	
샤프트 및 조인트 형식	집접식
기어 박스	
스티어링 조인트 형식	파워랙 및 피니언 방식
스티어링 기어비	∞
오일 펌프	
형식	베인(Vane) 방식
배출량	9.6㎡/ rev.(0.586 cu.in/rev.)
릴리프 압력	7.85MPa(80kg/㎠, 1138psi)

항목	제원
조향각	
내측 휠	38°5±1°30´
외측 휠	32°22´
스티어링 휠 자유규격	11mm
구동벨트 장력 [98N(10kg, 221b)에서]	휨 : 7~10mm
스티어링 작동력	
표준	37N(3.7kg)
최소	30.4N(3.1kg)

차 종	그레이스	연 식	-
주행거리	-	탑재일	2010.06.03
글쓴이	차승리(masu****)	매 장	
관련사이트	내용이 내려졌나봐요~ㅠㅠ		

1. 고장내용

그레이스 차량이 클러치 탄 냄새가 나서 일단 리프트에 올리기 전에 클러치 페달을 밟아 보니 딱 딱하면서 감각이 좀 이상 하길래…

2. 점검방법 및 조치 사항

혹시나 하는 생각에 브레이크 액을 리저버 탱크를 열어보니… 아뿔사 ~ !

파워오일이 가득… 유압라인 청소 및 클러치 마스터, 오페라(릴리스) 실린더 교환하고 출고 합니다. 그나마 브레이크 마스터로는 유입이 안 되어서 다행이였던 브레이크 라인까지 파고 들어갔더라면 아마도 폐차장으로 직행 했을 수도…

● wbh0244, chofamaily, 행복한사람, 스마일, 스마일, 기름쟁이동생, 황호준, 태승 짱, 블라인드, 집오리, 칠광, 공도, 120km, a6312212, lotte245, 사슴, 핸드메이드의달인, 그렘린, 열광, chalton212, hks power, 보통남자, 류천비화

잘 보고 갑니다. 수고하셨습니다. ^^

● 우럭이, acecar, 재민빠빠

헐~~~ 누가 이런 짓을…

● 불새

엔진오일 뚜껑 열고 냉각수 보충하는 고객님두 있어요 ㅋㅋㅋㅋㅋ

● sunrise

워셔액 넣으시는 고객님도 한표 ㅋㅋㅋㅋㅋㅋㅋ

● 열지랖

브레이크 오일도 파워 스티어링 오일을 많이 쓰는것 같던데 괜찮은가요.

● 라이언

제동에 문제가 발생합니다.

● 엔카쫑

이게 뭐지요?

● daein5954

섞이면 물과 기름입니다.

● kyw3967

누가모르고 넣은 것 같네요, 잘 보았습니다.

● md3134

차를 사서 차량 정비 지침서를 읽어보지 않는 분들이 너무 많습니다. 정비 지침서를 분명히 읽어 보시고 차량 관리를 해야 합니다.

● 대장

ㅋㅋㅋㅋㅋㅋㅋ물반… 알콜반… 그리고 피마자 기름반…… ㅋㅋㅋㅋㅋㅋ

● 라이언

식물성 오일과 동물성(광물성) 오일의 차이…

● 초보 정비사

날씨도 더운데 고생하셨습니다.

> 등록

☻ 스티커 📷 사진

(1) 브레이크 오일과 파워 오일의 비교

1) 브레이크 오일과 파워 오일의 항복별 비교

항목	브레이크 오일	파워스티어링 오일
기능	마스터 실린더는 운전석에서 페달에 의해 조작되어 유압을 발생한다. 마스터 실린더에서 압송된 유압은 휠 실린더를 작동시켜 브레이크 슈를 작동시켜 브레이크 제어를 행한다.	파워 스티어링 오일 펌프에 의해 유압을 발생한다. 발생된 유압이 기어 박스에 들어가서 피스톤을 좌우로 이동시키면서 핸들 조작을 쉽게 하도록 한다.
주원료	글리콜에테르/에스테르	100% 합성 유압유, SAE 80W
교환주기 (정비지침서)	매 40,000Km	매 80,000km
교환주기 (일반적인)	2년에 40,000km로 수분함량이 3%를 넘으면	4만~5만 km
색깔	투명색과 식용유색	적색
규격	DOT 3, DOT 4, DOT 5. DOT 5.1	DEXRON-Ⅱ, Ⅲ, Ⅵ

• DOT는 Department Of Transfortation 의 약자로 미국 운수성(교통국)을 나타냄

(2) 브레이크 오일

1) 브레이크 오일의 구성 성분

브레이크 오일의 주요성분은 글리콜 에테르(Glyco Ether)와 부식방지 첨가제 및 각종 실(seal)의 팽창 및 수축을 방지하는 첨가제로 구성되어 있습니다.

2) 글리콜 에테르(Glycol Ether)의 특성

용제나 희석제로 쓰는 빛깔이 없는 액체로 Glycol Ether는 Ethylene Oxide(EO계)를 기본으로 하는 E-Series와 Propylene Oxide(PO계)를 기본으로 하는 P-Series가 있다. Glycol Ether는 여러 종류의 저급 알콜 1분자와 EO나 PO가 반응하여 다단증류에 의해 고순도의 제품이 얻어지며, 산소계 타입으로 친수성이 있으며 VOC(volatile Organic Compounds) 함량이 낮은 친환경 용제이다. 반도체 LCD Stripper, 전자, 도료, 잉크, 염료, 세정제, 기계유, 브레이크 액, 동결방지제 등의 용제 및 공업용 중간 원료로 사용된다.

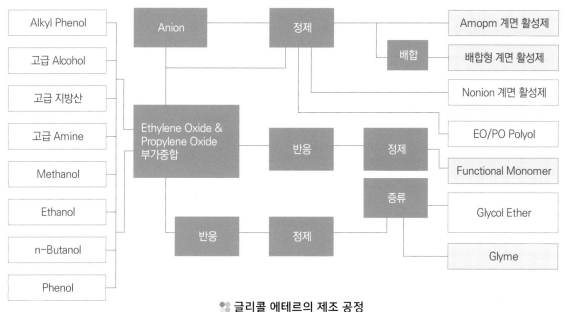

글리콜 에테르의 제조 공정

3) 브레이크 오일의 종류

① DOT-3 : 보통 현재 많이 쓰이는 브레이크 오일로 글리콜 에테르를 주 원료로 하고 있다.

② DOT-4 : 보통 외산차에 많이 적용되는 브레이크 오일로 글리콜 에테르와 에스테르를 주 원료로 하며, DOT-3 대비 장기간 사용이 가능하며 끓는점 및 Wet 비등점이 높다는 장점이 있다.

③ DOT-5 : 실리콘 계열의 무독성 브레이크오일로 보통 경주용 차량등 특수차량에 사용된다. 습윤성이 없다는 장점이자 단점을 갖고 있는 오일로 일반 상용차에는 사용하지 않는다.

④ DOT-5.1 : 보통 브레이크 튜닝된 차량 혹은 가혹 주행용 차량에 많이 사용하며, 글리콜 에테르 계열의 오일로 DOT-4보다 끓는점이 높다는 장점이 있으나 내구성이 떨어지는 단점 또한 갖고 있다.

규 격	끓는점		동점도(-40℃)	주원료	사용차량
	원액	수분3.7%함유			
DOT 3	205℃ 이상	140℃ 이상	1,500 cSt이하	글리콜에테르	일반차량
DOT 4	230℃ 이상	155℃ 이상	1,800 cSt이하	글리콜에테르/에스테르	
DOT 5	260℃ 이상	180℃ 이상	900 cSt이하	실리콘	극한의 브레이크 사용차량
DOT 5.1	270℃ 이상	191℃ 이상	900 cSt이하	에스테르/글리콜에테르	

4) 브레이크 오일의 종류별 빙점 비교

브레이크 오일은 사용하다보면 공기중의 수증기라던가 기타 등의 이유로 수분을 조금씩 먹게 되는데 이것의 정도가 심하면 오일 비등점이 내려오게 되므로 베이퍼 록(Vapor Lock)의 발생 가능성이 높아진다. 또한 수분 흡수량은 1~2년 1% 로 정도로 흡수 된다는 통계가 있다.

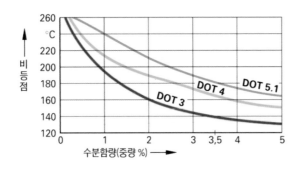

수분 함량과 비등점

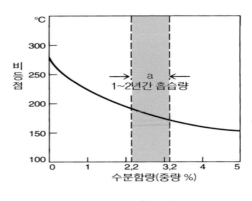

수분 흡수량

5) 브레이크 오일 수분의 측정

① ON/ OFF 스위치를 눌러서 ON으로 한다.

② 탐침부를 리저버 탱크 오일에 닿도록 하고 지시램프가 지시하는 램프의 점등을 확인한다.

측정램프의 확인

6) 브레이크 오일 수준 점검

① 최대선과 최소선 상이에 있어야 한다.

※ 주의사항

① 브레이크 액이 현저히 감소하는 경우 브레이크 계통의 이상 유무를 점검한다.

② 클러치 액은 브레이크 리저버 탱크와 겸용한다.

7) 브레이크 오일 수준 점검 및 교환시기

점검내용	일일점검	점검주기						
		최초 1,000km	최초 5,000km	매 5,000km	매 10,000km	매 20,000km	매 40,000km	매 80,000km
브레이크 계통								
브레이크 작동 점검	○							
브레이크 드럼 및 라이닝 간극 점검, 조정					○			
진공 첵크 밸브 점검					○			
주차 브레이크 점검 및 조정					○			
브레이크 액 점검 및 교환	○				○		●	
마스터 및 휠 실린더, 브레이크 부스터 등의 고무제품			1년마다 교환					
브레이크 장치의 고무호스 종류			2년마다 교환					
현가장치								
프런트 및 리어 서스펜션 점검				○				
프런트 및 리어 호스 스프링 U볼트 조임				○				
현가장치의 고무 부시 점검				○				
전장계통								
각 스위치의 기능 점검	○							
램프 및 계기판 기능 점검	○							
배터리 점검	○							
보디계통								
도어 안전 록크 기능 점검	○							
각 미러 조임 및 반사각 점검	○							
번호판 및 반사경 청소 및 손상 점검	○						○	
각종 링크나 레버 섭동부의 그리스 주입						○	○	
각 보디 및 섀시부분 볼트 재조임		○		○				

(3) 파워 스티어링 오일

1) 파워 스티어링 오일의 구성 성분

일반적으로 자동변속기 오일과 같은 것을 사용하고 있으나 요즘에는 파워 스티어링 전용오일을 선호하고 있다. 그리고 광유계, 반합성계, 100% 합성계가 있다.

① 광유계 오일 : 원유를 정제하여 생산한 오일로 천연 원유로부터 정제되기 때문에 제아무리 우수한 원유 및 정제법을 선정한다고 하여도 조성 및 물성을 원하는 수준까지 끌어올리는데 한계가 있다.

② 부분 합성계 오일 : 광유계 오일 + 합성계 오일 + 첨가제

③ 100% 합성 오일 : 원유를 정제하여 불순물을 제거한 후, 인위적인 화학공정을 거쳐 최적의 분자구조를 갖는 화학물질의 합성기유(P, A, O, ESTER, …) 또는 수소화 처리공정의 수차례 정제과정을 거쳐 최적의 분자구조를 갖는 합성기유에 첨가제를 배합하여 생산한 오일

2) 파워 스티어링 오일의 종류

① 덱스론 II, III, VI(DEXRON II, III, VI) : 최초의 Dexron 오일은 1968년에 도입되었으며, 수년 동안 원래의 Dexron은 Dexron-II, Dexron-IIE, Dexron-III을 사용하였으며, 현재도 대중적으로 많이 사용하고 있으나 그보다 상급인 Dexron-VI로 대체되었다. 더 상급의 규격이 하위 규격을 일반적으로 충족을 하는 경우가 대부분이다.

② 덱스론 VI(DEXRON VI) : 그동안의 덱스론 II, III보다 저마찰 및 내마찰력 증대, 점도 안정성, 내산화성 및 안정성, 연비증가 및 교환주기 연장 등의 요구사항에 따라 기존 덱스론 III를 새로운 규격인증이 등장하였는데 그것이 덱스론 VI이다.

3) 파워 스티어링 오일의 첨가물

① 산화 방지제 (Anti-Oxidants) : 윤활유가 공기중의 산소에 의해 산화되는 것을 막기 위한 것이며, 산화에 의한 부식성의 산이나 슬러지가 생성되는 것을 막아준다.

② 청정 분산제 (Dispersant Detergents) : 금속표면에 붙어있는 산화에 의한 슬러지가 카본을 녹여 윤활유에 미세한 입자 상태로 분산시킨다.

③ 유성 향상제 (Oilness Improvers) : 금속의 표면에 첨가제가 흡착된 막을 이루어 경계윤활유 유막이 끊어지지 않게 하고 마찰계수를 적게 해준다.

④ 방청제 (Anti-Rust Additives) : 금속표면에 피막을 만들어 공기나 수분을 접촉하지 못하게 하고 표면에 녹이 생기는 것을 방지한다.

⑤ 극압제 (Extreme Pressure Additives) : 중하중이 걸릴 때 유막이 끊어져 금속접촉이 생기는 경우 금속과 반응하여 표면에 극압막을 만들어 타버리거나 마모되는 것을 방지해준다.

⑥ 소포제 (Anti-Foam Agents) : 사용 중에 심한 교반작용으로 인해 기포가 생기는 것을 방지한다.

⑦ 점도지수 향상제 (Viscosity Index Improvers) : 점도지수를 높여서 온도에 따른 점도변화를 적게 해준다.

⑧ 유동점 강하제 (Pour Point Depressants) : 저온일 때 왁스분이 석출하는 것을 방지하여 유동성을 높여준다.

⑨ 유화제 (Emulsion Stabilizers) : 물과 안정된 유화액을 이루게 하는데 쓰인다.

⑩ 착색제 (Color Stabilizers) : 윤활유의 누설을 알기 쉽게 하기 위해 기름에 색을 넣어 사용한다.

4) 파워 스티어링 오일 리저버 탱크의 설치위치

① 디젤 차량

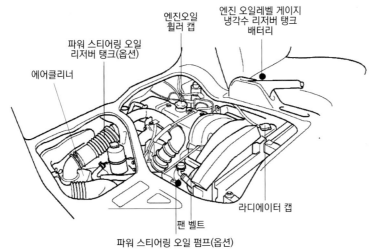

파워스티어링 오일 리저버 탱크(디젤 차량)

② LPG 차량

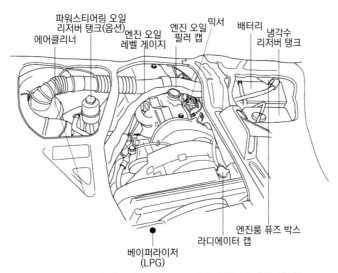

파워스티어링 오일 리저버 탱크(디젤 차량)

5) 파워 스티어링 오일 점검

① 리저버 탱크의 캡을 분리한 후 수준게이지를 헝겊으로 닦은 다음 장착합니다.

② 캡을 다시 탈거하여 오일 수준게이지 어디까지 오일이 묻어 있는가를 점검한다.

③ 위치는 최대와 최소 사이에 있어야 한다.

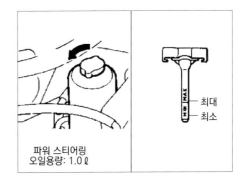

※ 주의사항

① 오일을 보충할 때는 먼지가 들어가지 않도록 한다.

② 오일량이 지나치게 적으면 핸들이 무겁게 되거나 이상한 소리가 발생한다.

③ 규정오일을 사용하지 않으면 성능이 저하되며, 내부장치가 손상된다.

6) 파워 스티어링 오일 점검 및 교환시기

점검내용 내용	일일 점검	점검주기						
		최초 1,000km	최초 5,000km	매 5,000km	매 10,000km	매 20,000km	매 40,000km	매 80,000km
파워라인								
클러치 페달 유격 점검 및 조정	○			○				
프로펠러 샤프트 볼트 재조임				○				
자동변속기 오일점검 및 교환	○					●(가혹시)	●(통상시)	
수동변속기 오일점검 및 교환		점검 및 보충 : 매 20,000km 주행마다 (가혹시 100,000km 주행마다 교환)						
리어 액슬 기어 오일점검 및 교환		●(최초 또는 6개월) 점검 및 교환 : 매 6개월 또는 10,000km 주행마다 교환 : 40,000km 주행마다						
슬립조인트 그리스 주입				○				
구동장치								
전차륜 정열 점검					○			
프런트 및 리어 휠 베어링 유격 점검					○			
타이어 공기압 점검	○			○				
프런트 및 리어 휠 너트 조임					○			
타이어 위치 교환					○			
프런트 및 리어 휠 베어링 마모 및 파손점검					○			
조향장치(수동)								
조향장치 점검				○				
조향기어 박스 오일레벨 점검						○		
스티어링 링케이지 점검				○		○		
조향장치(파워)								
조향장치 점검		○		○				
스티어링 링케이지 점검		○			○			
파워 스티어링 오일 점검				○		(매8만km시 교환)		

■ 그레이스

차종 \ 년도	95	96	97	98	99	00	01	02	03	04	05	06	07	08	09	00
D 2.5 SOHC																
D 2.6 SOHC																
L 2.5 SOHC																

06

사고로 핸들의 한쪽으로 돌아갔어요.

차 종	모닝	연 식	-
주행거리	-	탑재일	2011.03.24
글쓴이	chalton212(chal****)	매 장	
관련사이트	네이버 자동차 정비 공유 카페 : https://cafe.naver.com/autowave21/170080		

1. 고장내용

모닝이 사고로 타이로드가 완전 휘었습니다.

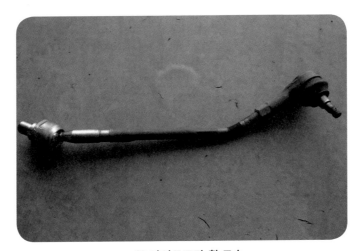

❀❀ 타이로드가 휜 모습

2. 점검방법 및 조치 사항

타이로드만 분리가 되서 타이로드와 엔드볼까지 교환 후 얼라인먼트 본 다음 출고합니다.

3. 관계지식

(1) 동력 조향장치의 구성부품(G 1.0SOHC, L 1.0SOHC 공통)

1) 유압식 동력 조향장치의 구성부품

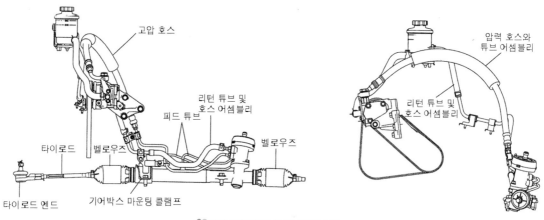

🌼 **동력 조향장치의 구성부품(유압식)**

2) 전자식 동력 조향장치의 구성부품

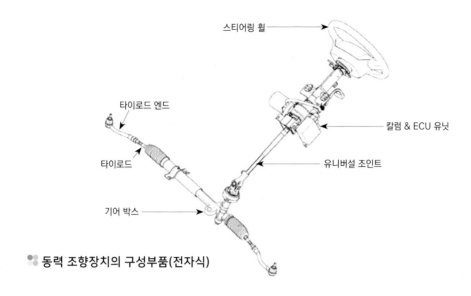

스티어링 휠

타이로드 엔드

타이로드

기어 박스

칼럼 & ECU 유닛

유니버설 조인트

❋ 동력 조향장치의 구성부품(전자식)

(2) 동력 조향장치의 탈, 부착(G 1.0SOHC, L 1.0SOHC 공통)

1) 유압식 동력 조향장치의 탈거

① 파워 스티어링 오일을 배출한다.

② 볼트(A)를 풀어서 운전석측 기어 박스에서 유니버설 조인트 어셈블리(B)를 분리한다.

③ 차량을 리프트로 들어 올린 후 파워 스티어링 기어 박스에서 압력 튜브(A)와 리턴 튜브 피팅 (B)을 분리한다.

④ 파워 스티어링 기어 박스 클램프(RH)에 고정되어 있는 압력 튜브와 리턴 튜브의 클램프 3개 를 분리한다.

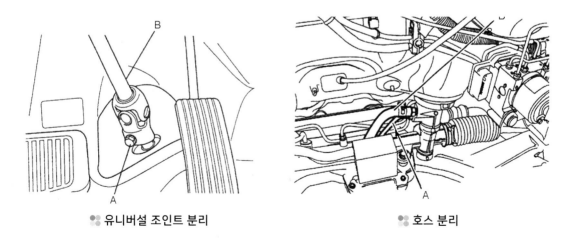

B

A

❋ 유니버설 조인트 분리

A

❋ 호스 분리

⑤ 타이어를 탈거하고 엔드 풀러로 타이로드(A)를 너클(B)에서 분리한다.

⑥ 엔드 풀러를 사용하여 너클(A)과 로워 암(B)을 분리한다.

⑦ 스태빌라이저(A)에서 스태빌라이저 링크(B)를 분리한다.

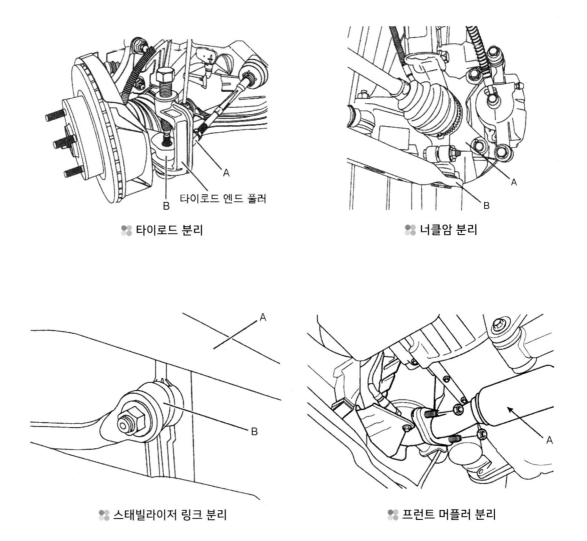

❧ 타이로드 분리

❧ 너클암 분리

❧ 스태빌라이저 링크 분리

❧ 프런트 머플러 분리

⑧ 프런트 머플러(A)를 분리하고 리어 스톱퍼(A)를 분리한다.

⑨ 크로스 멤버를 트랜스 미션 잭을 받쳐놓고 볼트 4개(A)를 풀어 크로스 멤버와 파워 스티어링 기어 박스를 함께 분리한다.

⑩ 크로스 멤버에서 기어 박스 어셈블리를 탈거한다.

⑪ 장착은 분해의 역순으로 조립하고 반드시 공기 빼기를 하여야 한다.

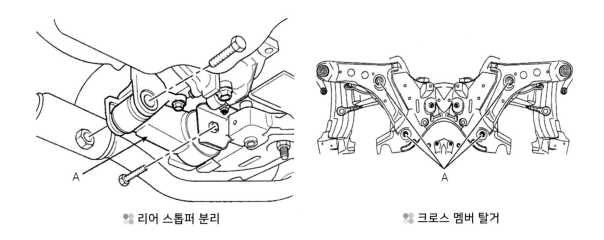

❖❖ 리어 스톱퍼 분리   ❖❖ 크로스 멤버 탈거

2) 조향기어 박스에서 타이로드의 분해 조립

① 보호 금속판(황동판 또는 알루미늄)을 대고 기어 박스(A)에 고정시킨다.

※ 주의사항
- 기어 박스를 바이스에 고정시킬 때 기어 박스 장착 위치에서만 물려야 한다. 다른곳에 고정시에는 손상 될 수가 있다.

② 타이로드(A)에서 타이로드 엔드를 탈거한다.

③ 밸로우즈 밴드(A)와 벨로우즈 클립(A)를 분리한 후 벨로우즈를 탈거한다.

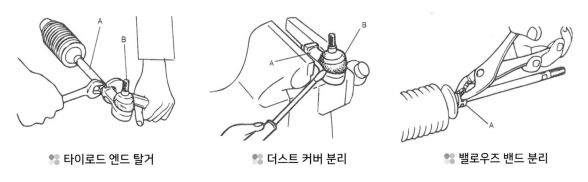

❖❖ 타이로드 엔드 탈거   ❖❖ 더스트 커버 분리   ❖❖ 밸로우즈 밴드 분리

④ 타이로드(A)와 랙(B)을 고정시키는 타이로드의 표시 부위를 정으로 제거한다.

⑤ 랙(A에서 타이로드(B)를 탈거한다.

※ 주의사항

• 랙(A에서 타이로드(B)를 탈거 할 때 랙이 비틀리지 않도록 주의한다.

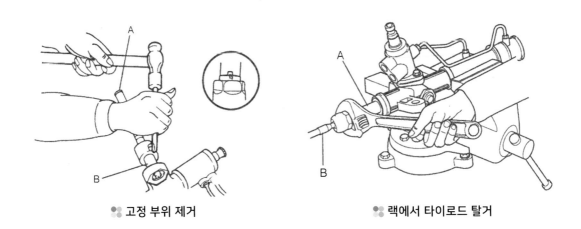

고정 부위 제거　　　　　　　　랙에서 타이로드 탈거

⑥ 타이로드와 엔드를 새 제품으로 교체하고 조립한다. 조립은 분해의 역순이다.

(3) 모닝 조향장치 제원 (G 1.0SOHC, L 1.0SOHC 공통)

1) 조향장치의 제원

항 목		제원
스티어링 기어 박스	형식	랙 및 피니언
	랙의 행정	135±1mm
오일 펌프	형식	베인식
	배출량	6.6㎤/rev

2) 조향장치 정비 기준

항 목		제원
스티어링 휠 자유유격		0~30mm
스티어링 각	내측 휠 각	39°±1°
	외측 휠 각	32°
정지시 스티어링 작동력		3.0kg
벨트의 휨(mm)		7~10
오일 펌프 압력(kg/㎠)		67~73
타이로드 요동 토크(kg•m)		0.2~0.25
타이로드 엔드 볼 조인트 회전 기동 토크(kg•m)		0.05~0.25

3) 체결 토크

	항목	kg·m
파워 스티어링 칼럼 샤프트	스티어링 칼럼 샤프트 마운팅 볼트	1.3~1.8
	스티어링 휠 로크 너트	3.5~4.5
	피니언 기어와 조인트 어셈블리 체결	1.3~1.8
	스티어링 칼럼 샤프트와 조인트 어셈블리 체결	1.3~1.8
파워 스티어링 기어 박스	기어 박스 마운팅 볼트	6.0~8.0
	타이로드 로크 너트	3.4~5.0
	타이로드 엔드 볼 조인트와 너클암 체결 너트	1.6~3.4
	피드 튜브와 기어 박스 체결	1.0~1.6
	기어 박스와 밸브 보디 체결	2.0~3.0
	요크 플러그 로크 너트	5.0~7.0
파워 스티어링 호스	파워 스티어링 리저버 마운팅 볼트	0.9~1.4
	파워 스티어링 호스 마운팅 볼트	0.7~1.1
	파워 스티어링 튜브 마운팅 볼트	0.7~1.1

4) 유압유(윤활유)

항목	윤활유	용량
타이로드 엔드 볼 조인트	SHOWA SUNLIGHT MB-2 상당	소요량
기어 박스 벨로우즈와 타이로드 접속부위	SILICON GREASE	소요량
파워 스티어링 오일	PSF-Ⅲ	0.75~0.8liter

(4) 고장진단 (G 1.0SOHC, L 1.0SOHC 공통)

고장 현상	가능한 원인	조치 사항
스티어링 휠의 유격이 과다하다.	요크 플러그가 풀림	재조임
	스티어링 기어 장착 볼트의 풀림	재조임
	타이로드 엔드의 스터드 마모, 풀림	재조임 혹은 필요시 교환
스티어링 휠의 작동이 무겁다.	V-벨트가 미끄러짐	
	V-벨트의 손상	교환
	오일 수준이 낮음	오일을 채움
	오일 내에 공기가 유입됨	공기빼기 작업을 실시
	호스가 뒤틀리거나 손상됨	배관 수리 혹은 교환
	오일 펌프의 압력 부족	수리 혹은 오일 펌프 교환
	컨트롤 밸브의 고착	교환
	오일 펌프에서 오일이 누설됨	손상품 교환
	기어 박스의 랙 및 피니언에서 과도한 오일이 누설됨	손상품 교환
	기어 박스 혹은 밸브가 휘거나 손상됨	교환
스티어링 휠이 적절히	타이로드 볼 조인트의 회전 저항이 과도함	교환
	요크 플러그의 과도한 조임	조정
	내측 타이로드 및 볼 조인트 불량	교환
	기어 박스와 크로스 멤버의 체결이 풀림	조임
	스티어링 샤프트 및 보디 그로매트의 마모	수리 혹은 교환
	랙이 휨	교환
	피니언 베어링이 손상됨	교환
	호스가 비틀거리거나 손상됨	재배선 혹은 교환
	오일 압력 조절 밸브가 손상됨	교환
	오일 펌프 입력 샤프트 베어링의 손상	교환
소음	스티어링 기어에서는 "쉿" 하는 소음이 난다. 모든 파워 스티어링 계통에는 몇 가지 소음이 있다. 그중 가장 일반적인 소음은 차량이 정지한 상태에서 스티어링 휠을 회전시킬 때 나는 "쉿" 하는 소음이다. 이 소음은 브레이크를 밟은 상태로 회전시킬 때 가장 크게 난다. 이 소음과 스티어링 성능과는 관계가 없으므로 소리가 아주 심하지 않을 때는 교환하지 않는다.	
랙과 피니언에서 덜거럭 거리거나 삐거덕 거리는 소음이 난다.	차체 보디와 호스가 간섭함	재 배선함
	기어 박스 브래킷이 풀림	재조임
	타이로드 엔드 볼 조인트의 풀림	재조임
	타이로드 엔드 볼 조인트의 마모	교환
오일 펌프에서 비정상적인 소음이 난다.	오일이 부족함	오일 보충
	오일라인 내에 공기가 유입함	공기빼기 작업
	펌프 장착 볼트가 풀림	재조임

■ 모닝

차종 \ 년도	03	04	05	06	07	08	09	10	11	12	13	14	15	16	17	18
G 1.0 SOHC																
L 1.0 SOHC																

07 주행 중 타이로드 엔드 이탈(조향 불능)

차 종	언급없음(예상 포터2)	연 식	-
주행거리	-	탑재일	2009.12.13
글쓴이	정비왕(sksn****)	매 장	
관련사이트	네이버 정비 공유 카페 : https://cafe.naver.com/autowave21/117582		

1. 고장내용

주행 중 타이로드 앤드 이탈로 십년 감수 했다고 하네요. 고객 왈 타이어 편 마모로 휠얼라인먼트 3번이나 받았다고 하는데 타이로드 나사산 자리가 많이 가늘어져 있네요. 타이로드 부러진 것은 보았지만 빠진 것은 첨봅니다.

❈ 빠진 타이로드 엔드

❈ 탈착된 기어 박스

2. 점검방법 및 조치 사항

파워 스티어링 기어 박스 어셈블리를 교환하고 출고합니다.

❈ 파워 스티어링 기어 박스 교환 모습

● 정비왕작성자
정비인 여러분!!! 브레이크와 조향장치는 철저하게 수리 하여야겠지요.^^! 사람목숨을 다루는 직업인지라.

● lbc4865
유격으로 풀린 것은 처음 보내요.

● 수송기술지존, 반창고, 지현아빠, 해종, clrhkdgns2, 머슴, a6312212, 류천비화, 맑은공기
좋은 정보 잘 보고 갑니다.

● 노땅
정비하시는 분이 실수로 볼트 조임 깜박하신 모양이네요. 차종은 포터2네요.

● 차소리
부품 문제가 심각하죠. 잘보고 갑니다. ^&^

● 로드맨
토인 조종하다가 실수하신 것 같네요.

● ryupj72
안전 점검 철저히 해야겠네요.

● helloyyh
확실히 정비를 해야겠네요! ㅎㅎㅎ

● 양종갑
시골에서는 가끔 있는 일입니다.특히 프론티어 4륜DY9381

● jangsikpum
오오;; 큰일 나것다.

● file1979
큰 일 날 번했네요.

● md3134
토인 후 확실히 조여야 하는데 느슨해서 그런 것 같네요.

● 막강 TNI모터스
어찌 저런 현상이 분명 하체에서 소음이 났을 텐데…

● dongheachan, jungho1901
예방정비를 철저히 해야겠네요.

● 쇼와
허걱…정말 십년 감수 했겠네요. 생각만 해도… 허유~!

● rkawhd2
사고 나지 않은 걸로 위안 삼아야겠죠.

● kyw3967
수리 후 한번 더 확인하심이~ 모두 반성합시다. 누구나 실수할 수 있어요. 오늘도 좋은 하루 되세요.

● 날개술사
부러진 것도 아니고 풀렸다면… 운전지기 보고 정비사 욕하지 않았을까요?

● 바그다드
얼라인먼트 볼 때도… 뭐든 조심해야 된다는 생각이…

● 751010as
조향 장치는 신중한 정비가 필요합니다. 자료 감사 합니다.

● 메케닉
차량이 포터(Ⅱ) 차량인가여?

● ph8327
끔찍하군요.

	등록

😊 스티커 📷 사진

3. 관계지식

(1) 파워 스티어링의 구성부품

1) 파워 스티어링의 구성 부품

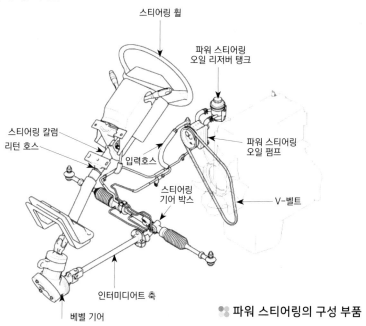

스티어링 휠

파워 스티어링
오일 리저버 탱크

스티어링 칼럼

리턴 호스

입력호스

파워 스티어링
오일 펌프

스티어링
기어 박스

V-벨트

인터미디어트 축

베벨 기어

❄ 파워 스티어링의 구성 부품

2) 파워 스티어링 기어 박스의 구성 부품

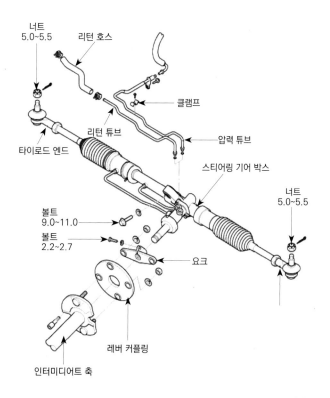

너트
5.0~5.5

리턴 호스

클램프

타이로드 엔드

리턴 튜브

압력 튜브

스티어링 기어 박스

너트
5.0~5.5

볼트
9.0~11.0

볼트
2.2~2.7

요크

레버 커플링

❄ 스티어링 기어 박스 구성부품

인터미디어트 축

(2) 파워 스티어링 기어 박스의 탈거

① 파워 스티어링 오일을 배출한다.

② 스플리트 핀을 탈거하고 타이로드 엔드 설치 너트를 느슨하게 풀고 엔드 플러를 사용하여 너클(A)에서 타이로드 엔드(B)를 분리시킨다.

③ 그리드 볼트를 제거한 후 스티어링 기어 박스와 인터미디어트 축을 분리한다.

④ 파워 스티어링 기어 박스에서 리턴 및 압력 튜브(A)를 분리한다.

⑤ 파워 스티어링 기어 박스의 고정 볼트(A)와 클램프 고정볼트(B)를 분리한다.

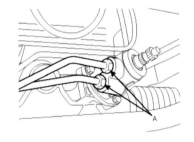
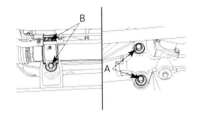

❇️ 타이로드 엔드 탈거   ❇️ 리턴 튜브 탈거   ❇️ 기어 박스 고정 볼트 탈거

⑥ 파워 스티어링 기어 박스를 아래로 탈거한다.

⑦ 타이로드에서 타이로드 엔드를 탈거한다.

⑧ 벨로우즈 밴드(A)를 탈거한다.

⑨ 벨로우즈 클립(A)를 탈거한다.

⑩ 벨로우즈를 타이로드 쪽으로 당겨 빼낸다.

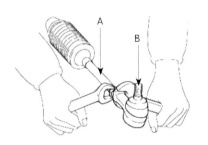
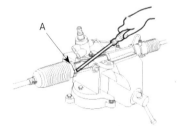
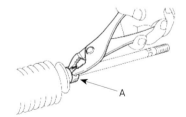

❇️ 타이로드 엔드 탈거   ❇️ 벨로우즈 밴드 탈거   ❇️ 벨로우즈 클립 탈거

⑪ 벨로우즈를 타이로드 쪽으로 당겨 빼낸다.

⑫ 랙을 천천히 이동시키면서 랙 하우징에서 오일을 배출시킨다.

⑬ 타이로드와 랙을 고정시키는 타이로드의 표시 부위를 정(A)으로 제거한다.

⑭ 랙(A)에서 타이로드(B)를 탈거한다. 랙이 비틀리지 않도록 주의한다.

⑮ 새 타이로드를 장착한 후 타이로드의 한점을 정으로 펀칭한다.

⑯ 그리스를 타이로드의 벨로우즈 장착 부위(장착 구멍)에 도포한다.

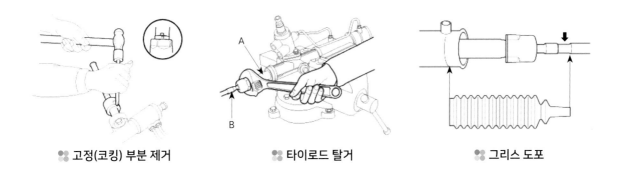

| 고정(코킹) 부분 제거 | 타이로드 탈거 | 그리스 도포 |

⑰ 벨로우즈에 신품의 장착 밴드를 장착한다. (밴드는 신품을 사용한다)

⑱ 벨로우즈가 뒤틀리지 않도록 주의 하면서 벨로우즈를 정 위치에 장착한다.

⑲ 스티어링 기어 박스를 차체에 장착한다.

⑳ 오일 호스와 타이로드 엔드를 장착하고 오일 라인의 공기 빼기 작업을 한다.

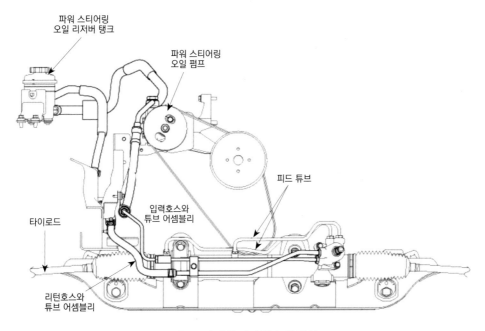

파워 스티어링
오일 리저버 탱크

파워 스티어링
오일 펌프

피드 튜브

입력호스와
튜브 어셈블리

타이로드

리턴호스와
튜브 어셈블리

스티어링 기어 박스의 장착

(3) 파워 스티어링의 고장진단

고장 현상	가능한 원인	조치 사항
스티어링 휠의 유격이 과다하다.	요크 플러그가 풀림	재조임
	스티어링 기어 장착 볼트의 풀림	재조임
	타이로드 엔드의 스터드 마모, 풀림	재조임 혹은 필요시 교환
스티어링 휠의 작동이 무겁다.	V-벨트가 미끄러짐	
	V-벨트의 손상	교환
	오일 수준이 낮음	오일을 채움
	오일 내에 공기가 유입됨	공기빼기 작업을 실시
	호스가 뒤틀리거나 손상됨	배관 수리 혹은 교환
	오일 펌프의 압력부족	수리 혹은 오일 펌프 교환
	컨트롤 밸브의 고착	교환
	오일 펌프에서 오일이 누설됨	손상품 교환
	기어 박스의 랙 및 피니언에서 과도한 오일이 누설됨	손상품 교환
	기어 박스 혹은 밸브가 휘거나 손상됨	교환
스티어링 휠이 적절히 복원되지 않는다.	타이로드 볼 조인트의 회전 저항이 과도함	교환
	요크 플러그의 과도한 조임	조정
	내측 타이로드 및 볼 조인트 불량	교환
	기어 박스와 크로스 멤버의 체결이 풀림	조임
	스티어링 샤프트 및 보디 그로매트의 마모	수리 혹은 교환
	랙이 휨	교환
	피니언 베어링이 손상됨	교환
	호스가 비틀거리거나 손상됨	재배선 혹은 교환
	오일 압력 조절 밸브가 손상됨	교환
	오일 펌프 입력 샤프트 베어링의 손상	교환
소음	스티어링 기어에서는 "쉿"하는 소음이 난다. 모든 파워 스티어링 계통에는 몇 가지 소음이 있다. 그중 가장 일반적인 소음은 차량이 정지한 상태에서 스티어링 휠을 회전시킬 때 나는 "쉿"하는 소음이다. 이 소음은 브레이크를 밟은 싱태로 회선시킬 때 가장 크게 난다. 이 소음과 스티어링 성능과는 관계가 없으므로 소리가 아주 심하지 않을 때는 교환하지 않는다.	
랙과 피니언에서 덜거럭 거리거나 삐거덕 거리는 소음이 난다.	차체 보디와 호스가 간섭함	재 배선함
	기어 박스 브래킷이 풀림	재조임
	타이로드 엔드 볼 조인트의 풀림	재조임
	타이로드 엔드 볼 조인트의 마모	교환
오일 펌프에서 비정상적인 소음이 난다.	오일이 부족함	오일 보충
	오일라인 내에 공기가 유입함	공기빼기 작업
	펌프 장착 볼트가 풀림	재조임

08 파워 스티어링 펌프 파손으로 인한 타이밍 벨트 교환

차 종	그랜저XG 2.0	연 식	
주행거리	약 20만 km	탑재일	2011.11.22
글쓴이	o우주정복o(ddon****) - 공유멤버	매 장	
관련사이트	네이버 자동차 정비 공유 카페 : https://cafe.naver.com/autowave21/199761		

1. 고장내용

저속에서 핸들이 잘 안돌아 간다고 손님께서 점검을 의뢰하십니다. 속도 감응 핸들 문제인가 하고 핸들을 돌려보는데 노파워처럼 안돌아갑니다. ㅎㅎ~

원인을 직감하고 본넷을 열어보니 파워 오일이 범벅이 되어 있습니다.

2. 점검방법 및 조치 사항

누유 부위를 확인하려고 파워 오일을 주입하니 오일이 물 끓어오르는 것처럼 부글부글 끓어오릅니다, 신기합니다. 그러면서 핸들을 돌려보아도 에어가 빠지지 않습니다. 계속 끓어오릅니다. 신기한건 뚜껑을 닫으면 에어가 빠집니다.

더 궁금해집니다. 핸들을 돌려보라고 시키고 어디가 문제인지 살펴봅니다. ㅎㅎ~! 궁금증이 한번에 풀립니다. 파워 펌프 압력 센서가 파손되어 오일이 줄줄 흐릅니다. 그래서 부글부글 끓어올랐던 겁니다. ㅎㅎ~ 좋은 경험합니다.

커넥터는 이미 빠져있었고 요녀석(오일 펌프)은 오일을 뿜으며 미친 듯이 떨고 있었습니다. 차가 20만km가 넘었으니 망가질 만도 합니다.

문제는 오일이 새면서 팬벨트와 베어링 타이밍 커버를 다 적셨습니다. 오일에서는 빈 펌프가 돌면서 윤활이 안 되어 쇳가루도 나옵니다. 차주 분께 설명을 하고 파워펌프와 오일 그리고 파워라인 세척 팬 벨트 교환 작업을 합니다. 그런데 펌프를 탈거하고 나니 더큰 문제점이 보입니다. 타이밍 상 커버가 변형되면서 펌프 풀리와 닿아서 구멍이 나 버렸습니다.

그리고 프런트 케이스와 타이밍 커버 사이도 벌어져 있습니다. 물론 거기로 오일이 들어간 것은 확실하구요. 커버를 살짝 들춰서 보니 타이밍 벨트가 오일 범벅입니다. 차주 분께 사실을 고지하고 타이밍 벨트의 위험성을 설명 드립니다. 물론 차주 분께서는 잘 이해하지 못하십니다. 거기다 견적이 만만치 않아 고민을 하시다가 결국 작업을 진행합니다. 발전기도 위험하겠군요.

탈거한 타이밍 벨트입니다. 벌써 모서리 부분은 손상이 심한 정도입니다. 오일 흔적을 깨끗히 크리닝하고 작업을 합니다. 무심코 지나가거나 아니면 승인이 안 될것 같아서 모른 척 지나갔다간 정말 큰일 날 뻔한 경우였습니다. 작은 것 하나라도 놓치지 않게 더 노력 해야겠습니다. 갈길이 머네요. ㅎㅎ~ 물론 차주분께서는 비용이 많이 나와서 속이 상하시겠지만…

정비사들의 이런 노력과 정성을 알아주셨으면 좋겠네요. 나름 보람찬 하루였습니다. 건강하세요.

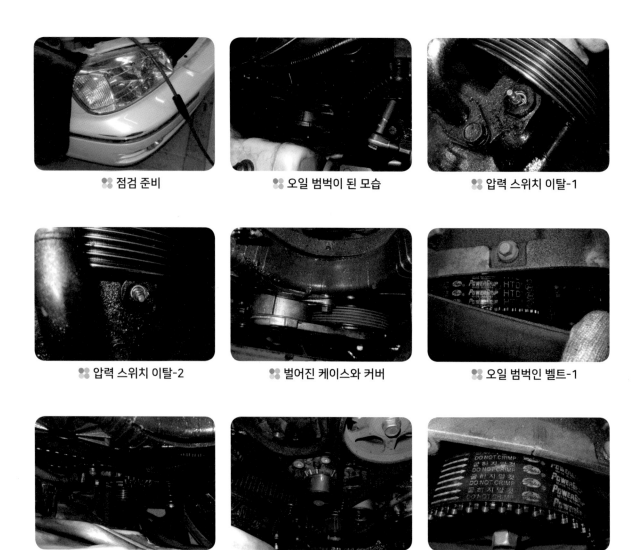

❁ 점검 준비　　　　　　❁ 오일 범벅이 된 모습　　　　　　❁ 압력 스위치 이탈-1

❁ 압력 스위치 이탈-2　　　　　❁ 벌어진 케이스와 커버　　　　　❁ 오일 범벅인 벨트-1

❁ 오일 범벅 발전기　　　　　❁ 오일 범벅인 벨트-2　　　　　❁ 오일 범벅인 벨트-3

❋ 오일 범벅인 벨트-4

❋ 손상된 벨트-1

❋ 손상된 벨트-2

❋ 오일 세척한 모습

❋ 물 펌프 교체

❋ 벨트 장착

회원님들의 댓글 | 등록순 ▼ | 조회수 | 좋아요 ▼

● cho, 정 맨, boson72, 초심 열공, haha11380
　잘 보았습니다. 고생 하셨습니다.

● 힘찬출발, chofamailyy, pcycap12, 내 푸른하늘
　자료 감사드리고 수고 많이 했습니다.

● 나는야정비인
　정확한 진단에 감탄사를 보냅니다. ^^

● 곰돌이
　파워 펌프 고장은 종종 작업하지만 압력 스위치부분이 저런 경우는 처음 봅니다. 그래도 차주분이 수긍을 하여 완전한 작업을 하게 되어서 다행임니다. 아님 저대로 타다는 며칠못가서 아작 날건대 만약에 그렇게 된다면 차주 분 또 정비인을 욕하겠지요. 그때 점검 안 해줘서 그렇게 됬다고~ ㅎㅎㅎ

● 스코프미키
　일거양득입니다 차주님 정확한 진단 받아 좋고 작업자 돈 벌어서 좋은 거지요. 고생 하셨습니다.^^

● 꺼벙이
　마음까지 시원하네요.ㅋ

● 박재준
　일처리 깔끔하시네요.

● 무한질주
　깔끔하게 하셨습니다. 차주분 속은 상하시겠지만 맘 편히 운전할 수 있어서 기분 좋으실겁니다. 단지 비싸다는 이유로 지나쳤다면 나중에 더 큰 화를 불렀을 껍니다.

● 잔느
　수고 하셨습니다. 큰일날뻔햇네요. 차주분

	등록

☺ 스티커　📷 사진

3. 관계지식

(1) 드라이브 벨트

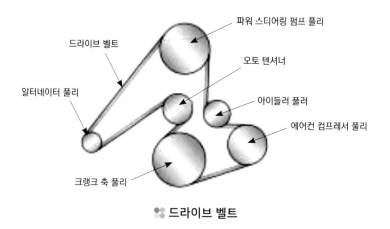

드라이브 벨트

① 파워스티어링 펌프 풀리 고착, 발전기 베어링 고착시 시동 불가하며, 벨트를 분리하면 시동은 가능함.

(2) 타이밍 벨트 탈거

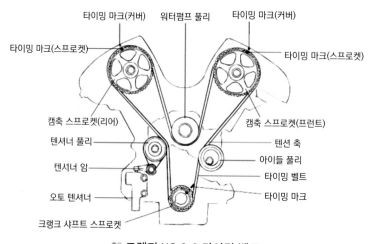

그랜저 XG 2.0 타이밍 벨트

① 구동 벨트, 파워 스티어링 펌프 풀리, 아이들 풀리, 텐셔너 풀리 및 크랭크 샤프트 풀리를 탈거한다.
② 상·하부 타이밍 벨트 커버를 탈거한다.

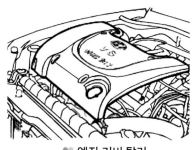
❁ 엔진 커버 탈거

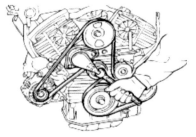
❁ 드라이브 벨트 탈거

❁ 벨트 커버 탈거

③ 타이밍 마크가 1번 실린더의 피스톤이 압축행정 상사점 위치까지 올라오도록 크랭크 샤프트를 시계방향으로 회전시키고, 좌뱅크 캠축 스프로킷, 우뱅크 캠축 스프로킷 및 크랭크축 스프로킷의 타이밍 마크가 일치하는가를 확인한다.

❁ 좌 뱅크 타이밍 마크

❁ 우 뱅크 타이밍 마크

❁ 크랭크축 타이밍 마크

④ 오토 텐셔너를 탈거한다.

⑤ 타이밍 벨트를 탈거하고 재사용 하고자 할 때에는 탈거하기 전의 회전방향을 표시하여 장착시 동일한 방향으로 장착될 수 있도록 한다.

⑥ 오토 텐셔너 및 워터 펌프 부위의 누수여부, 아이들러 풀리 및 타이밍 벨트 텐셔너 상태를 점검하여 불량시 교환한다.

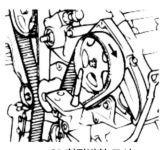
❁ 회정방향 표시

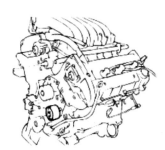
❁ 아이들 풀리 장착

(3) 타이밍 벨트와 오토 텐셔너 장착

① 아이들 풀리를 장착한다.

② 텐셔너 암에 텐셔너 풀리를 장착한다.

③ 오토 텐셔너의 로드를 바이스로 밀어 넣은 다음 고정핀으로 고정시킨 후 프런트 케이스에 장착한다.(규정 토크 50kg. cm)

④ 각 스프로킷의 타이밍 마크와 노치점이 틀려지지 않도록 하면서 순서대로 타이밍 벨트를 장착한다.

　　크랭크 샤프트 스프로킷 → 아이들러 풀리 → 흡기 캠 스프로킷(좌뱅크) → 워터 펌프 풀리 →
　　흡기 캠 스프로킷(우뱅크) → 텐셔너 풀리

⑤ 오토 텐셔너 고정핀을 뽑는다.

⚙ 고정핀을 탈거　　　　**⚙ 규정 토크로 조임**　　　　**⚙ 로드 토출량**

(4) 타이밍 벨트 장력조정 방법

① 크랭크 샤프트를 엔진 회전방향(시계방향)으로 2회전시키고 약 5분 후에 오토 텐셔너의 로드 돌출 길이가 3.8 ~ 4.5mm인가를 점검한다.

② 각 스프로킷의 타이밍 마크가 일치하는지 다시한번 점검한다.

> **참고사항**
>
> 타이밍 마크가 서로 일치하지 않을 경우 ④번부터 작업을 반복한다.

9. 제동장치
Brake System

01. 브레이크가 이상하다고 입고

02. 라이닝 홀드다운 핀 홀 직경 1mm의 차이

03. ABS 불량 경고등 점등

04. 브레이크 페달 떨림

05. 브레이크 작동 불량

06. 브레이크 오일의 중요성

07. 브레이크 오일 오염이 심하네요.

08. 브레이크 이상으로 견인입고 됩니다.

09. 브레이크 페달을 밟으면 소음발생

10. 브레이크호스 불량

브레이크가 이상하다고 입고

차 종	카니발	연 식	-
주행거리	-	탑재일	2011.08.31
글쓴이	목표가있다(bang****)	매 장	
관련사이트	네이버 자동차 정비 공유 카페 : https://cafe.naver.com/autowave21/189829		

1. 고장내용

브레이크가 이상하다고 입고합니다. 필자의 생각으로는 브레이크 잡을 때 쇠 깍이는 소리가 오래 전부터 들렸을텐데… 라이닝만 교환해도 될 것을 드럼까지 교환하게 되었습니다.

2. 점검방법 및 조치 사항

카니발 LPG 차량 뒷 드럼입니다. 가루 많이 마셨고요. 열어보니 사진과 같습니다. 항상 수고하십시오. 라이닝이 다 닳아서 슈 라이닝 테이블이 드럼에 닿으면서 드럼을 갈아 먹었네요.

- 장대령, 진짜 자동차, 재민빠빠, wbh0244, 오늘도 좋은하루, 볼링사랑, a073055, 류천비화, 기아차공부중
  수고 하셨습니다, 잘 보고갑니다.

- 스마트
  수고 하셨습니다. 이제 내일이면 9월입니다. 보람되고 뜻있는 9월 맞이하시기 바랍니다.

- 붕붕
  아후,,,~~~ 갈때가지 가는 군여,,,ㅋ 시간 정말 빠르져,,,ㅎㅎ 더위가 빨리 누그러졌으면 좋겠습니다.

- 닭고조이고기름칠하자
  차주분이 넘 절약정신이 투철하시네요.ㅎㅎㅎ 수고하셨습니다.ㅎㅎㅎ

- 허니허니
  과잉 충성하고 장렬이 사망하셨네…

- 로드맨
  제동장치에 심각한 영향을 줄수 있습니다.

- 쇠돌이
  차주분 정말 대단하네요. 고생 하셨습니다.

- hks power
  가루마시지 않게 마스크라도 착용하시고 일하세요. 건강이 최고입니다!!

- jjh5828
  대박이네요.

- 라사압소
  정말 알뜰하게 쓰셨네요~~~

- 겨울바다
  어떻게 저렇게 될때까지 타셨을까?… 수고 많으셨어요.

- pure0825
  에구 완전 고생하셨네여.

- 정상에서 내려보기
  와웅.

- 정돌이
  아따 심하게 쓰셨네 수고 했어요

	등록

☺ 스티커　📷 사진

3. 관계지식

(1) 브레이크 장치의 고장진단 및 제원

1) 고장진단

고장 현상	가능한 원인	조치 사항
제동 불량	브레이크 액 누출	수리
	파이프내 공기 혼입	공기 빼냄
	패드 및 라이닝 마모	교환
	패드 또는 라이닝에 브레이크 액, 그리스 또는 물 오염	청소 또는 교환
	패드 또는 라이닝 표면경화, 접촉 불량	연마 또는 교환
	디스크 브레이크 피스톤의 작동 불량	교환
	마스터 실린더 또는 휠 실린더의 작동 불량	수리 또는 교환
	마스터백 유닛의 작동 불량	교환
	첵 밸브(진공호스)의 작동 불량	교환
	진공 호스의 손상	교환
	플렉시블 호스의 노화	교환
	엔진 부압이 낮음	수리
	PV 작동 불량	조정 또는 교환
편 제동 (한쪽 바퀴에서 일어나는 현상임)	패드 또는 라이닝 마모	교환
	패드 또는 라이닝에 브레이크 액, 그리스 또는 물 오염	청소 또는 교환
	패드 또는 라이닝의 표면경화, 접촉 불량	연마 또는 교환
	디스크 또는 라이닝의 비정상적인 마모 또는 비틀림	수리 또는 교환
	배킹 플레이트 장착 볼트의 이완 또는 변형	체결 또는 교환
	휠 실린더의 작동 불량	수리 또는 교환
	휠얼라인먼트의 조정 불량	조정
	타이어 공기압 불균등	공기압 조정
브레이크가 해제되지 않음	브레이크 페달의 유격이 없음	조정
	푸시로드 간극의 조정 불량	조정
	마스터 실린더 리턴 포트의 막힘	청소 또는 교환
	마스트 실린터의 커프 부풀음	교환
	슈의 원위치 불량	청소 또는 교환
	휠 실린더의 원위치 불량	청소 또는 교환
	디스크 브레이크의 피스톤 실의 기능 불량으로 원위치 불량	교환
	브레이크 액의 오염	교환
페달 행정이 과도함	페달 유격의 조정 불량	조정
	라이닝의 마모	교환
	마스터 실린더의 내부 누설	교환
	파이프 내에 공기 혼입	공기 빼냄
	브레이크 액 오염	교환
	진공 호스의 손상	교환
	엔진 부압이 낮음	수리

	패드 또는 라이닝의 마모	교환
	패드 또는 라이닝 표면의 손상	연마 또는 교환
	브레이크가 해제되지 않음	시스템 점검 및 수리
	디스크 플레이트 접촉, 표면에 이물질 또는 긁힘	청소 또는 교환
제동시 비정상적 소음 또는 진동	배킹 플레이트 또는 캘리퍼 장착 볼트의 이완	체결
	디스크 또는 드럼 접촉 표면의 손상	교환
	패드 또는 라이닝의 접촉 불량	수리 또는 교환
	각 습동부에 그리스 부족	그리스 도포
	디스크 두께 편차 불량	교환
	과도한 레버 행정	조정
주차 브레이크 작동 불량	브레이크 케이블 고착 또는 손상	수리 또는 교환
	라이닝에 브레이크 액 또는 오일 오염	청소 또는 교환
	라이닝 표면의 경화 또는 접촉 불량	연마 또는 교환
	파킹 케이블의 유격이 없음	조정
후륜 브레이크가 해제되지 않음	리턴 스프링 불량	교환
	휠 실린더 피스톤 작동 불량	교환
	파킹 케이블 비틀림	수리 또는 교환
	오토 어저스터 기구 작동 불량	수리 또는 교환

2) 제동장치 시스템 제원

항목		제원
브레이크 페달	형식	현가식
	페달 레버비 (mm)	3.4
	최대 스트록 (mm)	140
마스터 실린더	형식	탠덤〈레벨 센서 부착〉-직렬식
	실린더 내경 (mm)	Ø25.4 (CBS) Ø26.99 (ABS)
프런트 디스크 브레이크	형식	엥커리스 디스크
	실린더 내경 (mm)	Ø46 × 2
	패드 치수(면적×두께)(mm²×mm)	6300 × 11
	디스크 플레이트 칫수(외경×두께) (mm)	274 × 26
리어 드럼 브레이크	형식	리딩, 트레일링
	휠 실린더 내경	Ø20.64 (CBS) Ø22.22 (ABS)
	라이닝 제원(면적×두께) (mm²×mm)	26800 × 6
	드럼 내경 (mm)	Ø254
	슈 간극 조정	인크리멘탈 오토 어저스트
배력장치	형식	이중 진공 배력식
	외경 (mm)	246.4
제동력 제어장치	형식	PV〈 PROPORTIONING VALVE 〉
브레이크 액		FMVSS NO.116, DOT-3
주차 브레이크	형식	후륜기계식 내부 확장식
	조작방법	족답식
	레버비	6.2

3) ABS 제동장치 시스템 제원

항목			제원
일반	시스템		MGH-10
	타입		4-센서 4-채널
	모드		ABS + EBD
HCU	펌프 타입		래디얼 피스톤(2피스톤)
	모터 타입		4-폴 DC모터
	솔레노이드 밸브 타입		4인렛 밸브, 4아웃렛 밸브
	모터 작동 기준치		12V, 30A
ECU	작동 전압		DC 10 ~ 16A
	작동 온도		-40 ~ 110℃
휠 스피드 센서	내부 저항	프런트	2.53 ~ 2. 93 kΩ
		리어	1.23 ~ 1.43 kΩ
	출력 범위		30 ~ 2000Hz
	에어 간극	프런트	0.127 ~ 1.44 mm
		리어	0.1 ~ 1.225 mm
경고등	ABS EBD	작동 전압	12V
		소비 전류	1 〈 200 mA

(2) 리어 브레이크 장치(드럼식)의 탈거, 장착법

1) 제동장치의 구성도

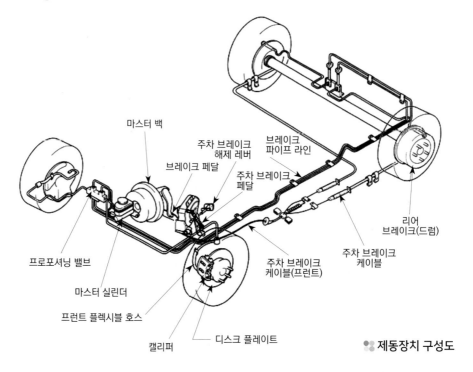

제동장치 구성도

2) 후륜 제동장치의 구조

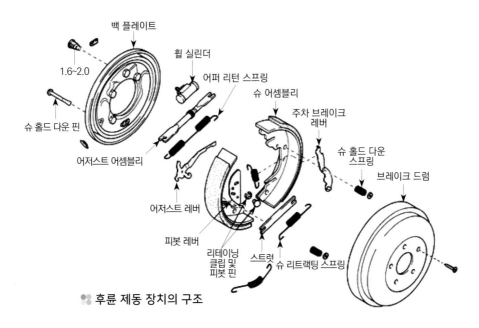

❦ 후륜 제동 장치의 구조

3) 브레이크 라이닝의 교환방법

① 주차 브레이크를 해제한다.

② 바퀴를 분리한 후 브레이크 드럼을 탈거한다. 이때 브레이크 드럼을 빼내기 어려운 경우에는 드럼의 나사 홈에 볼트를 끼운 후 탈거한다.

③ 자동 조정 스프링 및 조정 레버를 탈거한다.

❦ 브레이크 드럼 탈거 후 모습

❦ 자동 조정 스프링 탈거

❦ 자동 조정 레버 탈거

④ 컵 와셔, 슈 홀드 다운 스프링, 슈 홀드 다운 핀을 탈거한다.

⑤ 브레이크 슈를 벌리고 슈 어저스터 탈거한다.

⑥ 브레이크 슈 스프링과 실린더 엔드 슈 스프링을 탈거하고 주차 브레이크 케이블을 작동 레버
  에서 분리한다.
⑦ 조립은 분해의 역순으로 한다.

❈ 슈 홀드다운핀 탈거   ❈ 슈 홀드 다운컵 탈거   ❈ 어저스터 탈거

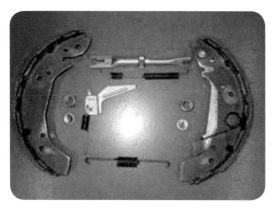

❈ 분해된 모습   ❈ 브레이크 라이닝의 종류

02

라이닝 홀드다운 핀 홀 직경 1mm의 차이

차 종	봉고 3	연 식	-
주행거리	-	탑재일	2010.05.27
글쓴이	rladidgus(yh68****)	매 장	
관련사이트			

1. 고장현상

봉고3 브레이크가 밀린다고 입고하였습니다.

※필자의 생각
필자의 생각으로는 밀리는 것도 밀리지만 제동이 늦음이 있고 급브레이크 밟을시 브레이크 드럼에서 '탕'하고 치는 소리가 있었을 것으로 예상 됩니다. 또한 자주 있는 고장현상도 아닌 것으로 예상되며 정비 지침서에도 안 나와서 제조용 도면을 보지 않는 한 홀드다운 핀 홀의 직경과 위치 등은 알 수 없습니다.

홀드다운 핀 구멍 비교(좌-정품)

순정품 홀 구멍 11mm

사제품 홀 구멍 12mm

2. 점검방법 및 조치 사항

후 라이닝 간극 조정을 하려고 조정 볼트 가이드를 밀려는데 허당이네요. 드럼을 탈거하고 보니 가이드 철판이 양쪽 모두 밑으로 쳐져있어요. 이런 상태이다 보니 조정을 해놓아도 다시 풀려버리고 조정을 하나마나겠죠? 라이닝은 사제품으로 교환된 상태이구요. 원인 분석을 하려고 순정품 라이닝과 탈거한 사제품 라이닝 비교한 결과 라이닝 중앙부 홀드다운 핀 고정부위 내경이 1mm가 차이가 납니다. 순정품으로 교환 후 조정을 하니 가이드 철판도 원상복구 잘 되고요. 모든 사제품이 이렇진 않겠지만 꼼꼼히 살펴보시고 작업을 하면 이런 일은 없을 것 같네요. 휴~ 독수리 타법이라 힘드네요.

회원님들의 댓글 | 등록순 ▼ | 조회수 | 좋아요 ▼

● 모현림, 물개, 준자동차, 탱크48, 스마일, 볼트, yon1125, 120km, yuri020227, 집오리, kyw3967, 칠광, 내몬사러, 엔카쫑, a6312212, 운동짱, 핸드메이드의달인, hks power, 보통남자, 류천비화, 케론
　좋은 정보 감사합니다. 잘 보고 갑니다.

● 바닷가
　특이하네요.

● 다빈파파
　고생하셨습니다. 좋은 정보 감사합니다.

● 오뚜기
　상당히 중요한 정보입니다. 감사합니다. 리콜을 확실히 해야 다른 분이 피해를 입지 않겠네요.

● 샤프
　이건 좀 특이한 사항 같다는 생각이 드네요. 라이닝 슈 홀드다운 핀이 관통되는 구멍의 크기가 1mm차로 이런 상황이 발생되었다고 판단하기에는 조금 더 신중하게 생각해봐야 할 것 같은 느낌이… 다른 특이 사항은 없었는지요.~?
　↳ rladidgus - 작성자
　제가 사진을 못 찍었는데요. 다운핀 구멍으로 모자처럼 생긴 것이 꽂히는데, 문제는 그게 많이 흔들린 다는 겁니다. 순정으로 교환시에는 흔들림이 전혀 없어요.

● 붕붕
　특수하게 제작된 건 아니죠??

● 차잘고치는집
　저도 사제인 상신 라이닝 끼어 주었는데 아직까지 이런 현상 못 느꼇는데, 이상하네요. 혹시 다른 부분이 이상이 있는 것 아닐까 생각합니다. 저희는 주로 화물차를 많이 하다 보니 순정보단 상신제품을 많이 쓰는데 몇 십대 해봐도 그런 현상 발견 못했어요.
　↳ rladidgus - 작성자
　제가 사진을 못 찍었는데요. 다운 핀 구멍으로 모자처럼 생긴 것이 꽂히는데, 문제는 그게 많이 흔들린다는 겁니다. 순정으로 교환시에는 흔들림이 전혀 없어요. 확인 한번 해보세요. 2번째 사진과 3번째 사진 1mm의 차이지만, 라이닝 장착 후 가이드 철판을 당겼다 놓으면 밑으로 쳐집니다. 손으로 가볍게 밑으로 밀어도 내려 가구요.

● 바로그린
　두개 다른 사양입니다. 기존에 사진 자세히 보시길…
　↳ rladidgus - 작성자
　2번째가 순정 3번째가 사제품입니다.

● 차잘고치는집
　네~ 무슨 말씀인지 이해가 가네요. 중간 다울핀이 중간에서 유격 발생해서 논다는 말씀이네요. 그리고 위 사진을 보니까 슈를 기존 프론티어 것을 쓴 것 같네요. 봉고3랑 포터2는 따로 나와요. 틀린점은 라이닝 중간에 삿갓이 있는 것이구요. 없는 것은 프론티어 것입니다. 일반으로 보면 별차이가 없이 다들 그냥 사용하드라구요. 저 역시도 몇 번 그냥 끼워 준적있구요. 가격도 삿갓있는 것이 조금 더 삐싸요. 아무튼 답글 감사합니다. 이렇게 하나씩 알아가는 것도 우리 정비인에 공부가 아닐까 생각합니다.

● 애불단지
　이 게시글 보니까 제차가 하이베스타 93년 식인데 후 라이닝 붙어서 정말로 고생을 한 기억이 나네요.
　브레이크 어셈블리를 교환해야 하는데 단골 업소에서 하우징에 베어링이 안 빠진다 하여서 앙가방(앵커플레이트) 철판은 놓아두고 서너번 전체 교환을 하였는데 항상 똑같은 현상이 반복되었던 기억이 나네요. 정말로 애 많이 먹었습니다. 브레이크도 엄청 밀렸고 조금 조정하면 바로 라이닝 다 타 버리고 푸우웅 지금 생각하여도 머리가 띵합니다. 얼마 전 다른 카센타에서 허브 베어링 빼고 앙가방(앵커플레이트) 완전 탈부착 후 개선되었습니다.사례 잘 보고 갑니다. 감사합니다.

● 때달리기
　차종이 다른 비슷한 제품을 사용하신 듯…

● 지심
　제차 봉고 프런티어 2001년 식 속썩이네요. 뒤 라이닝 갈아야 하는데…

자동차 정비정보 공유카페 1下

3. 관계지식

(1) 고장진단

고장 현상	가능한 원인	조치 사항
로워 페달 또는 스펀지 페달	브레이크 시스템(오일 누유)	수리
	브레이크 시스템(공기 유입)	공기빼기작업
	피스톤 실(마모 또는 파손)	교환
	리어 브레이크 슈 간극(조정 이상)	조정
	마스터 실린더(고장)	교환
브레이크 끌림	브레이크 페달 자유유격(최소)	조정
	주차 브레이크 케이블 길이(조정 이상)	조정
	주차 브레이크 케이블(걸림)	수리
	리어 브레이크 슈 간극(조정 이상)	조정
	패드 및 라이닝(균열 또는 비틀어짐)	교환
	피스톤(걸림)	교환
	피스톤(얼어 있음)	교환
	앵커 또는 리턴 스프링(고장)	교환
	부스터 시스템(진공이 샘)	수리
	마스터 실린더(고장)	교환
브레이크 편 제동	피스톤 (걸림)	교환
	패드 및 라이닝 (오일 묻음, 균열 또는 비틀어짐)	교환
페달이 무겁고 제동 불량	브레이크 시스템 (오일 누유, 공기 유입)	공기빼기 작업 실시
	패드 또는 라이닝(마모)	교환
	패드 또는 라이닝(균열 또는 비틀어짐)	교환
	리어 브레이크 슈 간극 (조정 이상)	조정
	패드 또는 라이닝(오일 묻음)	교환
	패드 또는 라이닝(미끄러움)	교환
	디스크(긁힘)	교환
	부스터 시스템(진공이 샘)	수리
브레이크 소음	패드 또는 라이닝 (균열 또는 비틀어짐)	교환
	휠 볼트 및 캘리퍼 볼트 느슨함	조정
	패드 슬라이딩 불량 (패드 편마모)	교환
	패드 또는 라이닝 (지저분함)	청소
	패드 또는 라이닝 (미끄러움) 패드	교환
	앵커 또는 리턴 스프링 (고장)	교환
	브레이크 패드 심 (손상)	교환
	홀드 다운 스프링 (손상)	교환
	디스크, 패드 사이 이물질 끼임	청소
	디스크 녹 발생	시운전 제동 및 세척 *시운전 제동시 마찰로 녹 제거
	디스크 파임	교환
브레이크 제동이 잘 안됨 (빠른 속도로 주행시)	패드 또는 라이닝(마모)	교환
	마스터 실린더(고장)	교환
브레이크 진동	브레이크 부스터 (진공이 샘)	수리
	페달 자유 유격	조정
	마스터 실린더 (고장)	교환
	마스터 실린더 캡 실 손상	교환
	브레이크 라인 손상	교환
	캘리퍼 리턴 불량 (타이어 회전 후 수감)	교환
	디스크 변형	교환

(2) 봉고 3 브레이크장치의 제원

1) 일반 제원

항목			제원
마스터 실린더	형식		탠덤식
	실린더 내경		26.99 mm(1톤), 28.57mm(1.4톤)
	브레이크 액 레벨 센서		상착
LSPV(Losd sensing proportioning valve)	컷인 압력	공차시	10kg/cm²(0.98MPa, 142psi)
	컷인 압력	적차시	56kg/cm²(5.49MPa, 798psi)
	감압비		0.2 : 1
브레이크 부스터	형식		진공 배력식
	유효 직경		8+9 in(1톤) 9+10 in.(1.4톤)
	배력비		8.0 : 1
프런트 브레이크	형식		벤틸레이티드 디스크
	디스크 외경		278 mm(1톤), 294 mm(1.4톤)
	디스크 두께		26 mm(1톤), 35 mm(1.4톤)
	패드 두께		11 mm(1톤), 17.4 mm(1.4톤)
	실린더 형식		더블 피스톤
	실린더 내경		Ø46 mm X 2(1톤), Ø60.6 mm X 2(1.4톤)
리어 디스크 브레이크	형식		듀얼 서보
	유효 내경		220 mm(2WD), 260 mm(4WD/1.4톤)
	라이닝 두께		4.5 mm
	간극 조정		자동 조정
주차 브레이크	형식		리어 휠에 작용하는 기계식 브레이크
	제동 형식		레버식
	케이블 배열		V 식

2) 정비제원

항목		제원
기준치	브레이크 페달 높이	185 mm
	브레이크 페달 행정	143 - 147 mm
	정지등 스위치 외측 케이스와 페달암 사이의 간극	0.5 - 1.0 mm
	브레이크 페달의 자유 유격	0 - 3 mm
	부스터 푸시로드와 마스터 실린더 피스톤 간극	0.6 - 1.4mm
	주차 브레이크 레버 행정(드럼 타입)	5 - 7 노치(20kg로 당겼을 때)
한계치	프런트 디스크 브레이크 패드 두께	2.0 mm
	프런트 디스크 두께	24 mm
	프런트 디스크 런 아웃	0.02 mm
	프런트 디스크 두께 편차	0.02 mm
	리어 브레이크 드럼 내경	221.5mm(1톤), 261.5 mm(1.4톤)
	리어 브레이크 라이닝 두께	1.0 mm

3) 체결 토크

항목		kg·m
센서 마운팅 볼트	프런트	0.8 ~ 0.9
	리어	0.8 ~ 0.9
HECU 마운팅 볼트		1.1 ~ 1.4
HECU 마운팅 브래킷 볼트		1.7 ~ 2.6
브레이크 튜브 너트		1.3 ~ 1.7
블리더 스크루		0.7 ~ 1.3

4) 윤활유

항목	추천품	용량
브레이크 액	DOT 3 또는 DOT 4	필요량
브레이크 페달 부싱 및 브레이크 페달 볼트	장수명 일반 그리스 – 샤시용	필요량
조인트 핀 휠 베어링 그리스	SAE J310, NLGI No.2	필요량
주차 브레이크 슈 및 백킹 플레이트 접촉면	베어링 그리스 NLGI No.0-1	필요량
캘리퍼 가이드 로드 및 부트	RX-2 그리스	1.2~1.7g
리어 캘리퍼 가이드 로드 및 부트	러버 그리스	0.8~1.3g

(3) 리어 브레이크 장치의 구성부품 및 탈부착

1) 구성 부품

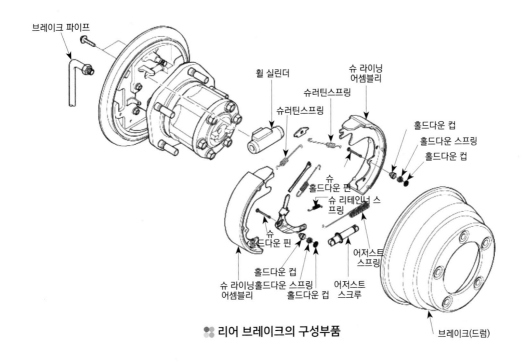

❀❀ **리어 브레이크의 구성부품**

2) 탈·부착 방법

① 차량을 안전하게 들어올린 후 주차 브레이크를 완전히 해제한다.

② 리어 휠을 탈거한 후 리어 브레이크 드럼을 탈거한다. 브레이크 드럼을 분해하기 어려울 때는 브레이크 드럼의 플랜지 면에 있는 나사 구멍에 볼트(A)를 끼운 뒤 브레이크 드럼을 탈거한다.

③ 앵커 핀에서 오버로드 스프링 및 슈 리턴 스프링을 탈거한다

④ 슈 홀드 다운 컵, 다운 스프링 및 다운 핀을 탈거한다.

⑤ 슈를 벌리고 슈 어저스터 스프링 및 어져스터를 탈거한다.

⑥ 주차 케이블을 작동 레버에서 분리한다.

❇ 드럼 분리　　　　　❇ 슈 리턴 스프링 탈거　　　　　❇ 홀드 다운 스프링 탈거

3) 차종별 생산년도

■ 봉고3-트럭

년도 차종	04	05	06	07	08	09	10	11	12	13	14	15	16	17	18	19
D 2.9 C/R –J	■	■	■	■	■	■	■	■	■							
D 2,5 TCI–A	■	■	■	■												
L 2.4 DOHC						■	■	■	■	■	■	■	■	■	■	■
D 2.9 WGT(CPF+)						■	■	■	■							
D 2,5 TCI–A2(WGT)									■	■	■	■	■	■	■	■

03

ABS 불량 경고등 점등

차 종	티뷰론 오토	연 식	-
주행거리	-	탑재일	2009.03.18
글쓴이	카스(123s****)	매 장	
관련사이트			

1. 고장내용

ABS 경고등 점등되어서 입고 됩니다.

❄ 탈거한 휠스피드 센서

❄ 드라이브 샤프트에서의 톤 휠(1)

❄ 드라이브 샤프트에서의 톤 휠(2)

❄ 드라이브 샤프트에서의 톤 휠(3)

2. 점검방법 및 조치 사항

스캐너 센서 출력 좌측 앞 휠 스피드 센서 움직임의 이상이 뜹니다. 휠 &.타이어 탈거 후 확인 결과 ABS 톤 휠이 고정이 안 되어있고 빠지면서 휠 스피드 센서 감지부 파손(변형)으로 톤 휠과 휠 스피드 센서 교환 했습니다.

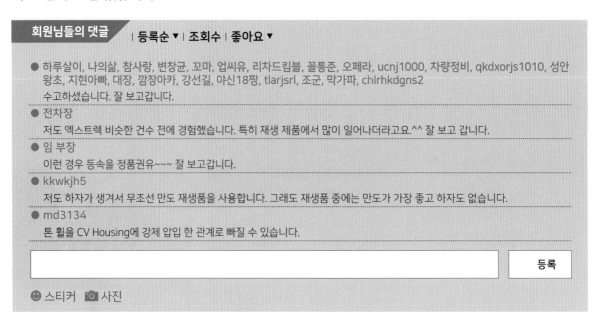

회원님들의 댓글 | 등록순 ▼ | 조회수 | 좋아요 ▼

● 하루살이, 나의삶, 참사랑, 변창균, 꼬마, 업씨유, 리차드킴블, 꼴통준, 오페라, ucnj1000, 차량정비, qkdxorjs1010, 성안왕초, 지현아빠, 대장, 깜장아카, 강선길, 야신18짱, tlarjsrl, 조군, 막가파, chlrhkdgns2
수고하셨네요. 잘 보고갑니다.

● 전차장
저도 엑스트렉 비슷한 건수 전에 경험했습니다. 특히 재생 제품에서 많이 일어나더라고요.^^ 잘 보고 갑니다.

● 임 부장
이런 경우 등속을 정품권유~~~ 잘 보고갑니다.

● kkwkjh5
저도 하자가 생겨서 무조선 만도 재생품을 사용합니다. 그래도 재생품 중에는 만도가 가장 좋고 하자도 없습니다.

● md3134
톤 휠을 CV Housing에 강제 압입 한 관계로 빠질 수 있습니다.

| | 등록 |

😊 스티커　📷 사진

3. 관계지식

(1) 티뷰론 계기판에서의 ABS 경고등 위치(G 1.8, G2.0 DOHC 공통)

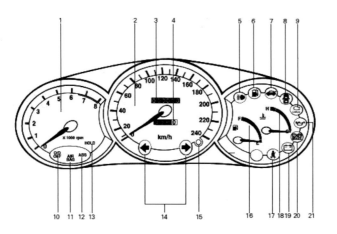

1. 타코미터
2. 속도계
3. 적신거리계
4. 구간거리계
5. 원등 표시등
6. 연료 잔량 경고등
7. 테일게이트 열림 경고등
8. 도어 경고등
9. 자기진단 경고등
10. 오버 드라이브 표시등*
11. 에어백 경고등*
12. ABS 경고등*
13. 홀드 표시등*
14. 방향전환 표시등
15. 구간거리계 리셋 버튼
16. 연료계
17. 안전띠 경고등
18. 냉각수 온도계
19. 충전 경고등
20. 브레이크 경고등
21. 오일 압력 경고등

🎯 운전석 계기판에서 ABS 경고등 위치

(2) 휠 스피드 센서(G 1.8, G2.0 DOHC 공통)

1) 회로도

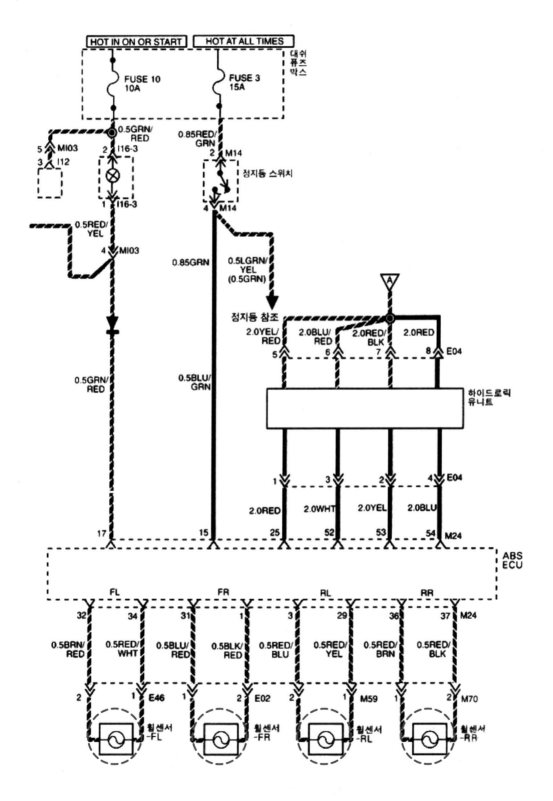

2) 설치위치

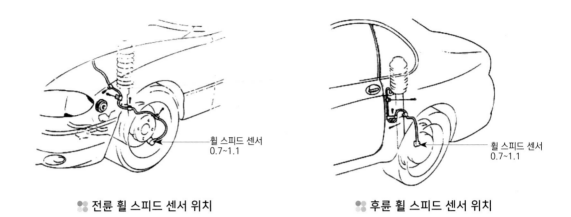

❧ 전륜 휠 스피드 센서 위치

휠 스피드 센서
0.7~1.1

❧ 후륜 휠 스피드 센서 위치

휠 스피드 센서
0.7~1.1

3) 드라이브 샤프트에서의 설치 위치

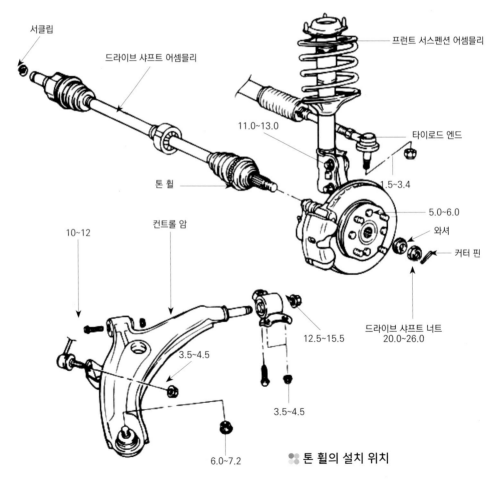

서클립

드라이브 샤프트 어셈블리

프런트 서스펜션 어셈블리

11.0~13.0

타이로드 엔드

톤 휠

1.5~3.4

5.0~6.0

와셔

커터 핀

컨트롤 암

10~12

12.5~15.5

드라이브 샤프트 너트
20.0~26.0

3.5~4.5

3.5~4.5

6.0~7.2

❧ 톤 휠의 설치 위치

(3) 자기진단(G 1.8, G2.0 DOHC 공통)

1) ABS 경고등 점검 방법

엔진 시동 후 ABS 경고등은 3초 동안 점등 되었다가 점멸되며 엔진 시동 후 즉시 경고등이 점등되지 않거나 3초 후에도 점등이 계속되는 경우에는 고장이다. ABS는 차량속도가 10km/h 이내일 때 ABS가 작동되면서 자기진단을 한다. 즉 솔레노이드 밸브와 펌프 모터가 아주 짧은 시간동안 'ON' 되어 ABS 기능을 점검한다.

❧ ABS 경고등

❧ 시동 후 3초간 점등

기능 선택
01. 차종별 진단 기능
02. CARB OBD-Ⅱ 진단기능
03. 주행 데이터 검색기능
04. 공구상자
05. 하이스캔 사용환경
06. 응용 진단기능

❧ 기능 선택

2) 자기 진단 방법

① 엔진의 시동을 정지시킨다.

② 진단기(스캐너)를 퓨즈 박스에 있는 테스터 링크 커넥터에 연결한다.

③ 진단기의 전원 커넥터 배선을 시거라이터 소켓에 연결한다.

④ 엔진을 시동한다.

⑤ 점화 스위치를 ON시킨 후 하이스캔의 ON/OFF 버튼을 0.5초 동안 누른다(OFF시킬 때는 약 2초간 누른다).

⑥ 잠시 후 하이디에스 스캐너 기본 로고, 소프트웨어 카탈로그가 화면에 나타난다.

⑦ 로고 화면에서 [Enter ◄] 를 누른 후 아래 순서에 맞추어서 측정한다.

　㉮ 차종별 진단 기능을 선택한다.

　㉯ 제작사를 선택한다.

　㉰ 차종을 선택한다.

　㉱ 점검 항목을 선택(제동제어)한다.

　㉲ 차량의 종류를 선택한다.

　㉳ 자기진단을 선택한다.

3단계 : 기능을 선택한다.

```
0. 기능선택
01. 차종별 진단 기능
02. CARB OBD-Ⅱ진단기능
03. 수행 데이터 검색기능
04. 공구상자
05. 하이스캔 사용환경
06. 응용진단기능
```

4단계 : 제작사를 선택한다.

```
1. 차종별 진단기능
01. 현대 자동차
02. 대우 자동차
03. 기아 자동차
04. 쌍용 자동차
```

5단계 : 차종을 선택한다.

```
1. 차종별 진단기능
01. 엑센트 95-96년식
02. 엑 셀 90-94년식
03. 스쿠프 91-95년식
04. 아반떼 96  년식
05. 엘라트라92-95년식
06. 티뷰론 2.0  96년식
```

6단계 : 점검항목을 선택한다.

```
1. 차종별 진단기능
차종 : 티뷰론 1996년식

01. 엔진제어
02. 자동 변속
03. 제동 제어
05. 정속 주행
08. 현가장치
```

7단계 : 차량 종류를 선택한다.

```
1. 차종별 진단기능
차종 : 티뷰론  1996년식
사양 : 제동제어

01. 1.8 DOHC
02. 2.0 DOHC
```

8단계 : 자기진단을 선택한다.

```
1. 차종별 진단기능
차종 : 티뷰론  1996년식
사양 : 제동제어 2.0DOHC

01. 자기 진단
02. 센서 출력
03. 주행 검사
04. 액추에이터 검사
```

9단계 : 정상일 때.

```
1.1 자기진단

자기진단 결과 정상입니다.

고장항목갯수 : 0개
TIPS ERAS
```

9단계 : 고장이 있을 때

```
1.1 자기진단

14. RR 휠 스피드센서

고장항목갯수 : 1개
TIPS ERAS
```

10단계 : 기억소거

```
1.1 자기진단

┌─────────────────┐
│ 기억소거를 원하십니까? │
│      (Y/N)       │
└─────────────────┘

고장항목갯수 : 1개
TIPS ERAS
```

11단계 : 센서 출력 측정

```
1. 차종별 진단기능

차종 : EF 쏘나타2002년식
사양 : 자동변속

01. 자기 진단
02. 센서 출력
03. 주행 검사
04. 액추에이터 검사
```

12단계 : 센서 출력 값

```
1.2 센서출력

11. FL휠스피드센서 30Hz
12. FR휠스피드센서 30Hz
13. RL휠스피드센서 30Hz
14. RR휠스피드센서 0Hz
15. 축전지 전압 14.3V
16. 시동신호 ON
24. 차속 센서(VSS) ON
```

3) ABS 시스템 자기진단 고장 진단과 원인

고장 진단	예상원인
• 휠 스피드 센서 단선 또는 단락(HECU는 휠 스피드 센서들의 1개 선 이상에서 단선 또는 단락이 발생한다는 것을 결정 한다.)	① 휠 스피드 센서 고장 ② 와이어링 하니스 또는 커넥터 고장 ③ HECU의 고장
• 휠 스피드 센서 고장(휠 스피드 센서가 비정상 신호 또는 아무 신호가 없음을 출력한다.)	① 휠 스피드 센서의 부적절한 장착 ② 휠 스피드 센서의 고장 ③ 로터의 고장 ④ 와이어링 하니스 또는 커넥터의 고장 ⑤ HECU의 고장
• 에어 갭 과다(휠 스피드 센서에서 출력 신호가 없다.)	① 휠 스피드 센서 고장 ② 로터 고장 ③ 와이어링 하니스 커넥터의 부적절한 장착 ④ HECU의 고장
• HECU 전원 공급 전압 규정범위 초과(HECU 전원 공급 전압이 규정값 보다 아래이거나 초과된다. 만약 전압이 규정값으로 되돌아가면 이 코드는 더 이상 출력되지 않는다.	① 와이어링 하니스 또는 커넥터의 고장 ② ABSCM의 고장
• HECU 에러(HECU는 항상 솔레노이드 밸브 구동 회로를 감시하여 HECU가 솔레노이드를 켜도 전류가 솔레노이드에 흐르지 않거나 그와 반대의 경우일 때 솔레노이드 코일이나 하니스에 단락 또는 단선이라고 결정한다.)	① HECU의 고장 → HECU를 교환한다.
• 밸브 릴레이 고장 (점화 스위치를 ON으로 돌릴 때 HECU는 밸브 릴레이를 OFF로, 초기 점검시에는 ON으로 전환한다. 그와 같은 방법으로 ABSCM은 밸브 전원 모니터 선에 전압과 함께 밸브 릴레이에 보내진 신호들을 비교한다. 그것이 밸브 릴레이 가 정상으로 작동하는지 점검하는 방법이다. HECU는 밸브 전원 모니터 선에 전류가 흐르는지도 항상 점검한다. 그것은 전류가 흐르지 않을때 단선이라고 결정한다. 밸브 전원 모니터 선에 전류가 흐르지 않으면 이 진단 코드가 출력된다.)	① 밸브 릴레이 고장 ② 와이어링 하니스 또는 커넥터의 고장 ③ HECU의 고장
• 모터 펌프 고장(모터 전원이 정상이지만 모터 모니터에 신호가 입력되지 않을 때, 모터 전원이 잘못됐을 때)	① 와이어링 하니스 또는 커넥터의 고장 ② HECU의 고장 ③ 하이드로닉 유닛의 고장

차 종	카렌스 2	연 식	-
주행거리	-	탑재일	2009.04.25
글쓴이		매 장	
관련사이트	네이버 자동차 정비 공유 카페 : https://cafe.naver.com/autowave21/100187		

1. 고장내용

브레이크 제동시 페달 떨림이 있다고 입고합니다.

❁ 울퉁불퉁 마모된 디스크

❁ 디스크 연마 중

❁ 연마 완료한 디스크

❁ 장착한 디스크

❁ 디스크 패드(좌측 신품)

2. 점검방법 및 조치 사항

　디스크에 패드 마찰 면이 긁힘으로 울퉁불퉁함. 디스크 연마기로 연마 후 장착하며 패드 교환하여 출고합니다.

회원님들의 댓글 | 등록순 ▼ | 조회수 | 좋아요 ▼

● qkdxorjs1010, 지현아빠, 소주사랑, 차량정비, zzazang1020, 멋진겸이, 라체트, 열심히함, eternity0825, 빼빠, 블랙펠리칸, 인사이드, inside3655
　잘 보고 갑니다. 수고하셨습니다.

● 120km, 티니, a6312212
　정보 감사합니다.

● 곰돌이, 조카성환
　완전 새것이 되었네요.

● 달빛호야, wss1030
　디스크 연마기가 있네요. 부럽습니다. 저희 가계는 넘 구식이라… 잘 보고 갑니다.~

● 반창고
　연마기 얼마정도 하죠? 싸면 하나 있는 것도 괜찮은거 같은데…

● 껵지
　개운하네요…

● 마법교수
　연마 치는데 얼마에요? 연마 치는게 더 저렴한가요? 예전엔 외제차들만 연마 치는줄 알았는데…

● 대기만성
　연마가격 비싸다고 들었는데 정확히 얼마나 하죠?

● 이병호
　디스크 교환 비용보다 훨씬 저렴하고 새것 못지 않습니다. 장비가격도 생각보다 저렴 하구여…

● 보리수
　일반인이 보고도 이해되는 정비사진 중 하나네요. 나중에 이런 증상 있으면 가보고 싶네요.

● 인정머리
　2009 자동차 전시회 뒤 튜닝 대회 나왔는데 디스크 연마기 종류별로 많던 데여… 좋긴 한데 두께가 얇아지니…처음 두께보다는 약한 부분이 좀있다는 것이 약간 찜찜해서여… 디스크 얼마하지도 않는데…

● 진이아빠
　음… 연마하면 디스크가 얇아져 전 불안하더라구요. 개인적인 차이가 있음을 인정합니다. 전 교체에 한표…

● jkkjkjh
　전 지금 호주에서 정비하고 있는데요~~ 여기선 거의다 연마해여… 샌딩 작업이라고도 하죠. 디스크마다 한계표시가 있기 때문에 샌딩 하기전에 미리 수치를 대충 측정해보고 한답니다.

● 양서방
　연마하는 방법도 있구나.~

● 리얼
　저 같은 경우에 디스크 연마는 어우 무섭네요.

● 바람사이하늘
　교체 하는게 좋을 것 같은데…

● yjyw2200
　연마기 좋더군요. 비용도 저렴하고 한번 써보심이…

● qntkstlqnrrn
　연마기가 기가 막히군요.

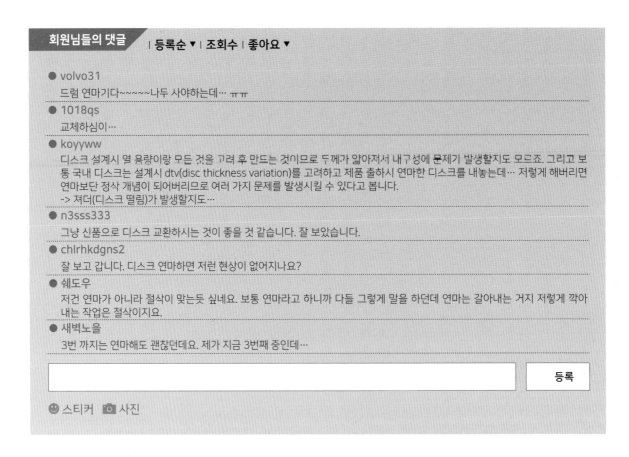

3. 관계지식

(1) 브레이크 장치의 구성부품(L 1.8DOHC, L 2.0DOHC, G 2.0DOHC 공통)

1) 브레이크 장치의 구성부품

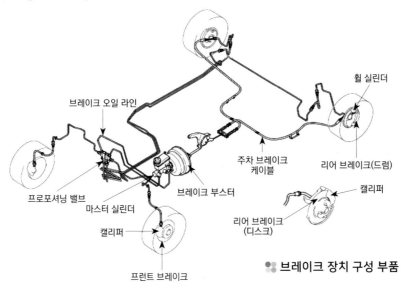

⚙ 브레이크 장치 구성 부품

2) 프런트 디스크 브레이크

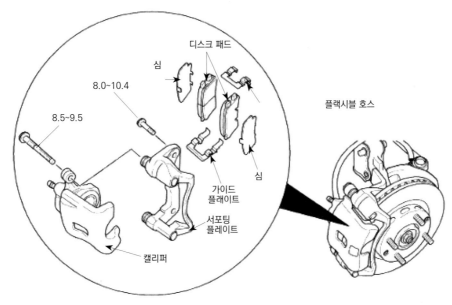

❖ 전륜 디스크 브레이크 구성 부품

(2) 탈거, 장착 방법(L 1.8DOHC, L 2.0DOHC, G 2.0DOHC 공통)

1) 브레이크 디스크 탈거 방법

① 프런트 휠 및 타이어를 분리한다.

② 가이드 로드 볼트를 분리하고 캘리퍼 어셈블리를 들어 올린다.

③ 들어 올린 캘리퍼 어셈블리를 철사를 이용하여 지지한다.

④ 캘리퍼 브래킷에서 패드 심, 패드 리테이너와 패드 어셈블리를 분리한다(이때 브레이크 밟지 않도록 한다.)

⑤ 캘리퍼 브래킷을 설치 볼트 분리하고 탈거한다.

⑥ 허브에 설치된 디스크를 설치 볼트 분리하고 탈거한다.

❖ 캘리퍼 올림

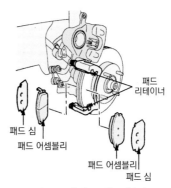

❖ 브레이크 패드 분리

2) 브레이크 디스크 장착 방법

① 신품이나 연마한 디스크를 허브에 장착한다.

② 캘리퍼 브래킷을 장착하고 패드 리테이너를 캘리퍼 브래킷에 장착한다.

③ 패드 리테이너 위에 브레이크 패드 심 및 패드를 장착한다. 이때 패드 마모 인디케이터가 안쪽으로 향하도록 패드를 장착한다.

④ 피스톤 익스팬더(특수 공구)를 사용하여 피스톤을 압입한다.

⑤ 브레이크 실린더 어셈블리의 부트가 손상되지 않도록 주의하여 캘리퍼 어셈블리를 디스크 플레이트에 끼운다.

⑥ 가이드 로드를 장착하고 규정 토크로 조인다. 이때 조임 토크는 2.2~3.2kgf·m이다.

⑦ 캘리퍼 어셈블리를 차량에서 탈착한 경우 브레이크 호스를 캘리퍼에 장착한다.

⑧ 휠과 타이어를 장착한다.

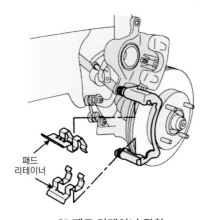

❈ 패드 리테이너 장착

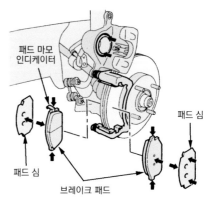

❈ 브레이크 패드 장착

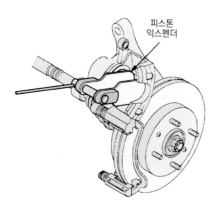

❈ 피스톤 압입

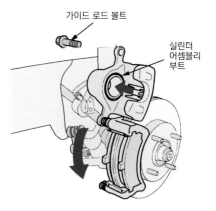

❈ 캘리퍼 어셈블리 장착

(3) 브레이크 디스크 마모량 점검 방법(L 1.8DOHC, L 2.0DOHC, G 2.0DOHC 공통)

브레이크 디스크 두께를 외측 마이크로미터 등으로 측정하여 한계값 이하이면 교환한다. 또한 디스크 면의 균열, 홈, 긁힘 등에 대하여 점검한다.

※ **필자의 의견** : 디스크의 이상 마모나 긁힘이 있어서 디스크 그라인더로 연삭 가공하여 사용한다 하여도 규정값 범위내에서 연삭을 해야 하며, 두께가 얇아지면 브레이크 중 디스크가 깨져 큰 사고를 초래할 수 있으므로 될 수 있으면 신품으로 교환하는 것을 권장 합니다.

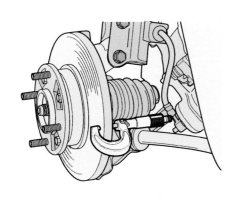

❖ 디스크의 두께 측정

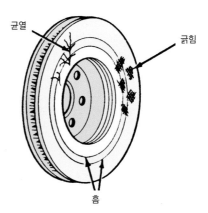

❖ 디스크의 점검

■ 차종별 규정값

차종		생산년도 (모델)	디스크 두께(mm)		디스크 패드 두께(mm)		런아웃 (mm)
			규정값	한계값	규정값	한계값	
카렌스	L 1.8 DOHC	2000	24	–	11.5	–	–
	L 2.0 DOHC	2000					
	G 1.8 DOHC	2000					
카렌스 2	L 1.8 DOHC	2002	26	–	10	–	–
	L 2.0 DOHC	2002					
	G 2.0 DOHC	2002					
카렌스 (RP)	L 2.0 DOHC	2014~2018	28	26.4	11	2 2	0.04
	D 1.7 TCi-U2	2014~2018					

(4) 카렌스 2 브레이크 장치 제원(L 1.8DOHC, L 2.0DOHC, G 2.0DOHC 공통)

1) 브레이크 장치 부품 제원

항목		제원
브레이크 페달	형식	현가식
	페달 레버 비	4.01 : 1
	최대 스트로크 (mm)	127.2
마스터 실린더	형식	텐덤(레벨 센서 부착)
	실린더 내경 (mm)	25.4
프런트 디스크 브레이크	형식	벤틸레이트 디스크
	실린더 보어 (mm)	57.15
	패드칫수(면적×두께) (mm² × mm)	5610 × 10
	디스크 플레이트 칫수 (외경×두께) (mm)	280 × 26
리어 드럼 브레이크	형식	리딩-트레일링
	휠 실린더 내경 (mm)	20.64
	라이닝 칫수(면적×두께) (mm²mm)	11970 × 4.3
	드럼 내경 (mm)	228
리어 디스크 브레이크	형식	솔리드 디스크
	실린더 보어 (mm) 38.18 패드 칫수(면적×두께) (mm² × mm)	1143 × 8.0
	디스크 플레이트 칫수 (외경×두께) (mm)	261 × 10
파워 브레이크 부스터	형식	배력식
	배력비	7.5
브레이크 액	FMVSS 116 : DOT-3, DOT-4 SAE : J1703	
주차 브레이크	형식	기계식
	작동 시스템	사이드 레버

2) ABS 제원

항목			제원
일반	시스템		MGH-20
	타입		4-센서 4-채널
	모드		ABS+EBD+TCS
HCU	펌프 타입		래디얼 피스톤 (2 피스톤)
	모터 타입		4-폴 DC 모터
	솔레노이드 밸브 타입		4인렛 밸브, 4아웃렛 밸브, 2TC 밸브 (BTCS 만)
	모터 작동 기준치		12V, 30A
ECU	작동 전압		DC 10 ~ 16V
	작동 온도		-40 ~ 110°C
휠 스피드 센서	내부 저항		1.3 ~ 1.5kΩ
	출력 범위		30 ~ 2000Hz
	에어 간극	프런트	0.33 ~ 1.07mm
		리어	0.32 ~ 1.28mm
경고등	ABS, TCS, EBD	작동 전압	12V
		소비 전류	I < 200mA

(5) 브레이크 장치 고장진단

고장 현상	가능한 원인	조치 사항
제동 불량	브레이크 액 누출	수 리
	파이프내 공기 혼입	공기빼냄
	패드 또는 라이닝 마모	교 환
	패드 또는 라이닝에 브레이크 액, 그리스 또는 물 부착	소제 또는 교환
	패드 또는 라이닝 표면 경화, 접촉 불량	연마 또는 교환
	디스크 브레이크 피스톤의 작동 불량	교 환
	마스터 실린더 또는 휠 실린더의 작동 불량	수리 또는 교환
	파워 브레이크 유닛의 작동 불량	수리 또는 교환
	첵 밸브 (진공 호스)의 작동 불량	교 환
	진공 호스의 손상	교 환
	플렉시블 호스의 노화	교 환
편 제동	패드 또는 라이닝 마모	교 환
	패드 또는 라이닝에 브레이크 액, 그리스 또는 물 부착	소제 또는 교환
	패드 또는 라이닝의 표면 경화, 접촉 불량	연마 또는 교환
	디스크 또는 라이닝의 비정상적인 마모 또는 비틀림	수리 또는 교환
	오토 어저스터의 작동 불량	수리 또는 교환
	배킹 플레이트 장착 볼트의 이완 또는 변형	체결
	휠 실린더의 작동 불량	수리 또는 교환
	휠 얼라인먼트의 조정 불량	조정
	타이어 공기압 불균등	조정
브레이크가 해제되지 않음	브레이크 페달의 유격이 없음	조 정
	푸시로드 간극의 조정 불량	조 정
	마스터 실린더 리턴 포트의 막힘	청 소
	슈의 원위치 불량	청소 또는 교환
	휠 실린더의 원위치 불량	수리 또는 교환
	디스크 브레이크의 피스톤 실 기능불량으로 원위치 불량	교 환
	디스크 플레이트의 과도한 마모	교 환
	휠 베어링 프리로드의 조정 불량	수리 또는 교환
페달 행정이 과도함	페달 유격의 조정 불량	조 정
	라이닝의 마모	교 환
	파이프 내에 공기 혼입	공기 빼냄
제동시 비정상적 소음 또는 진동	패드 또는 라이닝의 마모	교 환
	패드 또는 라이닝 표면의 쇠손	연마 또는 교환
	브레이크가 해제되지 않음	수 리
	디스크 플레이트 접촉 표면에 이물질 또는 긁힘	청 소 또는 연마
	배킹 플레이트 또는 캘리퍼 장착 볼트의 이완	체 결
	디스크 또는 드럼 접촉 표면의 손상	교 환
	패드 또는 라이닝의 접촉 불량 수리 또는	교환
	각 습동부에 그리스 부족	그리스 도포
주차 브레이크 작동 불량	과도한 레버 행정	조 정
	브레이크 케이블 고착 또는 손상	수리 또는 교환
	라이닝에 브레이크 액 또는 오일 부착	소제 또는 교환
	라이닝 표면의 경화 또는 접촉 불량	연마 또는 교환
파킹 브레이크가 해제되지 않는다	파킹 브레이크 케이블의 원위치 불량 또는 조정 불량	수리 또는 조정
파킹 브레이크가 잘 잡히지 않는다	파킹 브레이크 케이블 헐거움	조정
	브레이크 케이블 고착 또는 손상	수리 또는 교환
	패드 혹은 라이닝에 브레이크 액 또는 오일이 묻음	청소 또는 교환
	패드/라이닝 표면 경화 또는 접촉 불량	연마 또는 교환

■ 카렌스 II

차종＼년도	00	01	02	03	04	05	06	07	08	09	10	11	12	13	14	15
G 2.0 DOHC																
L 1.8 DOHC																
L 2.0 DOHC																

05 브레이크 작동 불량

차 종	뉴 포터	연 식	-
주행거리	170,000km	탑재일	2009.05.31
글쓴이	일진카(ktj0****)	매 장	
관련사이트	네이버 자동차 정비 공유 카페 : https://cafe.naver.com/autowave21/102859		

1. 고장내용

브레이크 작동이 불량하다고 입고합니다.(자세한 내용이 없지만 필자의 생각으로는 마스터 백이 고장이라면 페달이 무척 딱딱하게 밟히며 제동력이 약했을 것으로 사료 됩니다.)

2. 점검방법 및 조치 사항

언급은 없지만 필자는 마스터 팩을 교환하고 출고하였을 것으로 생각됩니다.

● 정비천재, hwang mi, 청해, 대성카, REDZONE, 소주사랑, 빈, 새롭게, jhk9292, 파제로, 살망아, kyw3967, 빼빠, 류천비화
  수고하셨네요. 힘드셨을 텐데… 잘 보고 갑니다.

● 수호천사
  어느 부분에서 에어 빠지는 소리가 들린 건지? 좀 자세히 설명 부탁드립니다. 아직 정비 초보라~^^

● 120km
  정보감사합니다.

● rkawhd2
  브레이크 페달이 엄청 무거웠지 싶네요. 수고하셨습니다.

● md3134
  내부 기밀 불량으로 진공이 새는 것 같네요. 수고 하셨습니다.

● 박득양
  가끔 소형차인 비스토도 그런 차량이 있더군요, 수고 하셨습니다.

● cm1235
  저도 경험

● 포세이돔
  하이드로 빽 진공 테스트 해보시면 금방 알아요. 진공호스 작동되는지… ^^

● sincar2002
  같은 고장으로 수리 했었습니다.

● 주땍
  푸시로드

● 즐기는자
  난 봐도 잘…

● nadamser
  하이드로 백 가셨군요. 많이 버세요. 차량이 그레이스나 포터 …포터군요.

● chlrhkdgns2
  마스터 실린더 불량인가 보네요. 마스터 실린더가 한가지 단점이 공기가 들어가면 먹통이 된 다는것…

● 선도
  잘 찾으셨네요.

● n3sss333
  좋은 정비하셨네요. 안전에 관련된 브레이크 잘 보았습니다.

● md3134
  최근 SM5 브레이크 하이드로 빽 작동이 불량하다는 내용이 있는데 뭐지요?

● 정대성
  우와~ 부러워요 ㅋ 저도 저 정도의 정비를 할 수 있으면 좋겠다. ㅎ 열심히 학교에서 실습 많이 해봐야겠다. ㅎ 정비 잘하시네요.^^ ㅋ 돈 많이 버세요. ^^

● 나의방식
  마스터 빽에서 오일이 나온건가요!

● 에이제이 수환
  운영하시긴 하네요. 진공 배력이.ㅎㅎ

● parkdog1718
  진공 많이 세면 시동도 꺼지지 않나요?

	등록

☺ 스티커　📷 사진

3. 관계지식

(1) 진공 배력식 제동장치의 작용

이 형식은 브레이크 페달을 밟으면 작동로드가 포핏과 밸브 플런저를 밀어 포핏이 동력 실린더 시트에 밀착되어 진공 밸브를 닫으므로 동력 실린더(부스터) A와 B에 진공 도입이 차단되고, 동시에 밸브 플런저는 포핏으로부터 떨어지고 공기 밸브가 열려 동력 실린더 B에 여과기를 거친 대기(大氣)가 유입되어 동력 피스톤이 마스터 실린더의 푸시로드를 밀어 배력 작용을 한다.

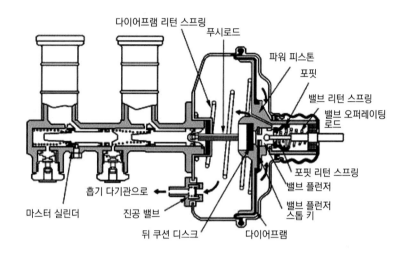

① 진공 밸브와 공기 밸브가 푸시로드에 의해 작동하므로 구조가 간단하고 무게가 가볍다.
② 배력 장치에 고장이 발생하여도 페달 조작력은 작동로드와 푸시로드를 거쳐 마스터 실린더에 작용하므로 유압 브레이크 만으로 작동을 한다.
③ 페달과 마스터 실린더 사이에 배력 장치를 설치하므로 설치 위치에 제한을 받는다.

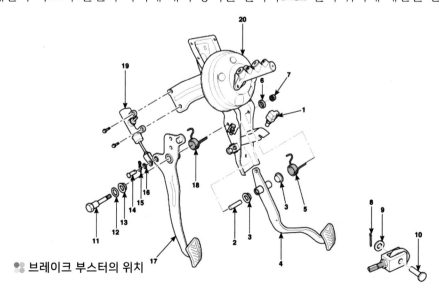

❧ 브레이크 부스터의 위치

(2) 제동장치 부스터의 설치위치

번호	부품 명칭	번호	부품 명칭
1	정지등 스위치(Stop Lamp)	11	클러치 피벗 샤프트(Clutch Pivot Shaft)
2	브레이크 피벗 샤프트(Brake Pivot Shaft)	12	클러치 피벗 샤프트 와셔(C/P Shaft Washer)
3	브레이크 피벗 부싱(Brake Pivot Bushing)	13	클러치 피벗 샤프트 부싱(C/P Shaft Bushing)
4	브레이크 페달(Brake Pedal)	14	클레비스 핀(Clevis Pin)
5	브레이크 페달 리턴 스프링(B/P Return Spring)	15	클레비스 핀 분할 핀(Clevis Pin Split Pin)
6	클러치 페달 피벗 와셔(C/P Pivot Washer)	16	클레비스 핀 와셔(Clevis Pin Washer)
7	클러치 피벗 샤프트 너트(C/P Pivot Shaft Nut)	17	클러치 페달(Clutch Pedal)
8	클레비스 핀 분할 핀(Clevis Pin Split Pin)	18	클러치 페달 리턴 스프링(C/P Return Spring)
9	클레비스 핀 와셔(Clevis Pin Washer)	19	클러치 마스터 실린더(Clutch Master Cylinder)
10	클레비스 핀(Clevis Pin)	20	부스터 (Booster)

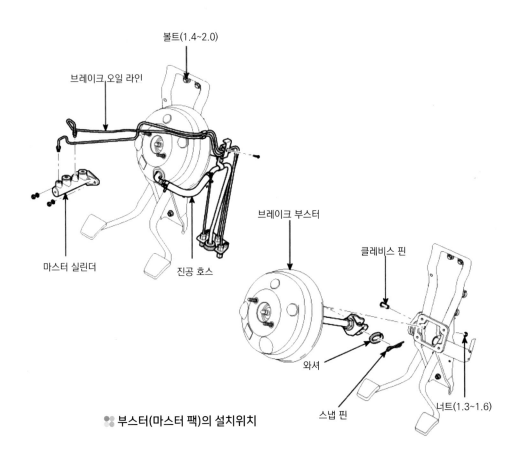

❖ 부스터(마스터 팩)의 설치위치

(3) 부스터의 탈거, 장착 방법

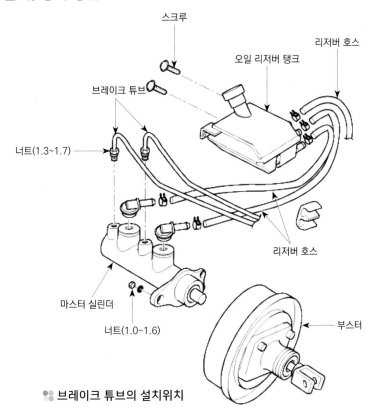

❖ 브레이크 튜브의 설치위치

① 스터어링 칼럼 어셈블리 장착 볼트 4개를 풀고 스티어링 칼럼을 아래로 내린다.

② 마스터 실린더 장착 너트 2개를 풀고 리저버 호스(A) 및 브레이크 튜브(B)를 분리한 후 탈거한다.

③ 부스터에서 클립을 풀고 진공호스를 분리한다. 브레이크 페달에서 작동로드를 탈거한후 부스터 장착너트 4개를 풀고 그래시 패드 패널 내의 다른 부품이 손상되지 않도록 조심해서 부스터 어셈블리(A)를 탈거한다.

④ 조립은 분해의 역순이다.

❖ 진공 호스 분리　　　　❖ 칼럼 어셈블리 볼트 탈거　　　　❖ 부스터 탈거

(4) 부스터의 점검 방법

① 엔진을 1~2분간 회전시킨 후 정지한다. 이 상태에서 보통의 밟는 힘으로 브레이크 페달을 밟아 1회 때는 행정이 크고 2회, 3회 때가 됨에 따라 페달이 올라가면 양호하다. 페달 행정에 변화가 없으면 불량이나.

② 엔진 정지 상태에서 브레이크 페달을 수회 밟는다. 다음 브레이그 페달을 밟은 싱태로 엔진의 시농을 걸어 이때 페달이 약간 내려가면 양호하다. 페달이 내려가지 않는 경우는 불량이다.

③ 엔진 회전 상태에서 브레이크 페달을 밟는다. 이 상태에서 엔진 시동을 정지시켜 약 30초간 페달의 높이가 변화하지 않는 경우 양호하다. 페달이 올라가면 불량이다. 3가지 점검 사항중 1가지라고 불량일 경우 진공 밸브, 진공 호스, 브레이크 부스터 등의 불량이다.

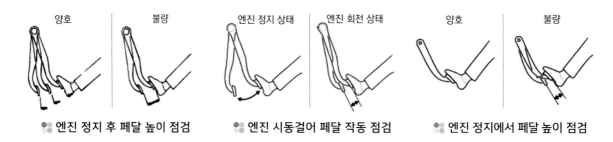

양호   불량   엔진 정지 상태   엔진 회전 상태   양호   불량

❖ 엔진 정지 후 페달 높이 점검   ❖ 엔진 시동걸어 페달 작동 점검   ❖ 엔진 정지에서 페달 높이 점검

(5) 공기 빼기 방법

① 리저버 탱크의 브레이크 액 레벨이 MAX(맨위) 레벨 라인에 있는지 확인한다.

② 보조자 에게 브레이크 페달을 수차례 천천히 밟았다 놓았다를 반복하게 한후 밟아 압력을 가한다.

③ 휠실린더 브리더 스크루를 1/2~1/3 정도 풀어서 공기가 나온 후 잠근다.

④ 공기 거품이 나오지 않을 때까지 위에 작업을 3~4회 정도 반복한 후 브리더 스크루를 조인다.

⑤ 공기 빼기 작업은 마스터 실린더로부터 먼곳에서부터 실시한다.

⑥ 마스터 실린더 리저버 탱크의 오일을 MAX(맨위) 레벨 위치까지 채운다.

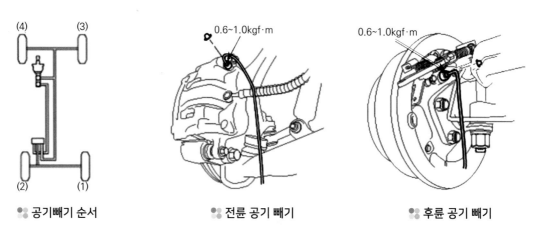

(4)   (3)   0.6~1.0kgf·m   0.6~1.0kgf·m

(2)   (1)

❖ 공기빼기 순서   ❖ 전륜 공기 빼기   ❖ 후륜 공기 빼기

(6) 주기 점검 방법

1) 구성부품과 점검방법

구성 부품	점검 절차
브레이크 부스터 (A)	시험 운행동안 브레이크를 가하여 브레이크 작동을 점검한다. 만약 브레이크가 적절히 작동하지 않는다면 브레이크 부스터를 점검한다. 만약 적절히 작동하지 않거나 누유가 있으면 어셈블리로 브레이크 부스터를 교환한다.
피스톤 컵 및 압력 컵 점검 (B)	브레이크를 가하여 브레이크 작동을 점검한다. 손상 또는 오일 누유를 관찰한다. 만약 적절히 작동하지 않거나 손상 또는 누유가 있으면 어셈블리로 브레이크 부스터를 교환한다. 브레이크를 빠르게 가하고 서서히 가했을때 브레이크 페달 행정의 차이를 점검한다. 만약 페달 행정에 차이가 있으면 마스터 실린더를 교환한다.
브레이크 호스 (C)	손상 또는 누유를 관찰한다. 만약 손상 또는 누유가 있으면, 브레이크 호스를 신품으로 교환한다.
캘리퍼 피스톤 실 및 피스톤 부트 (D)	브레이크를 가하여 브레이크 작동을 점검한다. 손상 또는 누유를 관찰한다. 만약 페달이 적절히 작동하지 않는다면, 브레이크가 끌리거나 손상 또는 누유가 있다. 브레이크 캘리퍼를 분해하여 점검한다. 브레이크 캘리퍼를 분해할 때마다 부트와 실을 신품으로 교환한다.
휠 실린더 피스톤 컵 및 더스터 커버 (E)	브레이크 페달을 밟아 브레이크 작동을 점검한다. 손상 또는 누유를 관찰한다. 만약 페달이 적절히 작동하지 않는다면, 브레이크가 끌리거나 손상 또는 누유가 있다. 휠 실린더를 교환한다.

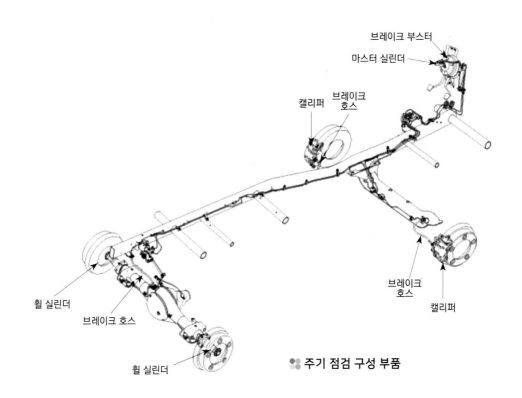

🔧 주기 점검 구성 부품

(7) 뉴 포터 브레이크 장치 제원

1) 구성 부품별 제원

항 목		제원
마스터 실린더	형식	탠덤식
	내경	26.99mm
브레이크 부스터	형식	탠덤 진공 배력식
	유효 직경	8 + 9 인치
	배력비	8.0 : 1
프런트 브레이크	형식	벤틸레이티드 디스크
	디스크 외경	274mm
	디스크 내경	168mm
	디스크 두께	26mm
	패드 두께	11mm
	실린더 내경	46mm (2EA)
리어 브레이크 (저상/고상)	형식	리딩-트레일링 드럼
	드럼 내경	220mm / 260mm
	드럼 두께	5mm / 7mm
	라이닝 두께	4.5mm / 5mm
	실린더 내경	17.46mm / 19.05mm
	간극 조정	자동 조정
LSP 밸브	형식	프리 세팅 형식
	작동 압력	140 kgf/cm² 이하
주차 브레이크	형식	기계식 리어휠 제동 브레이크
	제동형식	레버식
	케이블 배열	V식

2) 정비 기준

항 목	규정값	한계값
브레이크 페달 높이	199 ~ 204mm	–
브레이크 페달 풀 스트로크	145mm	–
브레이크 페달의 자유 유격	3 ~ 8mm	–
브레이크 페달과 바닥 사이의 간격	61mm 이상	–
정지등 스위치 외측 케이스와 페달 암 사이 간극	0.5 ~ 1.0mm	–
부스터 푸시로드와 마스터 실린더 피스톤 간극	0 (500mmHg 진공시)	–
주차 브레이크 레버 스트로크	7 ~ 8 노치 (20 kgf로 당겼을때)	–
프런트 브레이크 디스크 패드 두께	11mm	2mm
프런트 브레이크 디스크 두께	26mm	24mm
리어 브레이크 라이닝 두께	4.5mm	1.0mm
리어 브레이크 드럼 내경	260mm	262mm

3) 규정 토크

항목	N·m	kg·m
마스터 실린더와 부스터 장착 너트	10~16	1.0 ~ 1.6
브레이크 부스터 장착너트	13~16	1.3 ~ 1.6
작동로드 조정 너트	24~35	2.4 ~ 3.5
블리드 스크루	6~10	0.6 ~ 1.6
브레이크 튜브 플레어 너트, 브레이크 호스	13~17	1.3 ~ 1.7
캘리퍼 가이드 로드 볼트	22~32	2.2 ~ 3.2
캘리퍼 어셈블리 장착 볼트	65~75	6.5 ~ 7.5
브레이크 호스와 프런트 캘리퍼 체결	25~35	2.5 ~ 3.5
진공 스위치 장착 너트	20~25	2.0 ~ 2.5
LSP 밸브 어셈블리 장착 볼트	11~14	1.1 ~ 1.4
LSP 밸브 링키지 장착 볼트	11~14	1.1 ~ 1.4
LSP 밸브 플랜지 볼트	19~20	1.9 ~ 2.01

차 종	-		연 식	-
주행거리	240,000km		탑재일	2009.06.10
글쓴이	기름걸래(ocio****)		매 장	
관련사이트	네이버 자동차 정비 공유 카페 : https://cafe.naver.com/autowave21/103637			

1. 고장내용

유압 미 발생으로 브레이크 작동이 불량으로 예상됩니다.

❖ 휠 실린더

❖ 신·구품 브레이크 오일의 비교

❖ 마스터 실린더

❖ 마스터 실린더 분해 모습

2. 점검방법 및 조치 사항

주행 할 동안 한번도 브레이크 오일을 교환하지 않았다 하네요 (마스타 실린더 찌꺼기로 인한 유압 미발생) 언급은 없으나 마스터 실린더 신품으로 교체하고 출고 하였을 것으로 예상 됩니다.

회원님들의 댓글 | 등록순 ▼ | 조회수 | 좋아요 ▼

● carlovee, 하루살이, hwang mi, 청해, hudadak, katc01, 120km, 대성카, 주니, 종달새, 일당백, 동지달, 반창고, 튠너, n3sss333, chalton212, 열공, 류천비화
수고 하셨네요. 잘 봤습니다.

● 힘찬출발, 유대식
자료 감사드리고 수고 많이 했습니다.

● 바람삿갓
브레이크 액은 워트 비점이 매우 중요합니다. 일반적으로 수분 함유량이 2.3%이상이면 교환해 주어야 브레이크가 잘 작동 하는데 너무나 교환을 안하고 관리를 소홀한 것 같네요.

● 하얀날개
음… 자동차는 잘 달리는 것보다 더 중요한건 원하는 시기에 잘 정지를 하는 거죠. 타이어와 브레이크에 얼마 되지 않는 돈 몇 푼에 소중한 자기의 목숨을 담보를 하는 분들이 참 많죠. 터무니없이 폐차까지 브레이크 액을 교환 안 해도 된다는 정비사도 있습니다. 브레이크 액 정기적인 교환 주기조차 모르고 브레이크 액 교환의 중요성을 모르는 정비사가 의외로 참 많아요. 다 그렇다는 건 아니지만 그만큼 많다는 거죠. 오너는 아무것도 모를 수도 있다고 하지만… 위 차량의 오너분도 분명히 단골로 다니는 정비 업소가 있었을 텐데, 단골이면 뭐합니까.

● 구영탄
소문을 들은 건데 DOT3랑 DOT4, DOT5를 구분 안하는지 모르는 건지… 그런 분도 있다는…

● 달려BoA요
잘 봤습니다. 24만까지 한번도 교환을 안했다니…ㄷㄷㄷ

● glqmfltj122
오일이 오래되면 오염으로 브레이크 관련 누유가 많은 것 같아요.

● 뚱뚜루
도대체 차주 분 단골 카샵에서는 24만까지 브레이크 오일 갈라고 얘기도 안하고… 참… 그 카샵도 대단합니다. 브레이크는 보험입니다.

● 당진김기사
브레이크=생명 중요하죠. ^^

● 아제라짱
허거덕덕

● chlrhkdgns2
브레이크 오일이 무지 위험하다는데… 그래서 오일 교환보다 마스터 실린더 교환하신건가요?

● 돼지아빠
공기빼기 잘 해주셨지요. ㅋㅋㅋ 오일오염 많이됐네요. 잘 보고 갑니다.

● 김형식
차주 분 너무 신경 안 쓰셨었네요. 수고 하셨어요.

● 미누
이래서 폐차시까지 오일 교환 안하는 사람이 있다는 말이 나오는 거죠.

● md3134
제일로 무서운 것이 무관심입니다. 수고 하세요.

● 핑크
수고 하셨어요. 일반인들은 브레이크 오일 무 교환으로 타시는 줄 아시는 분이 너무 많더군요.

● kyw3967
완전이 오일이 썩었네요. 잘 보았습니다.

	등록

☺ 스티커 📷 사진

(1) 마스터 실린더의 구조

1) 구조와 명칭

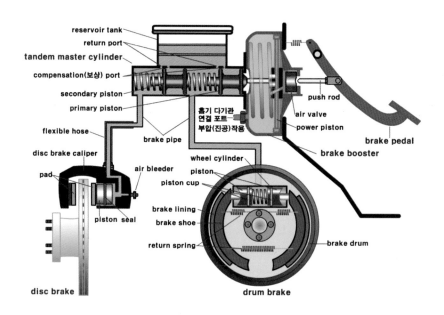

① 브레이크 페달(Brake Pedal) : 발로 밟아서 브레이크를 작동시키는 것으로 페달을 밟으면 푸시 로드가 부스터 팩을 밀어서 마스터 실린더를 밀고 유압을 발생하도록 한다.

② 푸시로드(Push rod) : 축 방향으로 미는 힘을 전달하는 것으로 자유간극을 조절하기도 한다.

③ 에어 밸브(Air Valve) : 마스터 팩이 작동할 때 대기압이 들어가는 통로를 열고 닫는 기능을 한다.

④ 브레이크 부스터(Brake Booster) : 운전자가 브레이크 페달을 밟는 힘에 엔진의 부압이나 압축 공기 등의 힘을 가하여 브레이크 압을 배력시키는 장치로 브레이크 페달을 밟는 힘을 작게하 여 운전자의 피로를 덜어준다.

⑤ 파워 피스톤(Power Piston) : 부스터 내에 설치되어 그 양쪽의(진공과 대기압) 압력차에 의해 강력한 유압을 발생하도록 한다. 흡기다기관 진공에 의해 피스톤을 당기고 에어 밸브로 대기 압이 들어가며 밀어서 배력기능을 행한다.

⑥ 리저버 탱크(Reservoir Tank) : 브레이크 액을 채운 통으로 리턴 포트를 통해 유체를 마스터 실 린더로 보내고 들어오고 한다.

⑦ 리턴 포트(Return Port) : 브레이크를 작동하기 위해 브레이크 액이 마스터 실린더를 내려가고 브레이크가 해제 될 때는 다시 리저버 탱크로 보내는 통로이다.

⑧ 보상 구멍(Compensation Port) : 브레이크 작동을 풀 때 실린더 안으로 오일이 들어가 진공을

해제해야 하는데 이때 보상 구멍을 통하여 브레이크 액이 흘러 들어간다. 이 구멍이 막히면 브레이크가 풀리지 않는다.

⑨ 탠덤 마스터 실린더(Tandem Master Cylinder) : 탠덤은 "앞뒤로 나란히"의 뜻. 탠덤 마스터 실린더는 앞뒤 바퀴로 가는 유압계통을 2개로 분리하여 작동함으로 브레이크 파열에 따른 안전성을 확보하고 있다.

⑩ 1차 피스톤 컵(Primary Piston Cup) : 브레이크 유압을 발생시키는 피스톤 컵이다.

⑪ 2차 피스톤 컵(Secondary Piston Cup) : 브레이크 오일이 누출되는 것을 방지한 컵이다.

⑫ 브레이크 파이프(Brake Pipe) : 브레이크 마스터 실린더에서 발생된 유압을 휠 실린더로 유도하는 압력관이며, 강관으로 만들며 도금, 코팅, 도장 등을 하여 부식을 방지하도록 한다.

⑬ 브레이크 플렉시블 호스(Brake Flexible Hose) : 유압을 유도하는 기능은 브레이크 파이프와 동일하나 움직임이 있는 곳에 사용하기 위하여 유연한 고무를 재질로 만든다.

⑭ 흡기 다기관 연결 포트(Vacuum Hose) : 부스터를 작동시키기 위하여 흡기다기관과 연결하여 진공으로 동력 피스톤을 당기게 한다.

⑮ 디스크 브레이크 캘리퍼(Disk Brake Caliper) : 마스터 실린더에서 유압이 오면 피스톤이 밀려 나오면서 패드를 밀어 마찰력이 발생되도록 한다.

⑯ 에어 블리더(Air Bleeder) : 블리더에는 기체와 액체를 누설한다는 의미가 있으며, 유압라인의 공기를 빼기 위한 나사다.

⑰ 디스크 패드(Disk Pad) : 디스크에 밀착시켜서 마찰력을 발생시키는 것

⑱ 캘리퍼 피스톤(Caliper Piston) : 마스터 실린더의 유압으로 밀리면서 디스크 패드를 브레이크 디스크에 밀착시킨다.

⑲ 피스톤 실(Piston Seal) : 피스톤에서 유압이 새지 않도록 하는 기능과 디스크와 디스크 패드의 간격을 일정하게 유지하는 기능도 한다.

⑳ 휠 실린더(Wheel Cylinder) : 드럼식 브레이크에서 마스터 실린더로부터 오는 유압에 의해 브레이크 슈를 드럼에 밀착시키는 역할을 한다.

㉑ 피스톤과 피스톤 컵(Piston & Cup) : 유압에 의해 피스톤 컵이 밀리면서 피스톤이 라이닝을 밀어서 벌어지면 드럼에 밀착하게 된다.

㉒ 브레이크 라이닝(Brake Lining) : 휠 실린더 피스톤에 의해 밀리면서 드럼과 접촉하면서 마찰을 발생하는 부분이다.

㉓ 브레이크 슈(Brake Shoe) : 반달 모양의 철제품으로 라이닝이 부착되어 있으며 휠 실린더에 의해 밀리면서 라이닝을 드럼에 밀착 시킨다.

㉔ 리턴 스프링(Return Spring) : 브레이크를 놓았을 때 브레이크 슈를 다시 원 위치로 보내는 기능을 한다.

㉕ 브레이크 드럼(Brake Drum) : 바퀴와 함께 회전하며 라이닝과의 마찰에 의하여 제동력을 발생

한다. 재질로는 알루미늄 합금, 강판, 특수주철 등이 사용되며, 제동력 발생시 600~700℃의 마찰열이 발생되어 제동력이 저하되므로 냉각성을 향상시키고 강성을 증대하기 위하여 원둘레 직각방향에 냉각핀 또는 리브가 설치되어 있다.

2) 마스터 실린더 탈, 부착 방법

① 에어 클리너 마운팅 볼트를 풀고 에어 클리너 보디를 탈거한다.

② 브레이크 오일 레벨 센서 커넥터를 분리하고 리저브 캡을 분리한다.

③ 세척기를 이용하여 리저브 탱크 내의 브레이크 오일을 빼낸다.

④ 마스터 실린더에서 브레이크 파이프를 분리하고 브레이크 오일을 용기에 배출시킨 후 브레이크 파이프를 플러그로 막는다.

⑤ 마스터 실린더 마운팅 너트와 와셔를 분리한 후 마스터 실린더를 떼어낸다.

⑥ 장착은 탈거의 역순에 의한다.

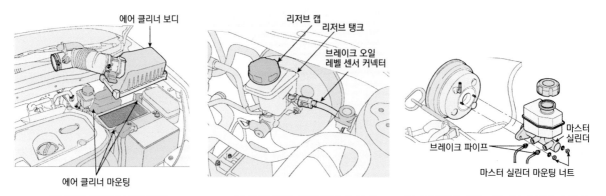

❇ 에어 클리너 보디 탈거　　❇ 오일 레벨 센서 커넥터 분리　　❇ 브레이크 파이프 및 마스터 실린더 탈거

3) 마스터 실린더의 분해도

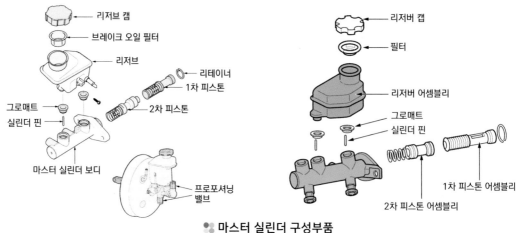

❇ 마스터 실린더 구성부품

4) 브레이크 공기빼기 방법

① 오일 탱크 캡을 열고 브레이크 오일을 채운다.

② 캘리퍼 또는 휠 실린더 블리더 스크루에 비닐 튜브를 연결하고 다른 끝은 브레이크 오일 용기에 담근다.

③ 브레이크 페달을 몇 번 밟았다가 놓았다가 한다.

④ 페달을 완전히 밟은 상태로 블리더 스크루를 브레이크 오일이 나올 때까지 푼다.

⑤ 페달을 밟고 있는 상태에서 블리더 스크루를 잠근다.

⑥ ③, ④, ⑤의 작업을 브레이크 오일에 기포(氣泡)가 없어질 때까지 반복한다.

⑦ 공기빼기 작업 순서는 아래 그림의 순서로 한다.

⑧ 공기빼기 작업이 완료되면 블리더 스크루를 규정의 토크로 조인다.

> **TIP**
> 1. 공기빼기 작업을 하는 동안 브레이크 액이 규정높이가 되도록 자주 점검 조정 한다.
> 2. 브레이크 작동시험은 공기빼기 작업까지 완료한 후 브레이크를 밟은 상태에서 바퀴에 힌지 핸들을 끼워 힘껏 돌렸을 때 돌아가지 않아야 정상이다.

❖ 마스터 실린더 브레이크 오일 보충

❖ 프론트 공기빼기 작업(디스크식)

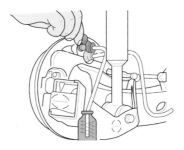

❖ 드럼식 공기 빼기 작업

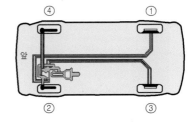

❖ 공기 빼기 순서

차 종	제네시스	연 식	-
주행거리	70,000km	탑재일	2009.06.19
글쓴이	제이제이카(jjmo****)	매 장	
관련사이트	네이버 자동차 정비 공유 카페 : https://cafe.naver.com/autowave21/104387		

1. 고장내용

확실히 신형 차량들의 브레이크 오일의 오염이 심하네요.

2. 점검방법 및 조치 사항

70,000km 주행 차량인데 찌꺼기가 많아서 교체 했습니다.

● 푸른솔잎
디젤차 엔진 오일 이군요. ㅎㅎ

● 돼지아빠, 소주사랑, 대성카, sokuri2007, 세나, 터보, hwang mi, 박성운, 응애, 마차사랑, 완소EH연, chlrhkdgns2, 쏘랭r, 지현아빠, 해그리준, 최강의꿈, 백날토론, 지희뿅, 노력하자1, suma2821, FunkyBiggRobot, 퍼펙트 엔지니어, chalton212, 류천비화
잘 보았습니다. 감사합니다.

● 당진김기사
새 차가 우째 이런 일이. ——;;

● 대기만성
열화 영향이 큰가요?

● 호윤아빠
어째서 저런 현상이 생기는지 궁금하네요.

● RIP4EVER
잘 봤습니다. 7천밖에 안됐는데 벌써 브레이크 오일 노후가 온 건가요??

● 튠너
벌써 오염이 되나요?

● leewooo
7만이라고 되있는데요?

● 포세이돔
벌써 7만 탔구나.

● cart74
브레이크 액이 DOT4 사용하나여?

● 미션쟁이
70,000km에 브레이크 액이 변형되어 가열수준이고, DOT4의 온도가 130도로 기준이 잡혔다면, 캘리퍼와 디스크 간의 제동온도가 약 300도가 넘는 것으로 추정되고, 약 90,000~95,000KM 시점에 캘리퍼 및 디스크 변형까지 예상됩니다. 전-후 캘리퍼가 만도 제품이고, 주차 브레이크 드럼-케이블이 해외 모사 제품이라면, 차량 설계시 시험을 않한 느낌이 듭니다.
　➤ 투윈터보
와우 미션님 좋은 말씀이세요.

● md3134
브레이크 액이 온도에 변색이 되는 것은 당연하지만 찌꺼기가 생기는 것은 무엇인가 문제가 있네요.

● koyyww
으음…조금 그릇네요…ㅎ

● cm1235
보통 정품 DOT3 사용하지 안나요?

● gusgmldkqk
요즘에 나오는 차들은 dot4을 사용해요. 대우차는 2009년 2월9일부터 출고된 차들은요.

● WoW모토, 팔불출, 메칸더
좋은 정보 감사용. 잘 보고 갑니다.

● 부처헨섬
요런 경우도 있군요.

● 웅담
훌륭하게 교환하셨습니다.

● 정비인멤버
이물질이 왜이리 많이 생겼을까요?

1) 브레이크 오일 교환 방법

① 동승석 뒤쪽에서 캘리퍼 에어 브리더 스크루에 브레이크 오일 교환용 호스를 연결한 다음, 브레이크를 끝까지 밟아주기를 반복한다. 맑은 오일이 나오는데 그때 멈춘다.

② 운전석 뒤, 동승석 앞, 운전석 앞의순서로 ①의 과정을 반복한다,

2) 브레이크 오일 공기 빼기 방법

① 리저버 탱크에 "MAX" 라인까지 브레이크 액을 채운다.

② 보조자가 브레이크 페달을 수차례 반복하여 펌핑 한 다음 페달 밟은 상태를 유지한다.

③ 보조자가 브레이크 페달을 밟고 있는 상태에서 블리더 스크루(A)를 잠시 풀어 공기를 제거한 뒤 재빨리 다시 조인다.

🔧 리저버 탱크 오일 보충

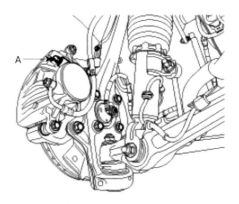
🔧 에어 블리더 위치(전륜)

④ 기포가 완전히 제거되어 나오지 않을 때 까지 반복한다.

⑤ 순서는 운전석에서 가장 먼 곳부터 실시한다.

⑥ 공기빼기 작업이 완료되면 리저버 탱크"MAX" 라인까지 브레이크 액을 채운다.

※ 주의사항

• 배출된 브레이크 액은 재사용하지 않는다.

• 브레이크 액은 항상 정품 DOT 3 또는 DOT 4를 사용한다.

• 브레이크 액이 먼지 또는 기타 이물질로 오염되지 않도록 주의한다.

• 브레이크 액이 차량 또는 신체에 접촉되지 않도록 주의하고 접촉된 경우 즉시 물로 닦아낸다.

※ 브레이크 오일에 관한 사항은 섀시-30 섀시-38 브레이크 액 리저버 탱크에 파워오일이 페이지를 참조하세요.

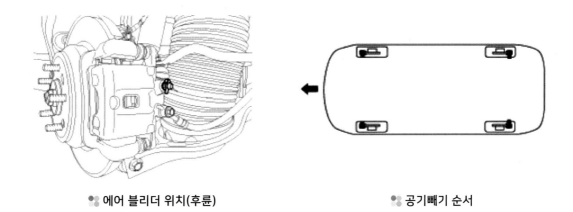

❄ 에어 블리더 위치(후륜)   **❄ 공기빼기 순서**

3) 브레이크 오일 교환주기

점검항목 / 주행거리	일일 점검	매 10,000 km	매 20,000 km	매 30,000 km	매 40,000 km	매 60,000 km	매 80,000 km	매 100,000 km	매 120,000 km	매 180,000 km
엔진 부조시 점검*4	○									
시동 불능시(재시동 3회 이내 제한)*4	○									
냉각수량 점검 및 교환	○	최초 교환 : 10만km 또는 5년, 최초 교환 후 : 매4만km 또는 매2년 마다 교환								
각종 오일 누유, 냉각장치의 누수 여부	○									
배터리 상태	○									
각종 전기장치 점검				○						
자동변속기 오일						○				
브레이크 액	○				●					
파워 스티어링 오일 및 호스	○		○							
타이어 공기압, 마모상태	○									
타이어 위치 교환		●								
브레이크 호스 및 라인의 누유, 파손여부			○							
브레이크 패드 및 디스크		○								
조향계통 각 연결부, 기어 박스, 부트 손상여부		○								
드라이브 샤프트와 부트		○								
휠 너트의 조임상태		○								
배기 파이프(머플러) 청소 및 조임 상태		○								
브레이크 페달 유격	상태에 따라 수시 점검 및 수정									
현가 장치 점검(볼트 및 너트 조임 토크)	○									

*4 엔진부조나 과도한 재시동시 촉매장치 등 배출가스 관련 부품에 치명적인 손상을 초래할 수 있습니다.

■ 제네시스(BH)

차종＼년도	00	01	02	03	04	05	06	07	08	09	10	11	12	13	14	15
G 3.3 MPI									■	■	■	■				
G 3.8 MPI									■	■	■	■				
G 3.3 GDI													■	■	■	
G 3.8 GDI													■	■	■	
G 5.0 GDI													■	■	■	

08	**브레이크 이상으로 견인입고 됩니다.**			

차 종	구형 싼타페	연 식	-
주행거리	116,000km	탑재일	2010.09.26
글쓴이	타이어마스터(mari****)	매 장	-
관련사이트			

1. 고장내용

약 116,000Km 주행한 싼타페 구형차량이 브레이크 이상으로 견인입고 되었습니다. 계기판을 확인하니 브레이크 경고등이 점등되어 있습니다.

❋❋ 경고등 점등

❋❋ 부스터(마스터 팩) 공기 흡입구

❋❋ 교환한 M/C 실린더, 팩, 케이블

❋❋ 새부품 설치된 모습

2. 점검방법 및 조치 사항

알터네이터 진공 정상, 브레이크 패드 및 캘리퍼 점검 이상무!! 브레이크 액 이상무!!

하이스캔 ABS 자기진단 결과 후륜 좌측, 우측 ABS센서 에어 갭 이상 그리고 마스터 실린더와 브레이크 부스터 점검 중에 진공이 새는 걸 발견~ 브레이크 페달 밟을 때 피식~ 하고 진공이 누설됨. 고객님께 설명 드리고 작업에 들어갑니다. 마스터 실린더와 브레이크 부스터 교환, 브레이크 액 교환, 후륜 ABS 휠 스피드 센서 좌, 우 교환.

하이스캔 고장코드 소거 후 시운전 결과 브레이크 정상 작동 합니다. 그리고 여기서 질문이 하나 있습니다. 후륜 좌측, 우측 ABS 센서 에어 갭 이상 이라고 고장코드가 떴는데 센서 불량이 맞는지 아니면 다른 원인이 있는지 궁금하네요. 오늘 하루도 수고하시고 안전사고 유의하시길~

회원님들의 댓글 | 등록순 ▼ | 조회수 | 좋아요 ▼

● 감자탕에감자
에어 갭이 휠 스피드 센서와 톤 휠사이의 간격을 말합니다. 아마도 톤 휠이 깨졌거나 변형이 있을 가능성이 높을 듯 한데요? 센서보다는…

● 감자탕에감자
그 등속에 톱니 모양 있잖아요. 그거… 혹시 등속 갈면서 안 맞는걸 끼웠을 수도 있다는 생각입니다;;; 예전에 등속 오면 톤 휠만 빼서 부착해서 갈아 주긴 했는데 빼면서 손상 됐을 수도…

● 감자탕에감자
아마도 파형의 모양으로 알 수 있을듯 하기도 한데요. 손상 안 됐으면 필러게이지 찡겨서 간극 한번 봐 보세여;;; 그것도 아니면 휠 스피드 센서가 영구자석이라 쇳가루 같은 이물질이 붙어서 일수도??
　▶ 타이어마스터-작성자
제 의심도 쇳가루 이물질로 보는데요. 2WD 차량이라 뒤쪽은 등속조인트 없이 톤 휠이 너클 속에 있는 타입이네요. 스피트 센서 탈거했을 때 쇳가루가 엄청 붙어 있더라구요.

● 쌩돌팔이
이물질 유입에 한표.

● 생명카, 튜닝맨, volvo0127, 웅담, 하루살이, 그냥 초보, 초보 정비사, 나우, 차고치는 늑대, cm1235, 황호준, wnsgh0840, 푸들, 희망, 보통남자, wbh0244, 김요한, hks power, chalton212, 기아차공부중
좋은 정보 감사합니다. 잘 보았습니다.

● 지킴이
그렇군요.!!

● 칠광, 재민빠빠, k1moto
수고 하셨습니다.^^

● 향유고래
수고 하셨습니다… 환절기 건강 유의하시고 정비사례 잘 보고 갑니다.

● 빙어
버스 같은 경우 에어 갭 불량 떴을 때 센서 선 단선된 경우도 있었습니다.

● 현짱
검사할 때 앞바퀴 구동 후 ABS 경고등 점등되며 상기와 같은 코드 뜨는 경우도 있는 것 같습니다.

● 포니카
4륜 구동인가여…

● 청개꾸리
저도 이물질에 한표

● kcm001011
고생 많으셨습니다. 사이드 브레이크 경고등 들어와도 이런 일이 발생하는 군여…^^

---

(1) ABS 브레이크 장치의 구성부품

1) 시스템의 구성 부품

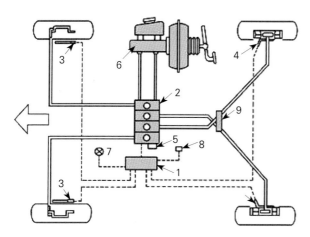

1. ABS Control Module
2. Hydraulic Unit
3. Front Wheel Speed Sensor
4. Rear Wheel Speed Sensor
5. ABS Relay Box
6. Master Cylinder
7. ABS Service Reminder Indicator
8. Data Link Connector
9. Proportioning Valve

❊ 시스템 구성도

2) 구성 부품의 설치 위치

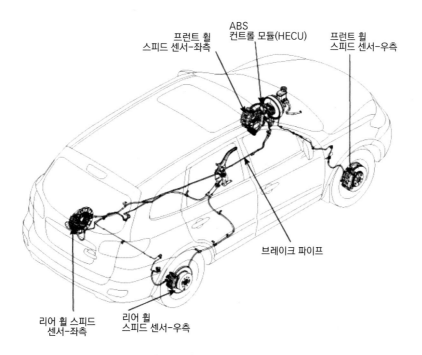

프런트 휠
스피드 센서-좌측

ABS
컨트롤 모듈(HECU)

프런트 휠
스피드 센서-우측

브레이크 파이프

리어 휠 스피드
센서-좌측

리어 휠
스피드 센서-우측

(2) ABS 브레이크 장치의 제원

1) 구성 부품의 제원

항 목		제 원
마스터 실린더	형 식	탠덤식
	내 경	26.99 mm
	피스톤 스트로크	31 mm
	브레이크 액 레벨 센서	장착
브레이크 부스터	형 식	진공 배력식
	배 력 비	9 + 10 in 탠덤 9.0 : 1
프로포셔닝 밸브	컷인 압력	DRUM(30 kgf/㎡) DISC(35 kgf/㎡)
	감 압 비	3.7 : 1
프런트 브레이크	형 식	벤틸레이티드 디스크
	디스크 외경	298 mm
	디스크 두께	28 mm
	실린더 형식	더블 피스톤
	실린더 내경	Ø45 X 2 mm
리어 브레이크	형 식	솔리드 디스크
	디스크 외경	302 mm
	디스크 두께	11 mm
	실린더 형식	싱글 피스톤
	실린더 직경	Ø42.9 mm
주차 브레이크	형 식	DIH(Drum in hat)
	드럼 직경	Ø190 mm

2) 구성 부품의 정비 기준

항 목	규정값
브레이크 페달 높이(조정식)	214 mm (216 mm)
브레이크 페달 풀 스트로크(조정식)	122 mm (124.5 mm)
조정식 브레이크 페달 행정	75 mm
정지등 스위치 간극	1 ~ 2 mm
브레이크 페달의 자유 유격	3 ~ 8 mm
프런트 브레이크 디스크 패드 두께	10.5 mm
프런트 디스크 두께	28 mm
리어 브레이크 디스크 패드 두께	10 mm
리어 디스크 두께	11 mm

3) ABS 제원

항목		제원	비고
HCU	시스템 사양	4센서 4채널 솔레노이드	
	형식	ABS+EBD	
	작동 전압	10 ~ 16 V	
	작동 온도	–40 ~ 120 ℃	
액티브 휠 스피드 센서	공급 전압	DC 4.5 ~ 20 V	
	작동 온도	–40 ~ 150 ℃	
	출력 전류(LOW)	5.9 ~ 8.4 mA	
	출력 전류(HIGH)	11.8 ~ 16.8 mA	
	출력 범위	1 ~ 2500 Hz	
	에어 갭(앞바퀴)	0.15~1.5 mm	Typ. 0.7 mm
	에어 갭(뒷바퀴)	0.2 ~ 1.2 mm	Typ. 0.7 mm
	출력 듀티	30 ~ 70 %	
경고등	ABS / 작동 전압	12V	
	소비 전류	80 mA	

4) VDC 제원

항목			제원	비고
HECU	시스템 사양		솔레노이드	
	형식		ABS+EBD+TCS+VDC	
	작동 전압		10 ~ 16 V	
	작동 온도		–40 ~ 120 ℃	
액티브 휠 스피드 센서	공급 전압		DC 4.5 ~ 20 V	
	작동 온도		–40 ~ 150 ℃	
	출력 전류(LOW)		5.9 ~ 8.4 mA	
	출력 전류(HIGH)		11.8 ~ 16.8 mA	
	출력 범위		1 ~ 2500 Hz	
	에어 갭(앞바퀴)		0.15~1.5 mm	Typ. 0.7 mm
	에어 갭(뒷바퀴)		0.2 ~ 1.2 mm	Typ. 0.7 mm
	출력 파형		구형파	
	출력 듀티		30 ~ 70 %	
경고등	작동 전압		12V	
	소비 전류		80 mA	
스티어링 휠 조향각 센서	작동 전압		8 ~ 16 V	Typ. 12 V
	검출 최대각	좌측	Max. 780 °	
		우측	Max. – 780	
요레이트 & 횡가속도 센서	공급 전압		8 ~ 16 V	
	공급 전류		최고 120 mA	
	작동 온도범위		–40 ~ 85 ℃	
	기준 출력전압		2.464 ~ 2.536 V	Typ. 2.5 V
	상위 출력 신호 범위		4.35 ~ 4.65 V	Typ. 4.5 V
	하위 출력 신호 범위		0.35 ~ 0.65 V	Typ. 0.5 V
	요-레이트 측정 범위(좌회전)		Min. 100 °/s	
	요-레이트 측정 범위(우회전)		Min. –100 °/s	
	횡가속도 측정 범위(좌회전)		Min. –1.8 g	
	횡가속도 측정 범위(우회전)		Min. 1.8 g	

5) 윤활유 제원

항 목	추 천 품	용량
브레이크 액	DOT 3	필요량
브레이크 페달 부싱 및 브레이크 페달 볼트	장수명 일반 그리스 - 섀시용	필요량
주차 브레이크 슈 및 백킹 플레이트 접촉면	내열성 그리스	필요량
캘리퍼 가이드 로드 및 부트	전용 그리스 (ML 701)	0.8 ~ 1.3 g
리어 캘리퍼 가이드 로드 및 부트	전용 그리스 (ML 701)	0.8 ~ 1.3 g

(3) ABS 경고등 제어

1) ABS 경고등

① ABS 경고등 모듈은 ABS 기능의 자가진단 및 고장상태를 표시한다.

② ABS 경고등은 다음의 경우에 점등된다.

- 점화스위치 ON시 3초간 점등되며 자기진단하여 ABS 시스템에 이상 없을시 소등된다 (초기화 모드).
- 시스템 이상 발생시 점등된다.
- 자기진단 중 점등된다.
- ECU 커넥터 탈거시 점등된다.
- 점등 중 ABS 제어 중지 및 ABS 비장착 차량과 동일하게 일반 브레이크만 작동된다.

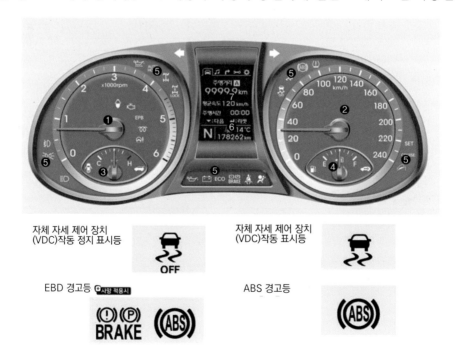

자체 자세 제어 장치 (VDC)작동 정지 표시등

자체 자세 제어 장치 (VDC)작동 표시등

EBD 경고등

ABS 경고등

2) EBD (Electronic Brake-force Distribution) 경고등/주차 브레이크 경고등

① EBD 경고등 모듈은 EBD 기능의 자가진단 및 고장상태를 표시한다. 단, 주차브레이크 스위치가 ON일 경우에는 EBD 기능과는 상관없이 항상 점등된다.

② EBD 경고등은 다음의 경우 점등된다.

- 점화스위치 ON시 3초간 점등되면 EBD 관련 이상 없을시 소등된다 (초기화 모드).
- 주차 브레이크 스위치 ON시 점등된다.
- 브레이크 오일 부족시 점등된다.
- 자기진단 중 점등된다.
- ECU 커넥터 탈거시 점등된다.
- EBD 제어 불능시 점등된다 (EBD 작동 안됨).
  - 솔레노이드 밸브 고장시
  - 휠 센서 3개이상 고장시
  - ECU 고장시
  - 과전압 이상시
  - 밸브 릴레이 고장시

3) VDC 경고등 (VDC 사양 적용시)

① VDC 경고등은 VDC 기능의 자가진단 및 고장상태를 표시한다.

② VDC 경고등은 다음의 경우에 점등된다.

- 점화스위치 ON후 초기화 모드시 3초간 점등된다.
- 자기진단 중 점등된다.
- 시스템 고장으로 인하여 VDC 기능이 금지될 때 점등된다.
- 운전자에 의해 VDC OFF 스위치가 입력될때 점등된다.

4) VDC 작동등 (VDC 사양 적용시)

① VDC 작동등은 VDC 기능의 자가진단 및 동작 상태를 표시한다.

② VDC 작동등은 다음의 경우에 점등된다.

- 점화스위치 ON 후 초기화 모드시 3초간 점등된다.
- VDC 제어 작동중 2Hz로 점멸된다.

5) VDC ON/OFF 스위치 (VDC 사양 적용시)

① VDC ON/OFF 스위치는 운전자의 입력으로 VDC 기능을 ON/OFF 상태로 전환하는데 쓰인다.

② VDC ON/OFF 스위치는 노말 오픈 순간 접점 스위치로 IGN에 접촉된다.

(4) 고장 진단

1) 고장진단 순서 챠드

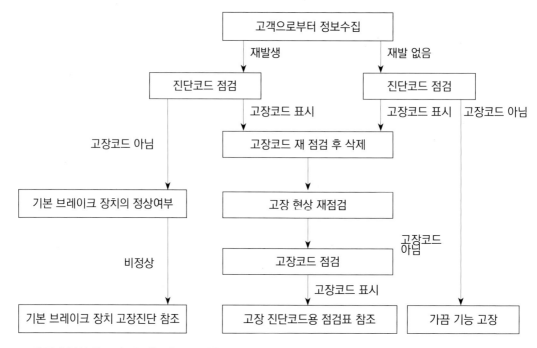

*고객 문제 분석 체크 시트를 참고용으로 사용하기 위해 고객에게 가능한 자세히 문제에 대하여 질문한다.

2) 진단을 하기 위한 참고사항

현상	현상 설명
시스템 점검 소리	시동을 걸 때, 가끔씩 엔진 내부에서 '쿵' 하는 큰 소리가 들릴 때가 있다. 하지만 이것은 시스템 작동 점검이 이루어지고 있다는 뜻이므로 고장이 아니다.
ABS 작동 소리	• 소리가 브레이크 페달의 진동(긁힘)과 함께 발생한다. • ABS 작동시 차량의 섀시 부위에서 브레이크의 작동 및 해제의 반복 ('탁' 때리는 소리 : 서스펜션, '끽' 소리: 타이어)에 의해 소리가 발생한다. • ABS가 작동할 때에는 브레이크를 밟았다가 놓았다가 하는 반복되는 동작으로 인해 차체 섀시로부터 소리가 나는 것이다
ABS 작동 (긴 제동거리)	눈길이나 자갈길과 같은 노면에서 ABS 장착 차량이 다른 차량보다 제동거리가 가끔 길게 될 수 있다. 따라서 그와 같은 노면에서는 차속을 줄이고 ABS 장치를 너무 과신하지 말고 안전운행을 하도록 권고한다.

3) ABS시스템의 진단시 점검사항

ABS시스템 테스트 작업 전후에 반드시 경고등 정상 여부와 ABS시스템 정상 여부를 점검하여, 아래와 같이 이상이 없는 상태임을 확인하도록 한다.

① **점검 방법** : IGN OFF 상태에서 IGN ON : ABS/BRAKE 경고등 및 VDC OFF등이 (VDC 장착시) 점등 되었다가 3초 후 소등되면, 경고등과 ABS 시스템 모두 정상이다.

- IGN ON을 하여도 경고등이 점등되지 않는 경우
  - ABS/VDC ECU 커넥터(엔진룸 내에 위치)를 탈거한다.
  - IGN ON을 한다.
    · ABS/BRAKE 경고등이 점등되지 않는 경우 : 경고등 관련 이상이므로 계기판 및 와이어링을 점검한다.
    · ABS/BRAKE 경고등이 점등된 상태로 유지할 때 : 경고등은 정상이고 ABS시스템 이상으로 판단한다. 커넥터 체결 후 하이스캔을 사용하여 ABS시스템을 점검한다.
- IGN ON시 경고등 점등 후 소등되지 않는 경우
  - 하이스캔을 이용하여 자기진단
  - 고장코드 기록
  - 고장코드 소거 후 자기진단
  - 고장코드 소거 후 자기진단 시 정상일 경우 : IGN OFF후 IGN ON을 하여 경고등이 정상적으로 동작하는지 확인한다.
- 고장코드 소거 후 자기진단 시 에러가 계속 나올 경우 : 고장코드 점검표에 따라 점검한다.

4) ABS시스템의 자기진단

① 시동키를 OFF로 한다.
② 로 크래시 패드 패널 밑쪽에 있는 자기진단 점검 커넥터에 하이스캔을 연결한다.
③ 시동키를 ON으로 한다.
④ 하이스캔을 이용해 고장 코드를 점검한다.
⑤ 문제가 정비되었거나 정정된 후, 시동 스위치를 돌린다. 그리고 나서 클리어 키를 사용해 저장된 고장 코드를 소거한다.

3단계 : 기능을 선택한다.

```
       0. 기능선택
01. 차종별 진단 기능
02. CARB OBD-Ⅱ진단기능
03. 주행 데이터 검색기능
04. 공구상자
05. 하이스캔 사용환경
06. 응용진단기능
```

4단계 : 제작사를 선택한다.

```
   1. 차종별 진단기능
01. 현대 자동차
02. 대우 자동차
03. 기아 자동차
04. 쌍용 자동차
```

5단계 : 차종을 선택한다.

```
   1. 차종별 진단기능
01. 엑센트 95-96년식
02. 엑 셀 90-94년식
03. 스쿠프 91-95년식
04. 아반떼 96  년식
05. 엘라트라92-95년식
43. 싼타페CM -2005년식
```

6단계 : 점검항목을 선택한다.

```
   1. 차종별 진단기능
차종 : 티뷰론 1996년식

01. 엔진제어 DOHC
02. 자동 변속
03. 제동 제어
05. 정속 주행
08. 현가장치
```

7단계 : 사용연료를 선택한다.

```
   1. 차종별 진단기능
차종 : 싼타페 2005년식
사양 : 제동제어

01. 2.0 TCI
02. 2.2 TCI
03. 2.4 MPI
04. 2.0 LPI
```

8단계 : 자기진단을 선택한다.

```
   1. 차종별 진단기능
차종 : EF 쏘나타2002년식
사양 : 제동제어2.0DOHC

01. 자기 진단
02. 센서 출력
03. 주행 검사
04. 액추에이터 검사
```

9단계 : 정상일 때.

```
   1.1 자기진단

자기진단 결과 정상입니다.

고장항목갯수 : 0개
TIPS ERAS
```

9단계 : 고장이 있을 때

```
   1.1 자기진단

14. FR 휠 스피드센서

고장항목갯수 : 1개
TIPS ERAS
```

10단계 : 기억소거

```
   1.1 자기진단

기억소거를 원하십니까?
      (Y/N)

고장항목갯수 : 1개
TIPS ERAS
```

11단계 : 센서 출력 측정

```
   1. 차종별 진단기능

차종 : EF 쏘나타2002년식
사양 : 제동제어2.0DOHC

01. 자기 진단
02. 센서 출력
03. 주행 검사
04. 액추에이터 검사
```

12단계 : 센서 출력 값

```
   1.2 센서출력

11. FL휠스피드센서 30Hz
12. FR휠스피드센서 30Hz
13. RL휠스피드센서 30Hz
14. RR휠스피드센서 0Hz
15. 축전지 전압 14.3V
16. 시동신호 ON
24. 차속 센서(VSS) ON
```

5) ABS 톤 휠 간극 점검

① 시크니스 게이지를 이용하여 휠 스피드 센서와 톤 휠 사이의 간극을 점검한다. 간극이 규정값 내에 있지 않으면 톤 휠(로터)의 설치가 부정확하게 된 것이므로 재점검한다.

❖ 프런트 휠 스피드 센서 설치 위치

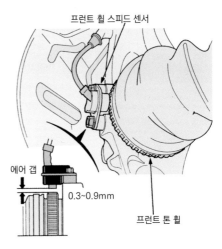

❖ 프런트 톤 휠 간극 점검

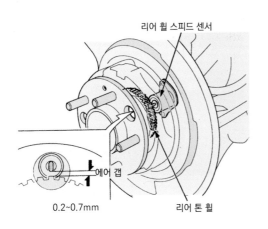

❖ 리어 톤 휠 간극(에어 갭) 점검

❖ 리어 휠 스피드 센서 설치 위치

■ 싼타페(SM)

차종＼년도	00	01	02	03	04	05	06	07	08	09	10	11	12	13	14	15
L 2.7 DOHC																
G 2.7 DOHC																
G 2.0 DOHC																
D 2.0TCI-D																

브레이크 페달을 밟으면 소음발생

차 종	쏘렌토		연 식	-
주행거리	-		탑재일	2010.02.25
글쓴이	두꺼비(soo1****)		매 장	
관련사이트	네이퍼 자동차 공유 카페 : https://cafe.naver.com/autowave21/124416			

1. 고장내용

브레이크 페달을 밟으면 소음 발생이 발생 됩니다.

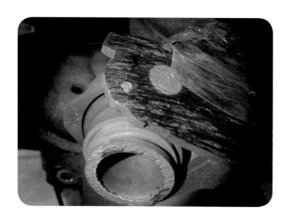

2. 점검방법 및 조치 사항

브레이크 패드 마모로 소음 발생, 디스크 패드 망실되었습니다. 글쓴이의 언급은 없지만 필자는 마모된 디스크와 디스크 패드를 교환하고 출고 하였을 것으로 생각 됩니다.

회원님들의 댓글 | 등록순 ▼ | 조회수 | 좋아요 ▼

- 1950322
  와! 저 정도면 소음이 많았을 텐데… 차주가 대단하십니다.
- chlrhkdgns2
  연마가 안 되겠네요. 상태 심각한데 디스크, 패드 교환하셨나 보네요. 수고 하셨습니다.
- 스마트, hwang mi, 청해, 미니파파, 봉간호사, 머슴, jhk9292, twinturb, 섭섭한마당쇠, 서진석, 1급정비인, su678, 천사들이, 미니파파, 바다사나이, 지포, 블루메이, 대마왕
  수고 하셨습니다. 잘 보고 갑니다.
- 푸른정비
  이런~~ㅉㅉ
- ds3ilo, 색즉시공, 산적
  헐~~ 허걱~!
- YT제일
  위험하게 타시네요. ㅋ
- 동지달, lennon0310
  이렇게까지 타시네…
- 쌩돌팔이
  브레이크가 많이 배가 고파서 달 먹어버렸나 바여… 차주가 무심한 것인지 무감각 한 건지 차가 고생이고 돈이 아주 많은 사람인가 보내여…ㅋㅋㅋ
- coolant74
  차주의 목숨이 두개 이상은 되는 듯 싶군요.^^;;;
- 아퀼라
  정말 보기만 해도 아찔 하네요 ;;
- 공부하자
  저 정도면 캘리퍼는 괜찮나요?
- COWABUNGA
  소리에 무심하신 주인이신가 보네요.
- 스마일
  혹시 차주가 청각 장애 있는건 아니죠^^*
- 대성카, kbhcool
  알뜰한 차주분이시네요~ ㅎㅎ
- md3134
  청각에 문제가 있는 것 같네요
- 김승오, jungho1901, a6312212
  좋은 정보 감사합니다.
- 대기만성
  소리가 심할 텐데…

● 청개구리, carlovee, 카메니저, 하얀겨울, kdk7523, 밥밥바, afv301, 무지

차주분 정말 대단하네요~ㅠㅠ 저렇게 까지 어떻게 타셨을까?

● sunrise

디스크가 종잇 짝 —.—;;; ㅎㅎㅎ 대단한 오너분…

● ssc7970

김여사???

● chose09

차주님이 무딘 건지, 돈이 없으신 건지~ ㅠㅠ

● ph8327

이차는 포터와 형제 인가요?

● carseoul

베어링도 무사하지 못 할텐데…

● 이니그마

쏘렌토 패드 안 닳기로 유명한데 저 정도 타셨으면… 한 10만 이상 타신듯해요. 대단해요!! 혹시 얼마 전에 저희 집에 오셔서 담에 하겠다고 하신분인가??

● 내일의꿈

위험 한 일 입니다…

● 곰말양

차주님 멋짐

● world5848

돈 벌게 해주시니 고마울 뿐…

● kjjong2

뒤쪽 같은데 대단하시네요. 저 정도면 소리가 심했을 듯싶은데…

● v747

저러다 바퀴 부러지지…

● 천사lee

운전자가 청각장애인인가 보군요.ㅋㅋ

● 김해댁

생명 참 질긴 분입니다.

● 엔지니어

저 정도면 소리가 날텐데.—_—^ 너무 무심하게 타신 듯…ㅋ

● kjjong2

인내심이 대단한 분이시네요…

	등록

☺ 스티커 📷 사진

3. 관계지식

(1) 브레이크 장치의 탈, 부착 방법

1) 디스크 패드의 탈거, 장착 방법

   ※ 섀시-044(브레이크 페달 떨림) 참조

2) 디스크의 탈거, 장착 방법

   ※ 섀시-044(브레이크 페달 떨림) 참조

3) 캘리퍼의 탈거 방법

   ① 블리더 스크루 및 블리더 스크루 캡을 분리한다.
   ② 피스톤 부트를 분리한다.

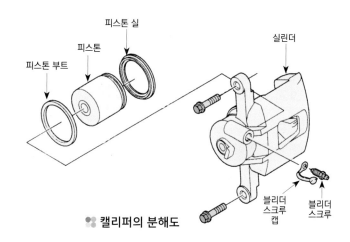

❧ 캘리퍼의 분해도

❧ 블리더 스크루 분리

❧ 피스톤 부트 분리

③ 피스톤 앞에 나무토막을 대고 블리더 스크루 설치부에 압축공기를 이용하여 피스톤을 분리한다.

④ 피스톤 실을 분리한다.

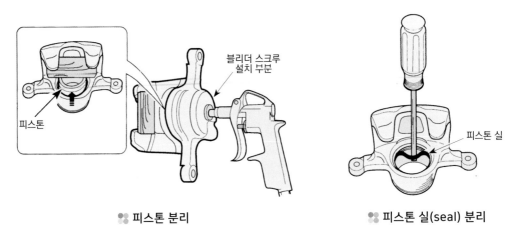

❂ 피스톤 분리　　　　　　　　　　❂ 피스톤 실(seal) 분리

4) 캘리퍼의 조립 방법

① 조립은 분해의 역순이다.

② 패드와 심을 제외한 모든 부품은 알코올로 세척한다.

③ 피스톤 실에 고무 그리스(또는 피마자유)를 도포하고 실린더 내에 장착한다.

④ 피스톤 및 피스톤 부트를 다음과 같이 장착한다.

　㉮ 실린더 내면, 피스톤 외측면 및 피스톤 부트에 고무 그리스를 도포한다.

　㉯ 피스톤에 피스톤 부트를 장착한다.

　㉰ 캘리퍼 내부 홈에 피스톤 부트를 끼우고 실린더 안으로 피스톤을 밀어 넣는다.

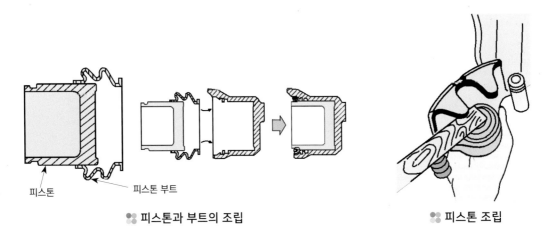

❂ 피스톤과 부트의 조립　　　　　　　　❂ 피스톤 조립

⑤ 슬리브 및 핀의 외면, 캘리퍼 핀 및 슬리브 내면, 핀 및 슬리브 부트에 고무 그리스를 도포한다.

⑥ 캘리퍼의 홈 안으로 부트를 끼운다.

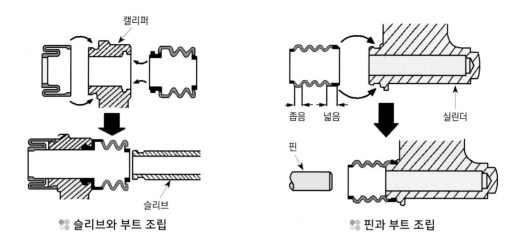

캘리퍼	실린더
좁음 넓음	핀

슬리브

❇ 슬리브와 부트 조립 ❇ 핀과 부트 조립

⑦ 패드를 조립한다.

⑧ 하부 볼트를 장착하고 규정의 토크로 죈다.(규정토크 : 2.2~3.2kgf·m)

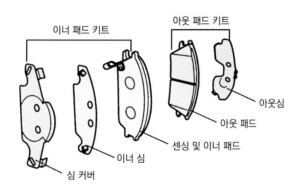

이너 패드 키트 아웃 패드 키트

아웃심

아웃 패드

센싱 및 이너 패드

이너 심

심 커버

❇ 피스톤 분리

※ 주의 사항

① 피스톤을 교환 할 경우 페달의 행정을 점검한다.

② 페달의 행정이 너무 크게되면 피스톤 및 피스톤 실간의 부적당한 맞춤으로 인해 과도한 복원 행정을 야기 시키므로 아래의 사항에 따라 정확하게 조정한다.

• 패드를 피스톤에서 탈거한 후 디스크 섭동면 혹은 피스톤 끝에 손상되지 않도록 주의 하면 서 피스톤 및 디스크 사이를 지렛대 혹은 스틸 플레이트(두께 1mm)×길이(0.3mm)를 끼워 피스톤을 3~5mm 실린더 안으로 민다.

• 패드를 장착한다. 브레이크 페달을 원래 위치로 하여 피스톤이 되돌아 오도록 2~3회 정도 밟는다.

• 상기 작업을 5회 이상 실시하여 피스톤과 피스톤 실 사이가 좀더 정확하게 장착되도록 피스 톤을 안쪽과 바깥쪽으로 움직이게 한다.

- 차량 주행에 앞서 브레이크 페달을 수차례 밟았다 놓는다.
- 주행시험을 반드시 실시한다.

(2) 브레이크 패드의 점검

① 피스톤, 실린더의 마모, 손상, 균열, 녹을 점검한다.

② 슬리브와 핀의 손상, 녹을 점검한다. 브리더 캡을 제외한 모든 고무 부품은 신품으로 교환한다.

③ 패드 라이닝 두께를 점검하여 한계값 이하이면 교환한다.

❁ 패드 라이닝 두께 측정 　　　　　❁ 라이닝 마모 인디케이터

■ 차종별 규정값

차종	패드 라이닝 두께		비　고
	기준값(mm)	한계값(mm)	
쏘렌토	10.4	2.0	
투스카니	11.0	2.0	
베르나	9.0	2.0	
아반떼 XD(ABS)	11.0	2.0	
EF쏘나타, 그랜저XG	11.0	2.0	
레조	11.0	2.0	
카렌스	10.0	2.5	

(3) 차종별 생산년도

■ 쏘렌토BL

차종 ＼ 년도	00	01	02	03	04	05	06	07	08	09	10	11	12	13	14	15
G 3.5 DOHC																
D 2,5 TCI-A(WGT)																
D 2,5 TCI-A(VGT)																

10 브레이크호스 불량

차 종	레조	연 식	-
주행거리	뼈쇠(kgs1****)	탑재일	2009.02.21
글쓴이	-	매 장	-
관련사이트	네이버 자동차 정비 공유 카페 : https://cafe.naver.com/autowave21/124076		

1. 고장내용

레조고요. 오래되면 이렇게 되나봐요.

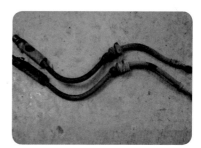

❖❖ 블록해진 브레이크 호스

2. 점검방법 및 조치 사항

　글쓴이의 언급은 없지만 필자는 브레이크 호스 교환, 공기빼기 작업하고 출고 하였을 것으로 생각 됩니다.

● 하얀날개
레조… 단골 품목이죠. 철사를 여러번 접었다 폈다를 반복하면 결국 철사는 끊어지죠. 이 녀석 역시 오래되면 고무가 경화되고 지속적으로 움직이면서 고정부위가 내부에서부터 파손되죠. 정말 위험하죠. 타 차량도 마찬가지죠. 브레이크 액과 함께 후스도 미리미리 교환을 해주는게 좋죠.

● 애마사랑
하얀 날개님의 댓글이 더더욱 빛이 나네요. 사진을 올려놓고 상세힌 설명이 있어니까….

● 1950322, yubi2312, 미니파파, 정릉점, 태국인, 김승오, 파라다이스, jungho1901, 민들화, 지포, a6312212
잘 보았습니다. 좋은 정보 감사합니다.

● 동지달, 물개, 김가이버
참고하여야 겠네요. 감사합니다.

● 천상천하
그렇군요

● skmedia, 사랑해
위험하군요. ^^;

● ndr6k
누가 한대 때렸나 심하게 부었네요…ㅎㅎ

● nsh8105
브레이크 액 갈때 호스상태 보고 오래된거 같으면 갈아야 겠네용.

● 파우스트
너클도 약해 보이고 레조의 문제점…

● 전병인, 대장
레조 정말 잘 봐야합니다. 다 발생합니다. 수고 하셨습니다.

● chlrhkdgns2
잘보고 갑니다. 금방이라도 터지기 직전이군요…

● rkawhd2
어릴적에 뱀이 개구리 잡아 먹은거 본적이 있는데 꼭 저렇게 생겼었는데…

● 휴머니스
핸들 돌릴 때 브레이크호스가 움직이는 각도가 좋지가 않은가 보군요. 관찰해 보면 리콜해야 하는지 판단이 설 텐데요.

● 스마일
배불뚝기가 됐냉~

● kyw3967
호스 잘보고 교환해야 겠네요. 감사합니다.

● 삼삼오오
호스 값= 목숨 값? 차주분 목숨 건졌네요.

● 애마사랑
이제껏 몰랐는데 브레이크 액 점검할 때 필히 호스나 파이프 확인해야겠네요. 상세한 사진 잘 보았습니다. 감사합니다.

● 감자
브레이크 파열 원인이 여기서 발생하는가 보네여. 잘 보았습니다.

● 칭개구리
근육이 하나 발달했네요~.ㅎㅎ 정보 감사합니다.

● YT제일
전 대우 차량을 잘 몰라서 좋은 정보 감사합니다.

● hwangcsun
하얀날개님 말씀도 맞지만 장시간 운행으로 인한 브레이크 오일의 열화, 캘리퍼 피스톤의 고착으로 인한 호스 파손도 생길 수 있으니 브레이크 오일도 교체 필요성을 인지해 주세요.

● 라파엘
알뱄네여. ㅋㅋ

	등록

😊 스티커 📷 사진

3. 관계지식

국내 호스를 제작하는 업체 평화 산업(주), ㈜ 한일 정공, ㈜ 세명기업 등을 검색하여 구조나 제작 방법 등을 알아보려 했으나 자세한 내용이 없어서 다음편에서 찾아 올려 보도록 하겠다.

브레이크 호스는 강 파이프(Steel Pipe)를 쓰지만 움직임이 있는 바퀴부분에서는 고무 호스(Flexible Hose)를 사용하고 있다. 브레이크 호스는 비틀림(Twisting), 물질간 비빔 접촉(Chafing), 꺽임(Cracking), 누수(Leaking), 부풀음(Bubble), 팽창(Expansion)등이 일어나므로 요구되는 사항은 내굴곡 피로성, 내압성 및 내 브레이크 액성이 우수한 특성을 갖고 있어야 한다.

일반적으로 많이 발생하는 현상으로 정비 할 때 꼭 확인하여 주는게 좋다. 일반 현장에서는 5~6년에 점검하길 권장하고 있다. 특히 오프로드 차량이나 바닷가 차량 등은 부식이 빠르므로 더 일찍 점검해 보시는 것이 좋다. 겨울철 염화칼슘을 많이 뿌리는 지역에서 운행하는 차량 또한 점검 필수 항목이다.

가끔 보면 브레이크 호스에 스프링이 감겨져 있는 것을 볼수 있는데 강성을 주기 위한 것이 아니라 열 방산을 시켜서 베이퍼록을 방지하기 위함이라는 상식을 알고 고객 응대를 하면 안전 운전을 위한 정보 제공이 될 것 같다.

일부 튜닝업체에서는 브레이크 호스를 제작하여 장착하는 곳도 있다. 국내에 희귀 차량으로 부품 구하기가 어렵거나 오래되서 부품을 구할수 없을 때 이용한다. 제작 단가가 높다.

자동차정비정보공유카페 1下
섀시편

초 판 인 쇄 | 2021년 4월 12일
초 판 발 행 | 2021년 4월 20일

감 수 | (사)한국자동차기술인협회
저 자 | 김광수 · 박근수
기술교정 | 김진걸
발 행 인 | 김길현
발 행 처 | (주) 골든벨
등 록 | 제 1987-000018호 © 2021 GoldenBell Corp.
I S B N | 979-11-5806-518-8
가 격 | 35,000원

편집교정 | 이상호
표지 및 디자인 | 조경미 · 김선아 · 남동우   **제작 진행** | 최병석
웹매니지먼트 | 안재명 · 김경희   **오프 마케팅** | 우병춘 · 이대권 · 이강연
공급관리 | 오민석 · 정복순 · 김봉식   **회계관리** | 이승희 · 김경아

(우)04316 서울특별시 용산구 원효로 245(원효로 1가 53-1) 골든벨 빌딩 5~6F
• TEL : 도서 주문 및 발송 02-713-4135 / 회계 경리 02-713-4137
      내용 관련 문의 02-713-7452 / 해외 오퍼 및 광고 02-713-7453
• FAX : 02-718-5510   • http : //www.gbbook.co.kr   • E-mail : 7134135@naver.com